高职高专电气电子类系列教材

电子电路分析与应用
（项目化教程）

陈 斗　主编
张兰红　徐美清　副主编
何志杰　主审

化学工业出版社
·北京·

本书依据教育部最新制定的"高职高专教育电子技术课程教学基本要求"编写而成。本书主要内容包括：安装与调试简易广告彩灯、安装与调试单结晶体管可控整流电路、安装与调试声光停电报警器、安装与调试简易集成功放电路、安装与调试数显逻辑笔、安装与调试数码计数器、安装与调试三角波发生器，以及电子技术实训，共计8个项目。

本书采用项目任务教学法，前7个项目都有项目分析、项目实施、项目考评、项目小结、思考与练习，将相关知识和技能隐含在工作任务中，将理论知识按照实践训练工作任务的相关性进行组合，可拓展学生的实际应用能力、职业能力和提高其综合素质，并有助于读者通过相关升学考试和职业资格证书考试。本书有电子技术相关的实验实训，还配套有电子课件等教学资源，书末附有部分练习题答案，便于自学。

本书可作为中、高职职业院校及应用型本科院校电类、机电类相关专业的教材，也可作为职业技能培训用书，还可供工程技术人员参考。

图书在版编目(CIP)数据

电子电路分析与应用：项目化教程/陈斗主编. —北京：化学工业出版社，2019.10（2024.8重印）
高职高专"十三五"规划教材
ISBN 978-7-122-35060-2

Ⅰ.①电⋯ Ⅱ.①陈⋯ Ⅲ.①电子电路-电路分析-高等职业教育-教材 Ⅳ.①TN702

中国版本图书馆CIP数据核字（2019）第169525号

责任编辑：王听讲　　　　　　　　　　　　装帧设计：韩　飞
责任校对：刘　颖

出版发行：化学工业出版社（北京市东城区青年湖南街13号　邮政编码100011）
印　　装：北京七彩京通数码快印有限公司
787mm×1092mm　1/16　印张16¼　字数390千字　2024年8月北京第1版第3次印刷

购书咨询：010-64518888　　　　　　　　　　售后服务：010-64518899
网　　址：http://www.cip.com.cn
凡购买本书，如有缺损质量问题，本社销售中心负责调换。

定　价：48.00元　　　　　　　　　　　　　　　　版权所有　违者必究

前　言

本书根据教育部最新制定的"高职高专教育电子技术课程教学基本要求",以"必需、够用、实用、好用"为原则,针对职业院校学生及在职职工的特点而编写。

本书主要内容包括:安装与调试简易广告彩灯、安装与调试单结晶体管可控整流电路、安装与调试声光停电报警器、安装与调试简易集成功放电路、安装与调试数显逻辑笔、安装与调试数码计数器、安装与调试三角波发生器、电子技术实训,共计 8 个项目,前 7 个项目都有项目分析、项目实施、项目考评、项目小结、思考与练习,书末附有部分练习题答案,便于自学。

本书以职业能力为导向,采用了项目任务教学法,对传统的电子技术教材进行了改革创新,把相关知识和技能隐含在工作任务中,将理论知识按照实践训练工作任务的相关性进行组合,重点训练学生的实际技能,并融合了电工专业技能和职业资格证书考试的要求,可拓展学生的实际应用能力、职业能力和提高其综合素质。

本书编者长期从事职业教学工作,具有丰富的职业教学理论知识和实践经验,在编写过程中,编写团队精心选择针对性强的教学案例,学生通过例题可很快掌握对应的知识。书中很多应用实例来自实际开发项目,具有鲜明的实用性。本书内容编排层次分明、条理清晰、深入浅出、通俗易懂,力求使读者通过本书的学习,掌握电子技术的基础理论、基础知识和基本技能,提高分析、解决实际问题的能力,为后续学习和从事专业技术工作打下基础,并有助于读者通过相关升学考试和职业资格证书考试。

本书可作为高职高专院校、成人高校、民办高校、中专及本科院校举办的二级职业技术学院、继续教育学院的电类、非电类(如机械类、车辆类等)相关专业的教材,也可作为岗位培训用书,还可供工程技术人员参考。

本书由湖南铁路科技职业技术学院陈斗担任主编,负责全书内容的组织和统稿工作,并编写了项目 2~项目 5、项目 7 和项目 8;湖南铁路科技职业技术学院张兰红、徐美清担任副主编,张兰红编写了项目 1,徐美清编写了项目 6;湖南化工职业技术学院何志杰担任主审;湖南铁路科技职业技术学院韩雪、李玲参加了本书部分习题的编写和答案的核对工作。

由于编者水平有限,编写时间仓促,书中难免有疏漏和不妥之处,殷切希望广大读者批评指正,以便修订时改进。

编　者

2019 年 8 月

目 录

项目 1 安装与调试简易广告彩灯 ……………………………………………… 1

- 1.1 项目分析 ………………………………………………………………… 1
- 1.2 项目实施 ………………………………………………………………… 2
  - 任务 1 检测二极管 …………………………………………………… 2
  - 任务 2 检测三极管 …………………………………………………… 13
  - 任务 3 掌握手工焊接技术 …………………………………………… 22
  - 任务 4 安装与调试简易广告彩灯电路 ……………………………… 29
- 1.3 项目考评 ………………………………………………………………… 36
- 项目小结 ……………………………………………………………………… 37
- 思考与练习 …………………………………………………………………… 38

项目 2 安装与调试单结晶体管可控整流电路 …………………………………… 39

- 2.1 项目分析 ………………………………………………………………… 39
- 2.2 项目实施 ………………………………………………………………… 40
  - 任务 1 分析直流稳压电源的组成 …………………………………… 40
  - 任务 2 分析单相半波整流电路 ……………………………………… 41
  - 任务 3 分析单相桥式整流电路 ……………………………………… 43
  - 任务 4 分析晶闸管单相可控整流电路 ……………………………… 45
  - 任务 5 分析单结晶体管触发电路 …………………………………… 48
  - 任务 6 分析滤波电路 ………………………………………………… 52
  - 任务 7 分析稳压电路 ………………………………………………… 56
  - 任务 8 安装与调试单结晶体管可控整流电路 ……………………… 59
- 2.3 项目考评 ………………………………………………………………… 65
- 项目小结 ……………………………………………………………………… 67
- 思考与练习 …………………………………………………………………… 68

项目 3 安装与调试声光停电报警器 …………………………………………… 70

- 3.1 项目分析 ………………………………………………………………… 70
- 3.2 项目实施 ………………………………………………………………… 71
  - 任务 1 分析共发射极放大电路 ……………………………………… 71
  - 任务 2 分析共集电极放大电路 ……………………………………… 80
  - 任务 3 分析差分放大电路 …………………………………………… 82
  - 任务 4 分析功率放大电路 …………………………………………… 83

任务 5　安装与调试声光停电报警器 ………………………………………… 86
　3.3　项目考评 ……………………………………………………………………… 90
　项目小结 …………………………………………………………………………… 92
　思考与练习 ………………………………………………………………………… 92

项目 4　安装与调试简易集成功放电路 …………………………………………… 94

　4.1　项目分析 ……………………………………………………………………… 94
　4.2　项目实施 ……………………………………………………………………… 95
　　　任务 1　分析多级放大电路 ………………………………………………… 95
　　　任务 2　应用集成运算放大器 ……………………………………………… 96
　　　任务 3　分析放大电路中的反馈 …………………………………………… 107
　　　任务 4　安装与调试集成功放电路 ………………………………………… 118
　4.3　项目考评 ……………………………………………………………………… 123
　项目小结 …………………………………………………………………………… 125
　思考与练习 ………………………………………………………………………… 126

项目 5　安装与调试数显逻辑笔 …………………………………………………… 128

　5.1　项目分析 ……………………………………………………………………… 128
　5.2　项目实施 ……………………………………………………………………… 129
　　　任务 1　掌握数制及编码 …………………………………………………… 129
　　　任务 2　掌握逻辑函数及应用 ……………………………………………… 132
　　　任务 3　掌握常用逻辑门电路的逻辑功能 ………………………………… 133
　　　任务 4　分析和设计组合逻辑电路 ………………………………………… 138
　　　任务 5　安装与调试数显逻辑笔电路 ……………………………………… 146
　5.3　项目考评 ……………………………………………………………………… 151
　项目小结 …………………………………………………………………………… 153
　思考与练习 ………………………………………………………………………… 153

项目 6　安装与调试数码计数器 …………………………………………………… 155

　6.1　项目分析 ……………………………………………………………………… 155
　6.2　项目实施 ……………………………………………………………………… 156
　　　任务 1　掌握双稳态触发器的逻辑功能 …………………………………… 156
　　　任务 2　分析时序逻辑电路 ………………………………………………… 161
　　　任务 3　理解寄存器 ………………………………………………………… 163
　　　任务 4　分析计数器的逻辑功能 …………………………………………… 166
　　　任务 5　安装与调试数码计数器电路 ……………………………………… 171
　6.3　项目考评 ……………………………………………………………………… 174
　项目小结 …………………………………………………………………………… 175
　思考与练习 ………………………………………………………………………… 176

项目 7　安装与调试三角波发生器 ··· **178**
 7.1　项目分析 ··· 178
 7.2　项目实施 ··· 179
   任务 1　掌握 555 定时器的原理及应用 ······························ 179
   任务 2　设计简易闯入报警器 ·· 184
   任务 3　安装与调试三角波发生器电路 ······························ 185
 7.3　项目考评 ··· 189
 项目小结 ··· 191
 思考与练习 ·· 191

项目 8　电子技术实训 ··· **192**
   任务 1　二极管、三极管的简单测试 ································ 192
   任务 2　单管共发射极放大电路的测试 ······························ 195
   任务 3　负反馈放大电路的测试 ····································· 198
   任务 4　功率放大电路的测试 ·· 200
   任务 5　差分放大电路的测试 ·· 202
   任务 6　集成运放的线性应用 ·· 205
   任务 7　集成运放的非线性应用 ····································· 208
   任务 8　集成稳压电源的测试 ·· 212
   任务 9　门电路的测试 ·· 215
   任务 10　触发器的测试 ··· 219
   任务 11　计数器的测试 ··· 224
   任务 12　集成定时器的应用 ·· 227
   任务 13　用 555 定时器组成水位控制器 ··························· 230
   任务 14　智力竞赛抢答器的制作 ···································· 230
   任务 15　住院部病房呼叫系统的组装与调试 ····················· 232
   任务 16　串联型稳压电源电路的组装与调试 ····················· 236
   任务 17　简易广告跑马灯电路的组装与调试 ····················· 239
   任务 18　电源欠压过压报警器的组装与调试 ····················· 241

部分习题答案 ··· **245**

参考文献 ··· **251**

项目 1

安装与调试简易广告彩灯

1.1 项目分析

某企业承接了一批简易广告彩灯的安装与调试任务,请按照相应的企业生产标准完成该产品的组装与调试,实现该产品的基本功能,满足相应的技术指标,并正确填写相关技术文件或测试报告。其原理图如图 1-1 所示。

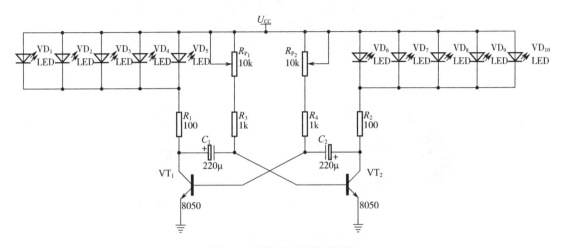

图 1-1 简易广告彩灯原理图

要求:

① 装接前先要检查器件的好坏,核对元件数量和规格;

② 根据提供的万能板安装电路,安装工艺符合相关行业标准,不损坏电气元件,安装前应对元器件进行检测;

③ 装配完成后,通电测试,利用提供的仪表测试本电路。

学习目标:

① 了解半导体的基础知识,理解 PN 结的形成及其单向导电性;

② 了解二极管的结构,掌握其伏安特性,并能对具体电路进行分析;

③ 了解稳压二极管、光电二极管、发光二极管及激光二极管的特性及应用;

④ 了解三极管的基本结构、特性曲线,掌握其电流分配与放大原理,并能根据具体要求选择符合功能条件的三极管;

⑤ 会进行电阻、电位器、电解电容的检测;

⑥ 会进行二极管、三极管的好坏检测及极性、类型判别;

⑦ 掌握焊接技术;

⑧ 安装与调试简易广告彩灯电路。

1.2 项目实施

任务 1 检测二极管

二极管是电子电路中最常用的半导体器件,实物如图 1-2 所示。本任务中用到的是红色的发光二极管。

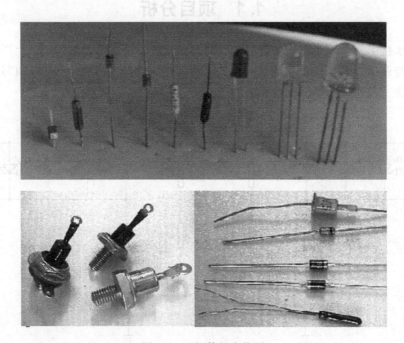

图 1-2 二极管的实物图

1) 半导体

(1) 概念

自然界的物质,根据物体导电能力(电阻率)的不同,可划分为导体、绝缘体和半导体。

① 导体:容易导电的物体,如铁、铜等。

② 绝缘体:几乎不导电的物体,如橡胶等。

③ 半导体:半导体是导电性能介于导体和绝缘体之间的物体,在一定条件下可导电。半导体的电阻率为 $10^{-3} \sim 10^9 \Omega \cdot cm$。

典型的半导体材料有硅和锗。它们都是四价元素,原子结构的最外层轨道上有四个价电子,当把硅或锗制成晶体时,它们靠共价键的作用而紧密联系在一起。

(2) 半导体的特点

① 在外界能源的作用下,导电性能显著变化。光敏元件、热敏元件属于此类。

② 在纯净半导体内掺入杂质,导电性能显著增加。二极管、三极管属于此类。

半导体可分为本征半导体和杂质半导体。

(3) 本征半导体

本征半导体: 化学成分纯净、结构完整的半导体。

① 本征半导体的共价键结构。硅和锗是四价元素，在原子最外层轨道上的四个电子称为价电子。它们分别与周围的四个原子的价电子形成共价键。共价键中的价电子为这些原子所共有，并被它们所束缚，在空间形成排列有序的晶体。

② 电子空穴对。当导体处于热力学温度为0K时，导体中没有自由电子。当温度升高或受到光的照射时，价电子能量增高，有的价电子可以挣脱原子核的束缚，成为自由电子，而参与导电。这一现象称为本征激发（也称热激发）。

自由电子产生的同时，在其原来的共价键中就出现了一个空位，原子的电中性被破坏，呈现出正电性，其正电量与电子的负电量相等，人们常称呈现正电性的这个空位为空穴。可见因热激发而出现的自由电子和空穴是同时且成对出现的，称为电子空穴对。游离的部分自由电子也可能回到空穴中去，称为复合，如图1-3所示。本征激发和复合在一定温度下会达到动态平衡。

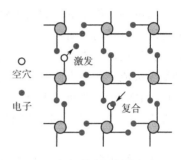

图1-3 本征激发和复合的过程

③ 空穴的移动。在外加电场作用下，自由电子产生定向移动，形成电子电流；同时价电子也按一定的方向填补空穴，从而使空穴产生定向移动，形成空穴电流。因此，在半导体中具有两种载流子（能够参与导电的带电粒子）：自由电子和空穴。

(4) 杂质半导体

杂质半导体: 在本征半导体硅或锗中掺入微量的其他适当元素后所形成的半导体。

在本征半导体中掺入某些微量元素作为杂质，可使半导体的导电性发生显著变化。根据掺杂元素的性质，杂质半导体分为P型（空穴型）半导体和N型（电子型）半导体。

① P (positive) 型半导体。在本征半导体中掺入三价杂质元素如硼、镓、铟等，形成了P型半导体，也称为空穴型半导体。因三价杂质原子在与硅原子形成共价键时，缺少一个价电子而在共价键中留下一空穴。在P型半导体中，空穴的浓度远大于自由电子的浓度。

② N (negative) 型半导体。在本征半导体中掺入五价杂质元素如磷、砷和锑等，可形成N型半导体，也称电子型半导体。因五价杂质原子中只有四个价电子能与周围四个半导体原子中的价电子形成共价键，而多余的一个价电子因无共价键束缚而很容易形成自由电子。在N型半导体中，空穴的浓度远小于自由电子的浓度。

2) PN结

通过现代工艺，把一块本征半导体的一边形成P型半导体，另一边形成N型半导体，于是这两种半导体的交界处就形成了PN结，它是构成其他半导体的基础。

(1) PN结的形成

在形成的PN结中，由于两侧的电子和空穴的浓度相差很大，因此它们会产生扩散运动：电子从N区向P区扩散；空穴从P区向N区扩散。因为它们都是带电粒子，它们向另一侧扩散的同时，在N区留下了带正电的空穴，在P区留下了带负电的杂质离子，这样就形成了空间电荷区，也就是形成了内电场。它们的形成过程如图1-4 (a)、(b) 所示。空间电荷区即PN结。

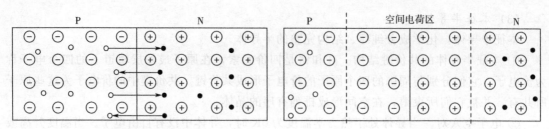

(a) 多数载流子的扩散运动　　　　　　　　　　(b) 内电场的形成

图 1-4　PN 结的形成过程

在内电场的作用下，载流子将做漂移运动，它的运动方向与扩散运动的方向相反，阻止扩散运动。电场的强弱与扩散程度有关，扩散越多，电场越强，同时对扩散运动的阻力也越大，当扩散运动与漂移运动相等时，通过界面的载流子为 0。此时，PN 结的交界区就形成一个缺少载流子的高阻区，我们又把它称为阻挡层或耗尽层。

(2) PN 结的单向导电性

在 PN 结两端加不同方向的电压，可以破坏它原来的平衡，从而使它呈现出单向导电性。

① PN 结正向偏置。如果外加电压使 PN 结中 P 区的电位高于 N 区的电位，称为加正向电压，简称正偏。这时的 PN 结处于导通状态，它所呈现的电阻为正向电阻，正向电压越大，电流也越大。

② PN 结反向偏置。外加电源的接法与正向偏置时相反，即 P 区接电源的负极，N 区接电源的正极。此时，PN 结处于截止状态，呈现的电阻为反向电阻，而且阻值很高。

由以上我们可以看出：PN 结在正向电压作用下，处于导通状态，在反向电压的作用下，处于截止状态，因此 PN 结具有单向导电性。

③ PN 结的击穿。PN 结处于反向偏置时，在一定的电压范围内，流过 PN 结的电流很小，但电压超过某一数值时，反向电流急剧增加，这种现象我们就称为反向击穿。

3) 半导体二极管

将一个 PN 结用外壳封装起来，并引入两个电极，由 P 区引出阳极，由 N 区引出阴极，就构成半导体二极管，即在 PN 结上加上引线和封装，就成为一个二极管。

(1) 二极管的结构特点

二极管按使用的半导体材料不同分为硅管和锗管，按结构分有点接触型、面接触型和平面型三大类。

① 点接触型二极管：PN 结面积小，用于检波和变频等高频电路。

② 面接触型二极管：PN 结面积大，用于工频大电流整流电路。

③ 平面型二极管：PN 结面积可大可小，用于高频整流和开关电路中。

(2) 二极管的图形符号（图 1-5）

(3) 二极管的伏安特性

半导体二极管的伏安特性曲线如图 1-6 所示。处于第一象限的是正向伏安特性曲线，处于第三象限的是反向伏安特性曲线。图 1-7 所示是硅、锗二极管的伏安特性曲线。

图 1-6 中的 U_{th} 为门限电压或开启电压，U_{BR} 为反向击穿电压（二极管能承受的最高反向电压）。

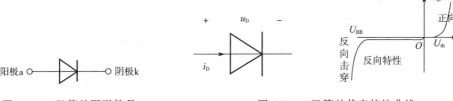

图 1-5 二极管的图形符号　　　　图 1-6 二极管的伏安特性曲线

① 正向特性。当 $u_D > 0$ 时，即处于正向特性区域。正向区又分为两段：

当 $0 < u_D < U_{th}$ 时，正向电流为 0；

当 $u_D > U_{th}$ 时，开始出现正向电流，并按指数规律增长。

硅二极管的死区电压 $U_{th} = 0.5V$ 左右；锗二极管的死区电压 $U_{th} = 0.1V$ 左右。

② 反向特性。当 $u_D < 0$ 时，即处于反向特性区域。反向区也分两个区域：

当 $U_{BR} < u_D < 0$ 时，反向电流很小，且基本不随反向电压的变化而变化，此时的反向电流也称反向饱和电流 I_S；

当 $u_D \geq U_{BR}$ 时，反向电流急剧增加。

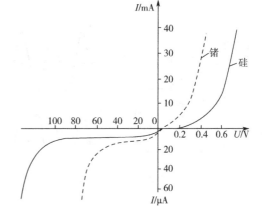

图 1-7 硅、锗二极管的伏安特性曲线

(4) 二极管的主要参数

半导体二极管的参数主要包括最大整流电流 I_F、最大反向工作电压 U_{RM}、反向电流 I_R、最高工作频率 f_M 等。现介绍如下。

① 最大整流电流 I_F：管子长期运行所允许通过的电流平均值。

② 最大反向工作电压 U_{RM}：为了确保管子安全工作，所允许加的最高反向电压。

$$U_{RM} = (\frac{1}{2} \sim \frac{2}{3}) U_{BR} \qquad (1-1)$$

③ 反向电流 I_R：在室温下，在规定的反向电压，一般是最大反向工作电压时测得的电流值。值越小，则单向导电性越好。

④ 正向压降 U_F：在规定的正向电流下，二极管的正向电压降。小电流硅二极管的正向压降在中等电流水平下，为 $0.6 \sim 0.8V$；锗二极管为 $0.2 \sim 0.3V$。通常情况下，硅取 0.7V，锗取 0.3V。

⑤ 最高工作频率 f_M：保持二极管单向导通性能时，外加电压允许的最高频率。

(5) 二极管的大信号模型

根据二极管伏安特性，其运行状态可分为导通和截止两种。

当 $u_D < U_{th}$ 时二极管就截止，当 $u_D > U_{th}$ 时二极管就导通。

(6) 二极管的性能测试

二极管正、反向电阻的测量值相差越大越好，一般二极管的正向电阻测量值为几百欧姆，反向电阻为几十千欧姆到几百千欧姆。如果测得正、反向电阻均为无穷大，说明内部断路；若测量值均为零，则说明内部短路；如测得正、反向电阻几乎一样大，这样的二极管已经失去单向导电性，没有使用价值了。

（7）二极管电路的应用举例

二极管是电子电路中最常用的半导体器件。利用其单向导电性及导通时正向压降很小的特点，可进行整流、检波、钳位、限幅、开关以及元件保护等各项工作。

① 整流。整流电路是利用二极管的单向导电性，将正负交替的正弦交流电压变换成单方向的脉动电压。利用二极管的单向导电性可组成单相、三相等各种形式的整流电路，然后再经过滤波、稳压，便可获得平稳的直流电。如图1-8所示。

② 钳位。利用二极管正向导通时压降很小的特性，可组成钳位电路，如图1-9所示。

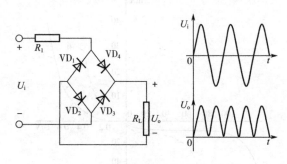

图1-8 二极管全波整流电路及波形图

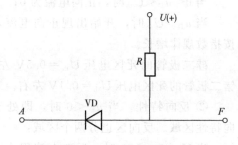

图1-9 二极管钳位电路

在图1-9中，若A点$U_A=0$，二极管VD可正向导通，其压降很小，故F点的电位也被钳制在0V左右，即$U_F≈0$。

③ 限幅。利用二极管正向导通后其两端电压很小，且基本不变的特性，可以构成各种限幅电路，使输出电压幅度限制在某一电压值以内。图1-10为一正负对称的二极管限幅电路及波形。

$|U_i|<0.5V$时，VD_1、VD_2（硅管）截止，所以$U_o=U_i$。

$|U_i|>0.5V$时，VD_1、VD_2中有一个导通，所以$U_o=0.5V$。

④ 元件保护。在电子线路中，常用二极管来保护其他元器件免受过高电压的损害，如图1-11所示的电路中，L和R是线圈的电感和电阻。

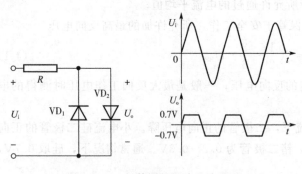

图1-10 二极管限幅电路及波形图

在开关S接通时，电源E给线圈供电，L中有电流流过，储存了磁场能量。在开关S由接通到断开的瞬时，电流突然中断，L中将产生一个高于电源电压很多倍的自感电动势e_L，e_L与E叠加作用在开关S的端子上，在S的端子上产生电火花放电，这将影响设备的正常工作，使开关S寿命缩短。接入二极管VD后，e_L通过二极管VD产生放电电流i，使L中储存的能量不经过开关S放掉，从而保护了开关S。

⑤ 构成逻辑门电路。利用二极管的单向导电性可组成逻辑门电路，实现与运算，如图1-12所示。

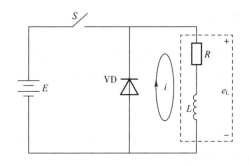
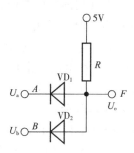

图 1-11 二极管保护电路   图 1-12 由二极管构成的逻辑门电路

U_a、U_b 为高电平（5V）时，U_o 为高电平（4.7V）；U_a、U_b 有一个是低电平（0V）时，U_o 为低电平，所以 $F=A \cdot B$。

4）几种常见的特殊二极管

（1）稳压二极管

① 稳压二极管的符号及伏安特性。硅稳压二极管简称稳压管，是一种特殊的二极管，是用特殊工艺制造的用来稳压的二极管（工作在反向区），通常与电阻配合具有稳定电压的特点。当反向电压达到或超过稳压值时，反向电流增大，反向电压被稳定在稳压值上。其符号及伏安特性如图 1-13 所示。

从伏安特性曲线可以看到，稳压管正向偏置时，其特性和普通二极管一样；反向偏置时，开始一段和二极管一样，当反向电压达到一定数值以后，反向电流突然上升，而且电流在一定范围内增长时，二极管两端电压只有少许增加，变化很小，具有稳压性能。

② 稳压二极管的应用。稳压二极管用来构成的稳压电路，稳压管通常工作于反向电击穿状态。如图 1-14 所示。

稳压电路由限流电阻 R 和稳压管 VD_Z 构成，R_L 是负载电阻。它是利用稳压管的反向击穿特性，当电路的电源电压波动或负载电流变化时，引起稳压管电流 I_Z 变化，使通过限流电阻 R 上的电压发生变化来维持输出电压 U_o 基本不变。稳压过程：

$$U_i \uparrow \to U_o \uparrow \to I_Z \uparrow \to I_R \uparrow \to U_R \uparrow \to U_o \downarrow$$

$$I_o \uparrow \to U_o \downarrow \to I_Z \downarrow \to I_R \downarrow \to U_R \downarrow \to U_o \uparrow$$

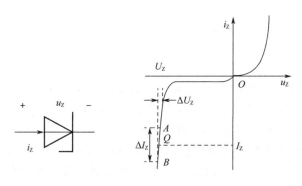
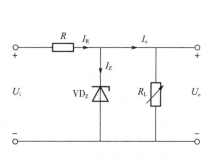

图 1-13 稳压二极管的符号及其伏安特性   图 1-14 稳压二极管稳压电路

使用稳压二极管时要注意以下三点。

a. 工程上使用的稳压二极管无一例外都是硅管。

b. 连接电路时应反接。

c. 稳压管需串入一只电阻。该电阻的作用首先是起限流作用，以保护稳压管；其次，当输入电压或负载电流变化时，通过该电阻上电压降的变化，取出误差信号以调节稳压管的工作电流，从而起到稳压作用。

（2）光电二极管

光电二极管是利用 PN 结的反向电流随光照的增强而增大的特性制造的二极管，又称光敏二极管，它是光电转换半导体器件，与光敏电阻器相比具有灵敏度高、高频性能好、可靠性好、体积小、使用方便等优点。

图 1-15 光电二极管的符号及实物图

① 光电二极管的符号及实物图。光电二极管的符号及实物图如图 1-15 所示。

② 光电二极管的特点。光电二极管和普通二极管相比，虽然都属于单向导电的非线性半导体器件，但在结构上有其特殊的地方。光电二极管使用时要反向接入电路中，即其阳极接电源负极，阴极接电源正极。

③ 光电二极管的应用。光电二极管工作在反偏状态，它的管壳上有一个玻璃窗口，以便接受光照。

光电二极管的检测方法和普通二极管的一样，通常正向电阻为几千欧，反向电阻为无穷大，否则光电二极管质量变差或损坏。当受到光线照射时，反向电阻显著变化，正向电阻不变。远距离光电传输的原理如图 1-16 所示。

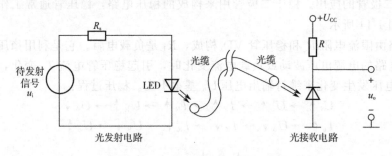

图 1-16 远距离光电传输的原理

（3）发光二极管

① 发光二极管的符号、伏安特性及实物图（图 1-17）。发光二极管是用特殊半导体材料（如砷化镓）制成的可发光的二极管。发光二极管的符号和伏安特性曲线如图 1-17 所示。

发光二极管与普通二极管一样，也是由 PN 结构成的，同样具有单向导电性，但在正向导通时能发光，所以它是一种把电能转换成光能的半导体器件，简称 LED（Light Emitting Diode）。LED 的反向击穿电压一般大于 5V，但为使器件长时间稳定而可靠地工作，安全使用电压选择在 5V 以下。

② 发光二极管的应用。

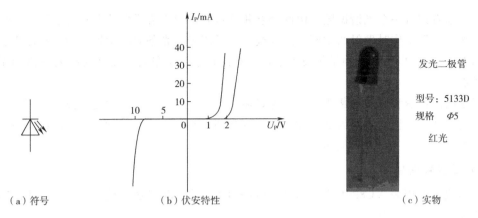

(a) 符号　　　　　　(b) 伏安特性　　　　　　　　　　(c) 实物

图 1-17　发光二极管符号和伏安特性曲线、实物

a. 电源通断指示 发光二极管作为电源通断指示电路，如图 1-18 所示，通常称为指示灯，在实际应用中可以给人提供很大的方便。发光二极管的供电电源既可以是直流的也可以是交流的，但必须注意的是，发光二极管是一种电流控制器件，应用中只要保证发光二极管的正向工作电流在所规定的范围之内，它就可以正常发光。其具体的工作电流可查阅有关资料。

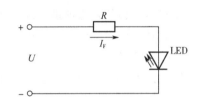

图 1-18　发光二极管电路

b. 数码管是电子技术中应用广泛的主要显示器件，它是用发光二极管经过一定的排列组成的，如图 1-19（a）所示。

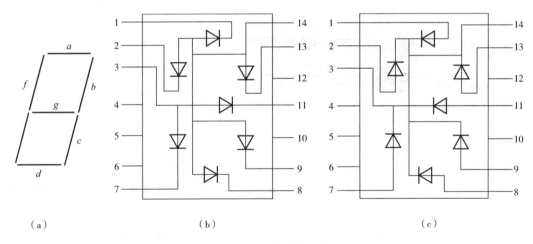

(a)　　　　　　　　　(b)　　　　　　　　　　　(c)

图 1-19　七段型数码管

图 1-19（b）、(c) 所示是最常用的七段型数码显示电路。要使它显示 0～9 的一系列数字，只要点亮其内部相应的显示段即可。七段数码显示有共阳极［图 1-19（b）］和共阴极［图 1-19（c）］之分。数码管的驱动方式有直流驱动和脉冲驱动两种，实际应用中可任意选择。数码管应用十分广泛，可以说，凡是需要指示或读数的场合，都可采用数码管显示。

（4）激光二极管

激光二极管简称激光管。它是受激励能产生激光的二极管。激光管与普通二极管的差异,只是前者拥有一个光谐振腔(由两个互相平行并与PN结严格垂直的光学平面镜组成)。

激光二极管工作时发射的主要是红外线,广泛用于激光条码阅读器、激光打印机、光盘CD/VCD/DVD,以及激光测量等设备上,具有体积小、重量轻、功率转换效率高和调制方便等优点。

根据内部构造和原理判断激光二极管好坏的方法,是通过测试激光二极管的正、反向电阻来确定好坏。若正向电阻为20~30kΩ,反向电阻为无穷大,说明激光二极管正常;否则,要么激光二极管老化,要么损坏。

5)二极管的检测

采用数字万用表VC890D进行二极管的检测,下面以普通整流二极管、稳压二极管、发光二极管为例进行说明。

(1)从外观判别极性(图1-20)

① 发光二极管:脚长为阳极;

② 稳压二极管:黑圈那一端为阴极;

③ 普通整流二极管:灰白圈那一端为阴极。

(2)数字万用表的"20MΩ"挡检测

在数字万用表中,红表笔接在万用表电池的正极上,黑表笔接电池的负极,如图1-21所示。

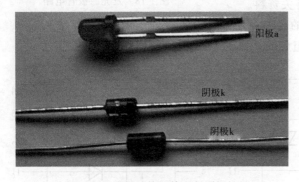

图1-20 从二极管的外观判别极性

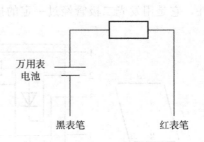

图1-21 数字万用表

根据二极管的单向导电性,当红表笔接其阳极a,黑表笔接其阴极k时,二极管处于正偏,则导通;红黑表笔反过来接时,则截止。二极管的具体测试方法如图1-22和表1-1所示。

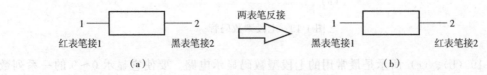

图1-22 二极管的测试方法

① 数字万用表的欧姆挡(20MΩ)检测示例。数字万用表20MΩ挡对稳压二极管、普通整流二极管的检测如图1-23所示。红表笔的一端插入万用表的VΩ孔,黑表笔插入COM孔。

表 1-1 二极管的测试及结论

万用表挡位	测试		结论
20MΩ	测得阻值	一次显示具体阻值，另一次显示 0.L	二极管是好的
			两次测试时有具体数值的那次，红表笔接的是阳极
		R_a、R_b 数值相差不大或近似相等	二极管单向导电性差，不可用
		R_a、R_b 数值均小，甚至趋近于 0	二极管被击穿
		两次均显示 0.L	二极管内部断开
▷⊢	测得电压	一次有具体的电压值，另一次显示 0.L	二极管是好的
			两次测试时显示具体电压值的那次，红表笔接的是阳极
		两次都显示 0.L	二极管已损坏

通过图 1-23 的检测情况可得：数字万用表打到"20MΩ"挡后，二极管正偏时，均显示一具体阻值大小，而反偏时显示 0.L。

(a) 稳压二极管正向导通时

(b) 稳压二极管反向截止时

(c) 普通二极管正向导通时

(d) 普通二极管反向截止时

图 1-23 20MΩ 挡测试二极管示例

② 数字万用表的"⟶⊢"挡检测示例。用数字万用表"⟶⊢"挡对稳压二极管、普通整流二极管和发光二极管的检测如图 1-24 所示。

（a）稳压二极管正向导通时

（b）稳压二极管反向截止时

（c）普通二极管正向导通时

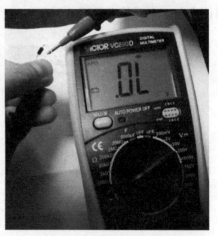

（d）普通二极管反向截止时

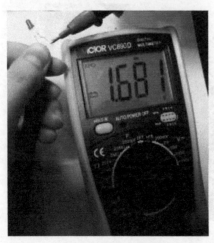

（e）发光二极管正向导通时

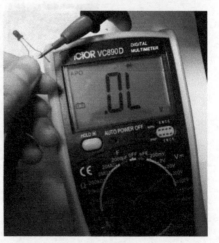

（f）发光二极管反向截止时

图 1-24　"⟶⊢"挡测试二极管示例

通过图 1-24 的检测情况可得：数字万用表打到"—▷|—"挡后，二极管正偏时，均显示电压数值，而反偏时显示 .0L，另外，发光二极管正偏时还发光。

现在一般采用—▷|—挡进行测试。

任务 2　检测三极管

三极管是最重要的半导体器件之一，它的放大作用和开关作用，促进了电子技术的飞跃发展。它按照功率可以分为小功率、中功率、大功率三极管；按照频率可以分为高频管、低频管；按照材料可分为硅管、锗管等。常用三极管实物如图 1-25 所示。

图 1-25　常用三极管实物图

1）基本结构

根据结构不同，可以将三极管分为 NPN 型三极管和 PNP 型三极管，图 1-26 所示是两种形式三极管的结构示意图和电路符号。

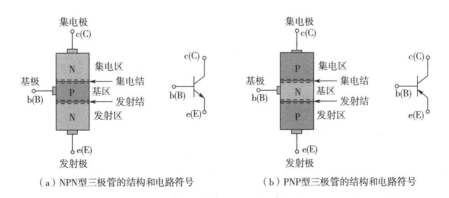

（a）NPN型三极管的结构和电路符号　　（b）PNP型三极管的结构和电路符号

图 1-26　三极管的结构和电路符号

三极管是三层半导体结构，以 NPN 型三极管为例，中间是一块很薄的 P 型半导体，称为基区；两边各为一块 N 型半导体，分别称为发射区和集电区，但是它们并不对称，发射区的掺杂浓度很高，集电区的面积较大。从三个区分别引出三个电极，分别称为基极 b（base）、发射极 e（emitter）和集电极 c（collector）。

两块不同形式的半导体结合到一起，在它们的交界面处就会形成 PN 结。所以三极管中有两个 PN 结，基区和发射区之间的 PN 结称为发射结；基区和集电区之间的 PN 结称为集电结。

2) 电流分配与放大原理

（1）实现电流放大作用的条件

① 外部条件：其发射结加正向偏置，集电结加反向偏置。

② 内部条件：发射区掺杂浓度高，基区薄且掺杂浓度低，集电结面积大。

（2）电流放大原理

以共发射极电路、NPN 型三极管为例进行说明。

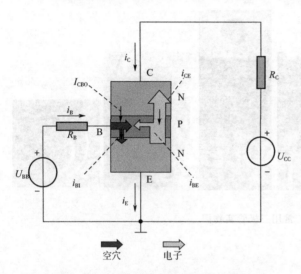

在图 1-27 中，发射极是两个回路的公共端，称这种接法为共基极接法。

NPN 型晶体管的发射结正向偏置，集电结反向偏置。发射区中的多子电子就会向基区扩散，同样，基区中的空穴也会向发射区扩散，形成小电流 i_{BI}，i_{BI} 很小，可以忽略。由于基区的掺杂浓度很低，扩散到基区中的电子只有一小部分与基区中的空穴复合，在 U_{BB} 的作用下形成电流 i_{BE}。其他大部分电子无法复合而继续向集电结运动，对于集电结来说，这部分电子是少子，而集电结反偏，这部分电子在内电场的作用下飘移到集电区，形成电流 i_{CE}。因为集电结反偏，必定有反向饱和电流 I_{CBO} 从集电区到基区。

图 1-27 三极管的电流控制作用示意图

据此原理得出：

$$I_C \approx \beta I_B \tag{1-2}$$

式（1-2）说明三极管的基极电流 I_B 对集电极电流 I_C 有控制作用。

由基尔霍夫电流定律可得：

$$I_E = I_B + I_C \tag{1-3}$$

结合式（1-2）和式（1-3）可得：

$$I_E \approx (1+\beta) I_B \tag{1-4}$$

结论：如果使三极管的发射结正向偏置、集电结反向偏置，三极管内有一个基极电流，就会相应地有一个集电极电流，集电极电流是基极电流的 β 倍。

3) 三极管的特性曲线

三极管的特性曲线是指三极管各电极电流与各电极电压之间的关系，它以图形的方式说明了三极管的电流放大原理。

从使用角度看，了解其伏安特性曲线，能够帮助我们直观地理解三极管的运行情况，比了解它的内部载流子的运行情况更为重要。三极管不像二极管那样简单，因为它有三个电极，一般用三极管的输入特性和输出特性曲线来描述其特性。

三极管电路分共射极、共基极和共集电极电路，此处主要介绍 NPN 三极管共射极接法时的特性曲线。其测试电路如图 1-28 所示。

(1) 输入特性曲线

图 1-29 是三极管的输入特性曲线，它是指当集电极电压与发射极电压 u_{CE} 是常量时，输入回路中基极电压 u_{BE} 与基极电流之间 i_B 的关系。

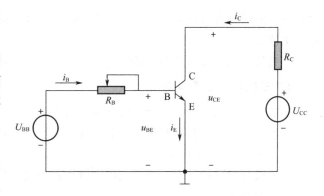

图 1-28 输入输出特性曲线的测试电路

在室温条件下，输入特性曲线受 u_{CE} 的影响，u_{CE} 增加，输入曲线向右移动。但是当 $u_{CE}>1V$ 时，虽然 u_{CE} 增加，但是特性曲线基本保持不变。一般情况下能够满足 $u_{CE}>1V$ 的条件，所以我们通常使用 $u_{CE}>1V$ 时的特性曲线。

(2) 输出特性曲线

从图 1-30 中可以看出，当 i_B 变化时，i_C 与 u_{CE} 的关系曲线就会移动，因此三极管的输出特性是一簇曲线。集电极电流 i_C 与集电极电压 u_{CE} 之间的关系可以用如下函数表示：

$$i_C = f(u_{CE})|_{i_B} = 常数 \tag{1-5}$$

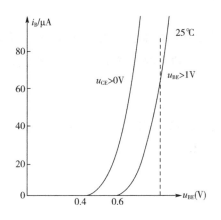

图 1-29 某种型号的三极管的输入特性曲线

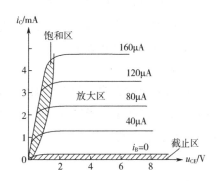

图 1-30 三极管的输出特性曲线

① 饱和区。在这一簇曲线中，各曲线的形状基本是一致的。取其中一条曲线为例（$i_B=40\mu A$）说明。输出特性的开始部分很陡，u_{CE} 略有增加，i_C 增加很快。这是由于集电结的反向偏置电压很低，收集电荷的能力不足造成的，此区域称为饱和区。三极管处于饱和区中时，三极管的发射结正向偏置，集电结也是正向偏置，u_{CE} 很小。

② 放大区。当超过一定值后，特性曲线变得比较平坦，集电极电流 i_C 基本不随 u_{CE} 的变化而变化。这是因为集电结电压足够高，集电结的电荷收集能力足够将从发射区扩散过来的电荷收集到集电区，此区域称为放大区。

三极管工作在放大区的条件是：集电结反向偏置，发射结正向偏置。

③ 截止区。对于 NPN 三极管，当电压 $u_{BE}<0$ 时，发射结反向偏置，基极电流 $i_B=0$

及其以下的区域称为截止区。其实$i_B=0$时,三极管仍然有很小的集电极电流,但一般忽略穿透电流I_{CEO}。

三极管工作在截止状态的条件是:发射结反向偏置,集电结反向偏置。

4)三极管的主要参数

三极管的参数说明了管子的特性和使用范围,是选用三极管的依据,了解这些参数的意义对于使用三极管,充分利用其性能来设计合理的电路是非常必要的。

(1)电流放大倍数β

若三极管的β值过小,则放大能力就小;但是β值过大,稳定性差。

(2)穿透电流I_{CEO}

穿透电流是衡量三极管好坏的重要指标。由于穿透电流是由少子飘移形成,因此受温度影响大,温度上升,穿透电流增大很快;穿透电流大,三极管电流中非受控成分大,管子性能就差。

(3)最大集电极允许电流I_{CM}

I_{CM}是指三极管的参数变化不允许超过允许值时的最大集电极电流。当电流超过I_{CM}时,管子的性能显著下降,集电结温度上升,甚至烧坏管子。

(4)反向击穿电压$U_{(BR)CEO}$

这是指三极管基极开路时,允许加到C-E极间的最大电压。一般三极管的反向击穿电压为几十伏,高反压的管子的反向击穿电压大到上千伏。

(5)集电极最大允许功耗P_{CM}

三极管工作时,消耗的功率$P_C=I_C u_{CE}$,三极管的功耗增加会使集电结的温度上升,过高的温度会损害三极管。因此,$I_C u_{CE}$不能超过P_{CM}。小功率的管子P_{CM}为几十毫瓦,大功率的管子P_{CM}可达几百瓦以上。

(6)特征频率f_T

由于极间电容的影响,频率增加时管子的电流放大倍数下降,f_T是三极管的β值下降到1时的频率。高频率三极管的特征频率可达1000MHz。

5)三极管的选择

半导体三极管是应用较广的分立器件,它对电路的性能指标影响很大。三极管的选择大致有以下几个方面。

(1)从满足电路所要求的功能(如放大作用、开关作用等)出发,选择合适的类型。如大功率管、小功率管、高频管、低频管、开关管等。

(2)根据电路要求,选择β值。一般情况下,β值越大,温度稳定性越差,通常β取50~100。

(3)根据放大器频带的要求,选择管子适当的共基极特征频率f_T。

(4)根据已知条件选择管子的极限参数,一般要求如下:

① 最大集电极电流$I_{CM}>2I_C$;

② 击穿电压$U_{(BR)CEO}>2U_{CC}$;

③ 最大允许管耗P_{CM}与集电结的温度有关,结温又与环境温度以及管子的散热条件有关,一般硅管结温应不超过150℃,锗管结温不超过70℃。

6）三极管的检测

采用数字万用表 VC890D 进行三极管的检测，以 9012、9013 和 8050 三极管为例进行说明。

（1）从外观判别引脚极性

对于 9012、9013 和 8050，一般是标明型号有字的那一面面向自己，引脚朝下，则引脚从左到右依次为：E、B、C，如图 1-31 所示。

（2）数字万用表欧姆挡检测三极管

三极管的内部结构如图 1-32 所示。

图 1-31　9012、9013 和 8050 的极性
1—发射极 E　2—基极 B　3—集电极 C

① 管型和基极 B 的判定。如图 1-33 所示，将写有元件具体型号的那一面面向自己，引脚向下，假定 3 个引脚中其中一个为基极 B，通常假定中间的 2 号引脚为基极 B。具体测试步骤如下。

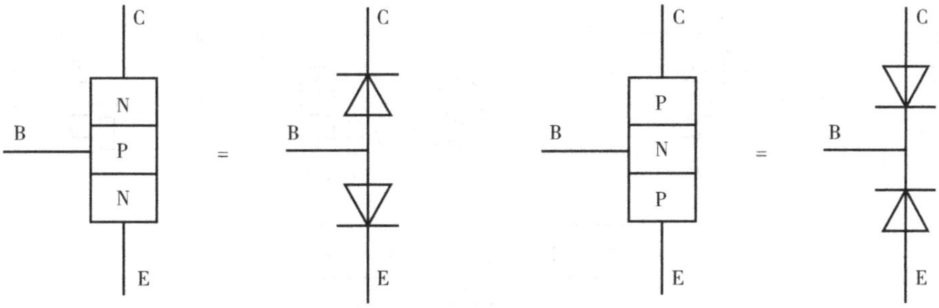

（a）NPN 型　　　　　　　　　　　　　　（b）PNP 型

图 1-32　三极管的内部结构

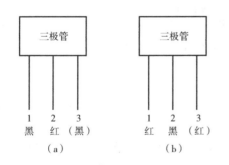

图 1-33　三极管的管型及基极 B 的判定测试

a. 选择 20MΩ 挡位。

b. 红表笔放在假定的基极上，黑表笔放在剩下的其中一引脚上，读取万用表显示屏测试结果；红表笔不动，黑表笔换到剩下的另一引脚上，读取显示屏测试结果，测试情况如图 1-33（a）所示。

c. 黑表笔放在假定的基极上，红表笔先后分别单独放在剩下的其中一个引脚上进行测试，测试情况如图 1-33（b）所示。

测试情况及判定结论如表 1-2 所示。

② 集电极 C 和发射极 E 的判定。NPN 型三极管的集电极 C 和发射极 E 的测试方法如图 1-34 所示。

a. 检测原理。检测原理是根据三极管处于放大状态时三个引脚电位间的关系，对于 NPN 来说，$U_c > U_b > U_e$ 时三极管处于放大状态；对于 PNP 来说，是在 $U_c < U_b < U_e$ 时，三极管处于放大状态。

由此得出结论：对于 NPN 型三极管，将红黑表笔接基极 B 以外的两个引脚，万用表显示数值小的那一次，红表笔接的那一端是集电极 C，剩下的一个引脚就是发射极 E。

表 1-2 数字万用表欧姆挡进行三极管的类型及基极 B 的测试情况及判定结论

万用表挡位	测试	结 论	
20MΩ	测得阻值	按图 1-33（a）测试，R_{BC}、R_{BE} 均显示固定阻值	三极管是好的且为 NPN 型，2 号确为基极 B
		按图 1-33（b）测试，R_{BC}、R_{BE} 均显示 0.L	
		按图 1-33（a）测试，R_{BC}、R_{BE} 均显示 0.L	三极管是好的且为 PNP 型，2 号确为基极 B
		按图 1-33（b）测试，R_{BC}、R_{BE} 均显示固定阻值	
		其他测试结果	重新假定 1（或 3）为基极，重复上述步骤进行测试，直至找出基极 B，否则三极管是坏的

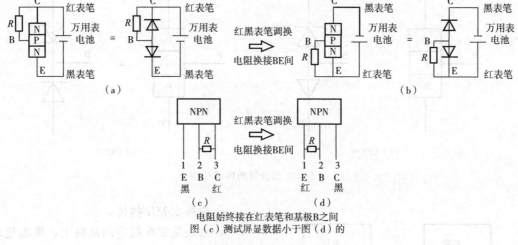

图 1-34 NPN 型三极管的集电极 C 和发射极 E 的测试方法

思考：PNP 型三极管测试时，是什么情况呢？

b. 测试方法。测试时，电路中的电阻可用如下方法实现：用手捏住基极 B 和红表笔所接的那一极。

若确定 2 为基极 B 了，可将数字万用表挡位打到 20MΩ 挡，按图 1-35 所示操作，然后将红黑表笔分别接基极 B 以外的两个引脚，用手捏住基极 B 和红表笔接的那个引脚，但不能接触，观察万用表屏，显示数值小的那一次，对于 NPN 型三极管，红表笔接的那一端是集电极 C，剩下的一个引脚就是发射极 E。

③ 三极管 9013 检测示例。有字的一面面向自己，引脚朝下放置，如图 1-36 所示。

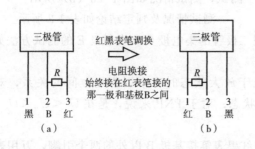

图 1-35 三极管的集电极 C 和发射极 E 的判定测试

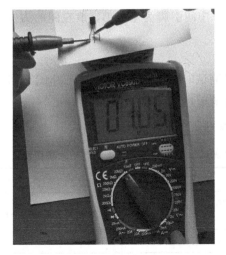
(a)测BE间正向电阻

(b)测BC间正向电阻

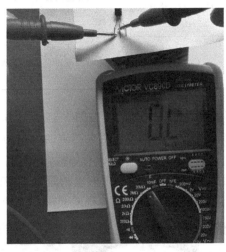
(c)测BE间反向电阻

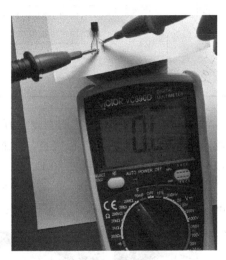
(d)测BC间反向电阻

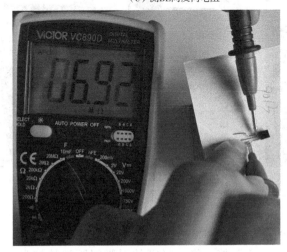
(e)三极管处于放大状态时测CE间电阻

(f)测EC间电阻

图 1-36 20MΩ 挡检测三极管 9013

由检测情况可知，9013 为 NPN 型，且中间引脚为基极 B，最左侧的为发射极 E，最右侧的是集电极 C。

（3）数字万用表 ⟶|◁⟵ 挡检测三极管

测试方法与用欧姆挡类似，区别在于测试时，若万用表打在"20MΩ"挡，显示屏上的数值为阻值；若打在"⟶|◁⟵"挡，显示的为电压值（管压降）。

① 管型和基极 B 的判定。测试情况及判定结论如表 1-3 所示。

表 1-3　数字万用表二极管挡测试三极管的类型及基极 B 的判定结论

万用表挡位	测试	结论	
⟶|◁⟵	测得电压	按图 1-33（a）测试，U_{BC}、U_{BE} 均显示出固定电压值	三极管是好的且为 NPN 型，2 号确为基极 B
		按图 1-33（b）测试，两次都显示 0.L	
		按图 1-33（a）测试，两次都显示 0.L	三极管是好的且为 PNP 型，2 号确为基极 B
		按图 1-33（b）测试，U_{BC}、U_{BE} 均显示出固定电压值	
		其他测试结果	重新假定 1（或 3）为基极，重复上述步骤进行测试，直至找出基极 B，否则三极管是坏的

② 集电极 C 和发射极 E 的判定。万用表打在二极管挡时，按图 1-35 所示方法，两次测试均显示 0.L，这是因为二极管挡显示最高电压约为 0.7V，两次测试的电压均超过 0.7V，所以一般不用二极管挡判断 C 和 E。

③ 三极管 9012 测试示例。如图 1-37 所示，可用二极管挡检测 9012 的管型和基极 B。由检测情况可知，9012 为 PNP 型，且中间引脚为基极 B（发射极 E 和集电极 C 可用 hFE 挡检测）。

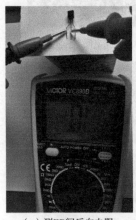
（a）测 EB 间反向电阻

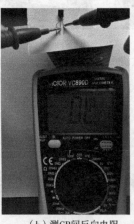
（b）测 CB 间反向电阻

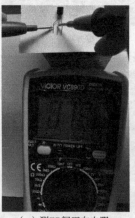
（c）测 EB 间正向电阻

（d）测 CB 间正向电阻

图 1-37　二极管挡检测 9012 的管型和基极 B

（4）hFE 挡（三极管挡）检测三极管

① 测试方法及判定。数字万用表打在"hFE"挡，将三极管的引脚间距稍稍扩张一点（必须用一只手握住引脚的根部，以防掰的时候弄断引脚）。假定三极管的类型和引脚极性，然后将三极管引脚依次插入显示屏右下角的孔内，观察屏显数据。

不管引脚怎么插，屏显数据都是 0，则是假定的型号不对。

显示数据要么很小（但不为0），要么很大达 2700 多，则是型号对，但引脚不对应。

显示数据为 200 多，则型号对，引脚也对应。

由此可得结论：屏显数据为 200 多时，型号和引脚都是对应的。

（注意：以上数据是以 9012、9013 和 8050 三极管为例进行说明的。）

一般通过万用表的 20MΩ 挡或二极管挡确定三极管的类型和基极 B 后，然后再用 hFE 挡检测。以 NPN 型管为例，假如已确定中间引脚为基极 B，则集电极 C 和发射极 E 的测试操作如图 1-38 所示。

按图 1-38 测试后会发现，显示数据为 200 多的，型号和引脚极性都是对应万用表上的字母。

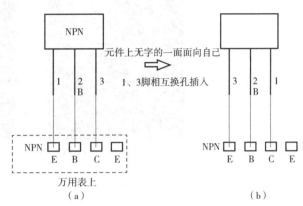

图 1-38　数字万用表的 hFE 挡判定集电极 C 和发射极 E 的测试

② 三极管 8050 检测示例。其检测方法如图 1-39 所示。

（a）引脚依序插入NPN的BCE孔（有字那一面背对自己）

（b）引脚依序插入NPN的BCE孔（有字那一面面向自己）

（c）引脚依序插入NPN的EBC孔（有字那一面背对自己）

（d）引脚依序插入NPN的EBC孔（有字那一面面向自己）

（e）引脚依序插入PNP的EBC孔（有字那一面背对自己）

（f）引脚依序插入PNP的EBC孔（有字那一面面向自己）

图 1-39

（g）引脚依序插入PNP的BCE孔　　（h）引脚依序插入PNP的BCE孔
（有字那一面背对自己）　　　　（有字那一面面向自己）

图 1-39　"hFE" 挡检测三极管 8050

由检测情况可知，显示"0211"的那次引脚与万用表上的对应，即 8050 为 NPN 型，且中间引脚为基极 B，最左边的是发射极 E，最右边的是集电极 C。

任务 3　掌握手工焊接技术

焊接是使金属连接的一种方法。它利用加热手段，在两种金属的接触面，通过焊接材料的原子或分子的相互扩散作用，使两种金属间形成一种永久的牢固结合。利用焊接的方法进行连接而形成的接点叫焊点。

焊接可在 PCB 板上进行，也可在万能板上进行。PCB 板如图 1-40 所示，电路中所需元件的相对位置已布好，且通过一定的工艺将元件之间的连线已连接好，焊接时只需将元件插入相应的接线端子焊接好就行。

图 1-40　PCB 板

如果在万能板（图1-41）上焊接，需要自己对元件进行布局，将元件引脚从板子的正面插入洞孔，焊接固定好元件引脚，并根据电路原理图进行各元件引脚相应连线的焊接。

相比较而言，PCB板焊接方便，但前期成本高，且一旦制成后线路不可更改，适合批量生产；万能板焊接比较麻烦，但成本低，可自行布板，能更好地锻炼手工焊接操作能力。

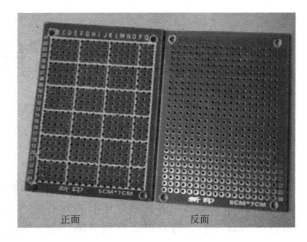

图1-41　万能板

本项目中的产品制作，均以万能板示例。

万能板有正反两面，正面放元件本体，元件引脚插入洞孔，在板子的反面进行焊接。对焊点的要求是连接可靠、导电，表面光洁美观。

用电烙铁焊接是电子制作的基本技能之一。焊接操作看似简单、容易，但要真正掌握焊接技术，焊出高质量的焊点，却并不那么容易。为使初学者快速熟练地掌握焊接基本功，下面重点讲述焊接工具与材料，焊接方法、经验和技巧，希望读者能够认真阅读领会，并多进行焊接练习，不断提高焊接水平。

1）焊接工具与材料

常用焊接工具与材料如图1-42所示。

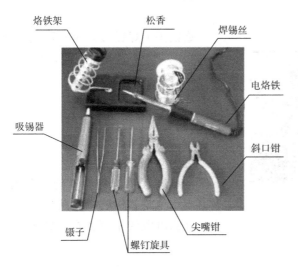

图1-42　焊接工具与材料

（1）电烙铁

电烙铁是电子制作和电气维修的必备工具，主要用途是焊接元件及导线，即将表面清洁的焊件与焊锡加热到一定温度，使焊锡熔化，在其界面上发生金属扩散并形成结合层，从而实现金属的焊接。

电烙铁按机械结构可分为内热式电烙铁和外热式电烙铁，按功能可分为无吸锡电烙铁和吸锡式电烙铁，根据用途不同又分为大功率电烙铁和小功率电烙铁。

内热式电烙铁，由于烙铁芯安装在烙铁头里面，因而发热快，热利用率高。内热式电烙铁的常用规格为20W、50W几种。由于它的热效率高，20W内热式电烙铁就相当于40W左右的外热式电烙铁。内热式电烙铁结构如图1-43所示。

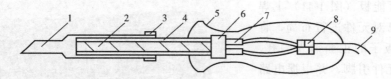

图 1-43　内热式电烙铁结构

1—烙铁头；2—烙铁芯；3—卡箍；4—金属外壳；5—手把；6—固定座；7—接线柱；8—线卡；9—软电线

使用电烙铁前，主要检查以下事项。

① 电烙铁整体有无破损，电源线是否烧损、裸露导线，插头是否紧固。

② 用万用表电阻挡位测量电烙铁的烙铁芯是否正常。以现在常用的 30W 电烙铁为例，它的阻值在 2kΩ 左右。将万用表打到电阻挡位，两表笔接触烙铁插头，观察表头数值。若阻值为无穷大，则说明开路；若阻值为零，则说明短路，都不要使用。

③ 如果是新的电烙铁，测量没有问题后，首先通电。因为新烙铁为了保护烙铁头会在上面涂油，所以通电先产生热量把这层油烧掉，否则影响焊接质量。通电的时候一定要保持通风，让这些味道尽快散发。

④ 检查烙铁头的情况。一般来说，烙铁头尽量选用圆斜面形状的，这种形状焊接效果好。重点看看烙铁头的圆斜面上面的助焊层面，也就是一层比较光亮的物质。如果已经发乌、发暗，则可以用锉刀打磨，通电产生热量后，涂抹助焊剂，之后再上焊锡，重新形成助焊层面。

新的烙铁头第一次使用时，一定要先上锡。烙铁头会发生氧化，进而阻止热能快速传递到被焊金属。

焊接前，将电烙铁插头接上 220V 的交流电源进行加热，待温度升高足以使锡丝快速熔化时即可进行焊接。手握烙铁通常像拿笔写字一样，紧握并轻放在焊接点处，如图 1-44 所示。

图 1-44　电烙铁的握法

烙铁头上焊锡过多时，可用湿海绵或布擦除，不可乱甩，以免烫伤他人。

长时间不需焊接时，不能让烙铁干烧，应拔掉插头断电。

焊接工作结束后，应及时拔掉插头，冷却后方可放回工具箱。

（2）烙铁架

焊接过程中，烙铁不能到处乱放，暂时不用电烙铁时，应将其放在烙铁架上。注意电源线不可搭在烙铁头上，以防烫坏绝缘层而发生事故。

（3）松香

松香是松树树干内部流出的油经高温熔化成水状，干结后变成块状固体（没有固定熔点），其颜色焦黄深红，是重要的化工原料，日常生活方面主要用在电路板焊接时作助焊剂。

（4）焊锡丝

焊锡是在焊接线路中连接电子元器件的重要工业原材料，是一种熔点较低的焊料，常用焊锡材料有锡铅合金焊锡、加锑焊锡、加镉焊锡、加银焊锡、加铜焊锡。

标准焊接作业时使用的线状焊锡称为松香芯焊锡线或焊锡丝。在焊锡中加入了助焊剂，这种助焊剂由松香和少量的活性剂组成。

焊锡主要的产品分为焊锡丝、焊锡条、焊锡膏三个大类，应用于各类电子焊接上，适用于手工焊接、波峰焊接、回流焊接等工艺上。

（5）吸锡器

焊接过程中，焊锡过多或需拆卸电子元件时，用吸锡器来收集熔化的焊锡。吸锡器有手动和电动两种。如图 1-45 所示，在使用手动焊锡时，操作步骤如下：

① 把吸锡器活塞向下压至卡住；

② 用电烙铁加热焊点至焊料熔化；

③ 移开电烙铁的同时，迅速把吸锡器嘴贴上焊点，并按动吸锡器按钮；

④ 若一次吸不干净，可重复操作多次。

图 1-45　吸锡器的使用

（6）镊子

镊子是 PCB 板焊接中常用的工具，常用来夹取导线、元件及集成电路引脚等，如图 1-46 所示。在焊接小零件时，用手扶拿会烫手，既不方便，有时还容易引起短路。有了镊子，可用它接引线、引脚，灵活方便。

不锈钢制成的平头镊子，它的硬度较大，除了可用来夹持元器件引脚外，还可以帮助加工元器件引脚，做简单的成形工作。

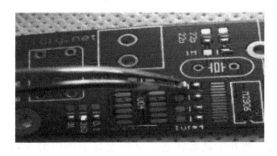

图 1-46　用镊子夹取元件

（7）斜口钳

常用于剪去焊接完成后长引脚元器件引脚的多余部分，也可用来剥导线的绝缘皮。

（8）尖嘴钳

主要用来剪切较细的导线，给导线接头弯圈，以及剥塑料绝缘层等，也可用来夹小型金属零件或弯曲元器件引线。

（9）螺钉旋具

用于装卸螺钉。在调整电感元件磁芯时应使用无感应的螺钉旋具。

2）手工焊接基本操作

（1）焊接步骤

如图 1-47 所示，正确的手工焊接操作过程可以分为以下五个步骤。

① 准备。一手拿焊锡丝，另一手握烙铁，看准焊点，随时待焊。

② 加热。加热的烙铁头先送到焊接处，注意烙铁头应同时接触焊盘（圆孔周围的铜片）和元件引脚线，把热量传送到焊接对象上。时间大约为 1 秒到 2 秒。

③ 锡丝供给。焊盘和引脚线被熔化了的助焊剂所浸润，除掉表面的氧化层，焊料（熔化了的焊锡丝）在焊盘和引线连接处呈锥状，形成理想的无缺陷的焊点。

④ 移走焊锡丝。当焊锡丝熔化一定量之后，迅速移开焊锡丝。

⑤ 移走烙铁。当焊料完全浸润焊点后迅速移开电烙铁。

从步骤③开始到步骤⑤结束，时间大约也是 1 秒到 2 秒。注意焊接时间一定不要过长，每一焊点的时间 3 秒以内为宜。时间过长容易使铜皮脱落。

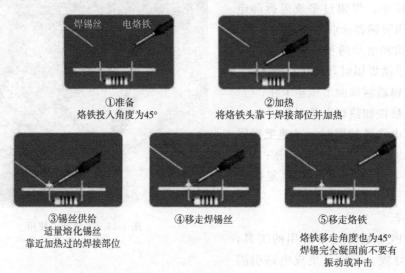

图 1-47　手工焊接五步操作法

手工焊接也可以简化成三步操作法，如图 1-48 所示。

图 1-48　手工焊接三步操作法

(2) 焊接操作的注意事项

① 保持烙铁头的清洁。焊接时，烙铁头长期处于高温状态，又接触焊剂等弱酸性物质，其表面很容易氧化并粘上一层黑色杂质，所以要注意随时在烙铁架上蹭去杂质。用一块湿布或湿海绵随时擦拭烙铁头，也是常用的方法之一。

② 采用正确的加热方法，如图 1-49 所示。

图 1-49　加热方法

③ 加热要靠焊锡桥，如图1-50所示。

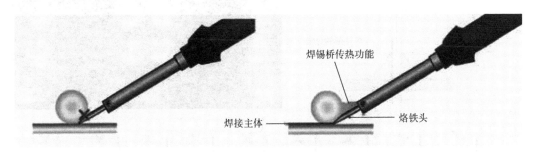

图1-50 靠焊锡桥的加热

④ 采用正确的撤离烙铁方式（图1-51），烙铁撤离要及时。

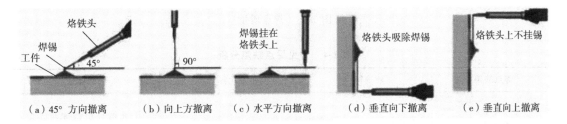

图1-51 撤离烙铁方式

⑤ 焊锡用量要适中，如图1-52所示。

图1-52 焊锡用量

⑥ 助焊剂量要适中。
⑦ 不要用烙铁头作为运载焊料的工具。

(3) 焊点质量要求

对焊点的质量要求，包括电气接触良好、机械接触牢固（被焊件在受振动或冲击时不致脱落、松动）和外表美观（外表有金属光泽、无拉尖、桥接等现象）三个方面，保证焊点质量最关键的一点，就是避免虚焊。如图1-53所示。

(4) 焊点质量分析

常见焊点缺陷分析如表1-4所示。

(5) 拆焊技术——插件元器件的拆卸

① 引脚较少的元器件拆除。一手拿着电烙铁加热元器件引脚焊点，另一手用镊子夹着元件，等焊点熔化后，用镊子将元件轻轻夹出。

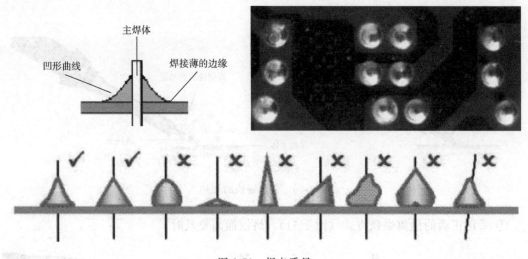

图 1-53 焊点质量

表 1-4 常见焊点缺陷分析

焊点缺陷	外观特点	危害	原因分析
虚焊	焊锡与元器件引线或与铜箔之间有明显黑色界线，焊锡向界面凹陷	不能正常工作	① 元器件引线未清洁好，未镀好锡或锡被氧化 ② 板子未清洁好，喷涂的助焊剂质量不好
锡量过多	焊料面呈凸形	浪费焊料，且可能包藏缺陷	焊丝撤离过迟
锡量过少	焊接面积小于焊盘的75%，焊料未形成平滑的过渡面	机械强度不足	① 焊锡流动性差或焊锡撤离过早 ② 助焊剂不足 ③ 焊接时间太短
冷焊	表面呈豆腐渣状颗粒，有时可能有裂纹	强度低，导电性不好	焊料未凝固前焊件搬动
过热	焊点发白，无金属光泽，表面较粗糙	焊盘容易剥落，强度降低	烙铁功率过大，加热时间过长

续表

焊点缺陷	外观特点	危害	原因分析
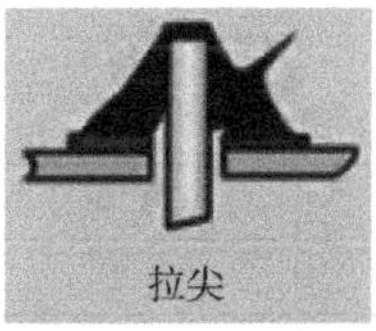 拉尖	出现尖端	外观不佳，容易造成桥接短路	① 助焊剂过少，而加热时间过长 ② 烙铁撤离角度不当
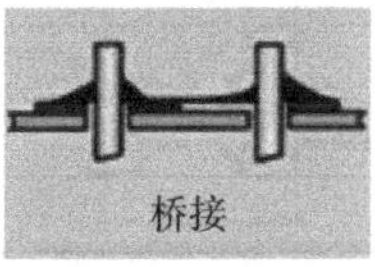 桥接	相邻导线连接	电气短路	① 焊锡过多 ② 烙铁撤离角度不当
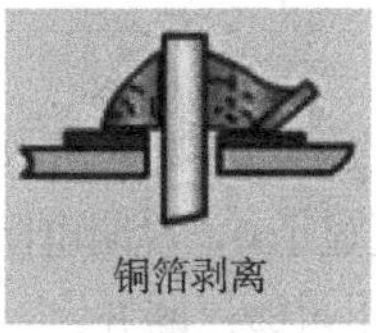 铜箔剥离	铜箔从印制板上剥离	印制 PCB 板已被损坏	焊接时间太长，温度过高
 松动	导线或元器件引线可能移动	导通不良或不导通	① 焊锡未凝固前移动造成空隙 ② 引线未处理（浸润差或不浸润）
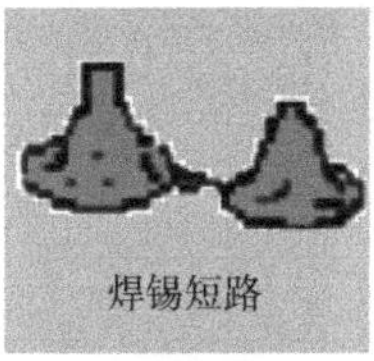 焊锡短路	焊锡过多，与相邻焊点连锡短路	电气短路	① 焊接方法不正确 ② 焊锡过多
 焊点剥落	焊点从铜箔上剥落（不是铜箔与印制板剥离）	断路	焊盘上金属镀层不良

② 多焊点元器件的拆除。采用吸锡器逐个将引脚焊锡吸干净后，再用镊子取出元器件。

关于手工焊接技术，由于文字表达的局限性，难有直观认识，可在网上搜一些手工焊接的视频观看，掌握方法后多多动手练习，可逐步提升焊接技能。

任务 4 安装与调试简易广告彩灯电路

1）原理分析

这个电路原理图如图 1-1 所示，由两个三极管控制亮灭，两边对称，各有一个电解电容，当一侧电容充电时，该侧的发光二极管导通发光，此时另一侧电容放电，同侧的发光二极管截止，不能发光。当放电结束后，开始充电；充电的一侧开始放电，如此反复充电放电，就产生交替闪烁的现象。调节电阻值的大小可以改变闪烁的频率。

2) 清点并检测元器件

按照表 1-5 简易广告彩灯的元器件清单清点元器件并检测元器件。

表 1-5 简易广告彩灯的元器件清单表

名称	型号与规格	数量	名称	型号与规格	数量
电阻	1kΩ	2	三极管	8050	2
电阻	100Ω	2	排针	11mm	6
蓝白电位器	10kΩ	2	万能板		1
电解电容	220μF/25V	2	焊锡	φ0.8	1.5
发光二极管	φ3 红高亮	10			

（1）检测电阻

通常将万用表调到欧姆挡的中间挡位，红黑表笔分别接在电阻的两端，读取屏显数值及单位，即得阻值大小；屏显 0 或者很小的数据，说明挡位太大，若调到最小挡位还显示 0，说明电阻内部已短路；屏显 0.L，则挡位太小；若调到最大挡位屏显仍为 0，说明电阻内部很可能已断开。

100Ω、1kΩ 电阻和 10kΩ 蓝白电位器阻值的测试操作如图 1-54 所示。

（a）100Ω 电阻测试

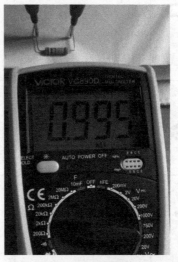
（b）1kΩ 电阻测试

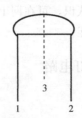

$R_{12} \approx 10\text{k}\Omega$
用螺钉旋具转动电位器白色孔
（相当于调整滑片位置）
R_{13} 或 R_{23} 在 0~10kΩ 间变化

（c）电位器阻值测试方法

（d）10kΩ 电位器测试 R_{12}

（e）10kΩ电位器测试R_{23}　　（f）10kΩ电位器用螺钉旋具调节旋钮后测试R_{23}
（电位器插入万能板孔以固定3个引脚，便于测量时不倒）

图 1-54　电阻测试操作

（2）检测电解电容

① 外观上，脚长的引脚为正，脚短（对应灰白竖条）的为负，如图 1-55 所示。

如果从外观上其外壳出现"鼓包""变形"或"漏液"的现象，如图 1-56 所示，可直接判断电容已损坏。

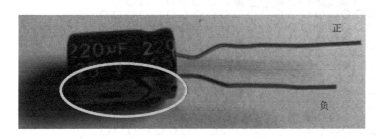 

图 1-55　从外观判断电解电容极性　　　　图 1-56　鼓包的电解电容

② 数字万用表 VC890D 检测电解电容。根据电容标注的额定电容量，将万用表调至合适的电容量程，一般红表笔接正极，黑表笔接负极。如果屏显电容量在额定值范围内，表示电容完好，否则电容损坏。如果出现电容量无穷大，则是电容已经断开了；当测到电容量为零时，说明电容被击穿了。

220μF/25V 电解电容的测试操作如图 1-57 所示。

数字万用表检测电容注意事项如下。

a. 有的数字式万用表在电容插座上标有极性，当测量有极性的电解电容时，被测电容的极性应与电容插座的极性保持一致；

b. 新型数字式万用表（如 DT890B 型）的电容挡设有保护电路，在测量有极性的电解电容时，不必考虑电容的极性；

c. 测量之前必须将被测电容的两个电极短路放电，否则在测试时容易损坏仪表；

d. 在测量大容量电容时，读数需要数秒时间才能趋于稳定，应待液晶屏上所显示的数字稳定以后，再读取被测电容的容量值。

3）设计布局图

简易广告彩灯的设计布局图如图1-58所示。

4）装调准备

选择装调工具、仪器设备并列写清单，见表1-6。

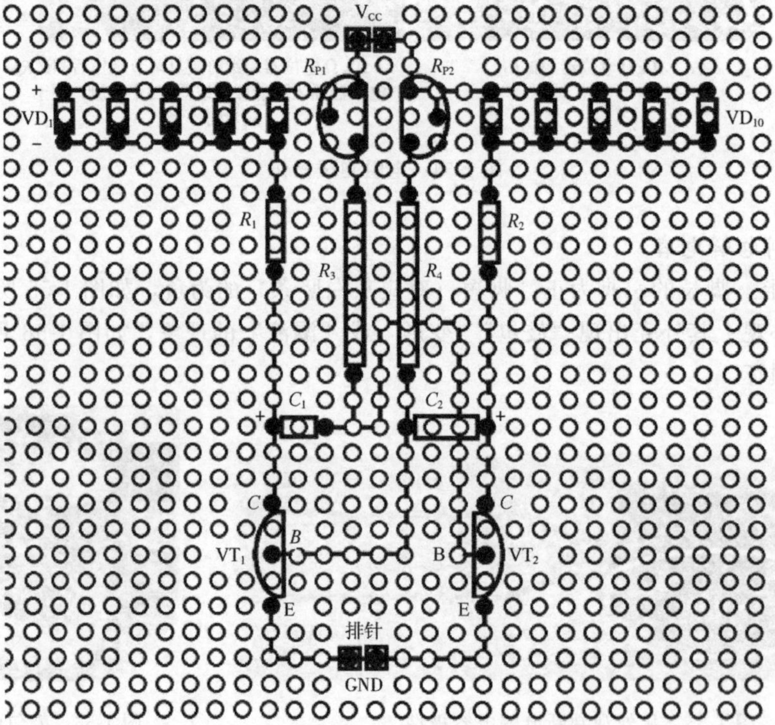

图1-57　$220\mu F/25V$ 电解电容的测试操作

图1-58　简易广告彩灯的设计布局图

表1-6　简易广告彩灯的工具设备清单表

序号	名称	型号/规格	数量	备注
1	直流稳压电源	电子装配实训台（或DF1731SD2A）	1	
2	数字万用表	VC890D	1	
3	一字螺钉旋具	3.0×75mm	1	
4	电烙铁	25～30W	1	
5	烙铁架		1	
6	斜口钳	130mm	1	
7	测试导线		若干	
8	镊子		1	
9	松香		1	

5)电路安装与调试

（1）电路装配

在提供的万能板上装配电路，且装配工艺应符合 IPC-A-610D 标准的二级产品等级要求。装配图中 J1/J2 为排针，作为电路接线端子。简易广告彩灯的元件识别检测如表 1-7 所示。

表 1-7　简易广告彩灯的元件识别检测

元器件	识别及检测内容		
	所用仪表	数字表	
发光二极管	万用表读数（含单位）	正测	0.7
		反测	超过量程
三极管	右图为三极管 8050 的外形图，请检测并标出三极管的引脚名称	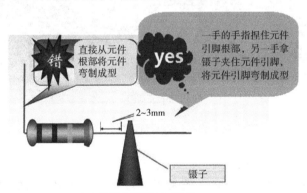 1：E 2：B 3：C	

（2）元件引脚弯制成型

用一手的手指捏住元件引脚根部，另一手拿镊子夹住元件引脚，将元件引脚弯制成型。常见元件引脚弯制成型如图 1-59 所示，需动手多练习。

注意：一定要护住元件引脚根部，否则易将引脚掰断。

（a）元件引脚弯制成型方法

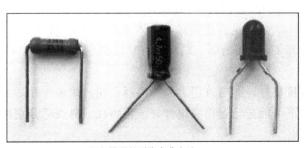

（b）错误的引脚弯曲方法

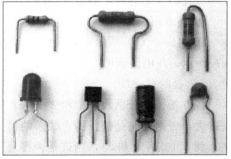

（c）正确的引脚弯曲方法

图 1-59　常见元件引脚弯制成型

（3）插元件，手工焊接

万能板上，通常根据布局图，插一个元件焊接一个，先将元件引脚通过焊接固定在板子上，再连接其他元件。元件之间的连接可拖焊（焊点密集或者为一个焊道，烙铁可以拖起来焊），也可点焊（一个点一个点地焊）。简易广告彩灯万能板实物图如图 1-60 所示。

（a）万能板正面图

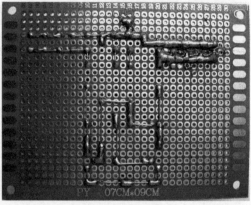
（b）万能板背面图

（c）PCB板正面图

图 1-60　简易广告彩灯万能板实物图

（4）检测电路板的焊接情况

① 检查整个焊接面有没有短路的，若发现有短路的，就用烧热的电烙铁从中间划开，或用吸锡器吸走焊锡，再重新进行焊接。

② 将万用表调到蜂鸣器挡，对照原理图，检查元件间的连线是否连好。

如图 1-61（a）所示，若要检查 2 与 1、3 之间是否连接好，具体操作如图 1-61（b）和（c）所示，在电路板的元件面找到 1（R_3 跟 C_1 连接的那一端）、2（VT_2 的引脚 B）、3（C_1 跟 R_3 连接的那一端）。

将红黑表笔分别放在 1 和 2 上，若焊接良好，此时万用表的蜂鸣器会叫，代表 1 和 2 之间接通，否则线路是断开的，线多的情况下可能忘记焊接或没焊好。再将红、黑表笔分别接在 1 和 3（或者 2 和 3），测试是否接通。

测试元件间的连线是否为通路时，不分极性，红、黑表笔随意接。

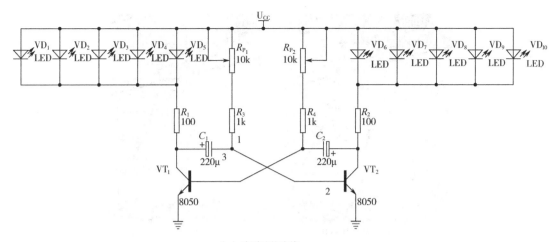

(a) 欲测试的连线

(b) 检测原理图中1、2间的连线

(c) 检测原理图中3、2间的连线

图 1-61　元件间的连线检测

(5) 电路调试

装配完成后，通电调试。检查所有元件间的连线都为通路的话，将电路板通电进行测试、调试。

① 电路板接入5V直流电源，绘制简易广告彩灯的电路测试连线示意图，如图1-62所示。

② 电路调试。用螺钉旋具调节R_1/R_2两个电位器，使左右两边的发光二极管以每秒5次左右的速率交替闪烁，并且要求两边的发光二极管亮暗时间基本一致。如图1-63所示。

③ 调试结束后，请将标签写上自己的组员名，贴在电路板正面空白处。

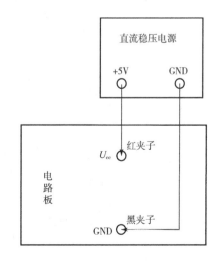

图 1-62　简易广告彩灯的电路测试连线示意图

(a) 发光二极管VD_1~VD_5亮　　　　(b) 发光二极管VD_6~VD_{10}亮

图 1-63　电路调试过程

1.3　项目考评

项目考评见表 1-8。

表 1-8　安装与调试简易广告彩灯的项目考评表

评价项目	内容	配分	评价点	评分细则	得分	备注
职业素养与操作规范（20分）	工作前准备	10	清点器件、仪表、焊接工具，并摆放整齐，穿戴好防静电防护用品	① 未按要求穿戴好防静电防护用品，扣3分 ② 未清点工具、仪表等每项扣1分 ③ 工具摆放不整齐，扣3分		① 学生没有操作项目，此小项记0分 ② 出现明显失误造成工具、仪表或设备损坏等安全事故；严重违反实训纪律，造成恶劣影响的，本大项记0分
	6S规范	10	操作过程中及作业完成后，保持工具、仪表、元器件、设备等摆放整齐。具有安全用电意识，操作符合规范要求。作业完成后清理、清扫工作现场	① 操作过程中乱摆放工具、仪表，乱丢杂物等，扣5分 ② 完成任务后不清理工位，扣5分 ③ 出现人员受伤设备损坏事故，考试成绩为0分		
作品（80分）	工艺	25	电路板作品要求符合IPC-A-610标准中各项可接受条件的要求（1级）： ① 元器件的参数和极性插装正确 ② 合理选择设备或工具对元器件进行成型和插装 ③ 元器件引脚和焊盘浸润良好，无虚焊、空洞或堆焊现象 ④ 焊点圆润、有光泽、大小均匀 ⑤ 插座插针垂直整齐，插孔式元器件引脚长度2~3mm，且剪切整齐	① 虚焊、桥接、漏焊、半边焊、毛刺、焊锡过量或过少、助焊剂过量等，每焊点扣1分 ② 焊盘翘起、脱落（含未装元器件处），每处扣2分 ③ 损坏元器件，每只扣1分 ④ 烫伤导线、塑料件、外壳，每处扣2分 ⑤ 连接线焊接处应牢固工整，导线线头加工及浸锡合理规范，线头不外露，否则每处扣1分 ⑥ 插座插针垂直整齐，否则每个扣0.5分 ⑦ 插孔式元器件引脚长度2~3mm，且剪切整齐，否则酌情扣1分 ⑧ 整板焊接点未进行清洁处理扣1分		

续表

评价项目	内容	配分	评价点	评分细则	得分	备注
作品 （80分）	调试	25	① 合理选择仪器仪表，正确操作仪器设备对电路进行调试 ② 电路调试接线图绘制正确 ③ 通电调试操作规范	① 不能正确使用万用表、毫伏表、示波器等仪器仪表每次扣3分 ② 不能按正确流程进行测试并及时记录装调数据，每错一处扣1分 ③ 调试过程中出现元件、电路板烧毁、冒烟、爆裂等异常情况，扣5分/个（处）		
	功能指标	30	① 电路通电工作正常，功能缺失按比例扣分 ② 测试参数正确，即各项技术参数指标测量值的上下限不超出要求的10% ③ 测试报告文件填写正确	① 不能正确填写测试报告文件，每错一处扣1分 ② 未达到指标，每项扣2分 ③ 开机电源正常但作品不能工作，扣10分		
异常情况		扣分		① 安装调试过程中出现元件、电路板烧毁、冒烟、爆裂等异常情况，扣5分/个（处） ② 安装调试过程中出现仪表、工具烧毁等异常情况，扣10分/个（处） ③ 安装调试过程中出现破坏性严重的安全事故，总分计0分		

项目小结

（1）半导体的导电能力主要取决于其内部空穴和自由电子这两种载流子数目的多少。提高半导体导电能力最有效的方法是对半导体掺入微量的杂质。根据掺入的杂质不同分为N型和P型半导体。当N型与P型半导体结合在一起时，在某交界面形成一个空间电荷区或耗尽层，称为PN结，它是制造半导体器件的基本部件。

（2）由一个PN结经封装并引出电极后就构成二极管，二极管的基本特性为单向导电性。二极管主要用于整流、限幅等电路中。

（3）特殊二极管与普通二极管一样，具有单向导电性，但又具有自身特殊性能。稳压二极管是利用它在反向击穿状态下的恒压特性来构成稳压电路的；光电二极管的功能是将光能转换为电能；发光二极管的功能是将电能转换为光能；激光二极管用于产生相干的单色光信号。

（4）数字万用表检测二极管，主要是根据其单向导电的特性，可以用电阻挡或二极管挡进行检测。

（5）由两个相互影响的 PN 结构成的三极管，分 NPN 和 PNP 两种类型。它的基本特性是具有电流放大作用。可用输入特性和输出特性表征三极管的性能，其中输出特性用得较多。从输出特性可看出三极管有三个工作区域。当发射结正偏、集电结反偏时，处于放大区域。当发射结、集电结均为正偏时，处于饱和区域。当发射结、集电结均反偏时，处于截止区域。在实际应用时要掌握三极管的选用原则。

（6）三极管的检测相对二极管来说稍复杂点，但仍是按二极管的单向导电性来进行的，只要弄清楚检测的原理，就能掌握检测的方法。在数字万用表上，除了可以用电阻挡和二极管挡，还可以用 hFE 挡来进行检测。

一般是先用欧姆挡或二极管挡测试，判断出管型和基极 B，再用 hFE 挡，在万用表上找到相应的管型对准基极 B 孔插入测试一次，再将三极管左右翻转后测一次，两次测量中放大倍数大的那一次，引脚跟万用表上是对应的。也可直接打到 hFE 挡去多次测试。

（7）严格地按五步骤或简化的三步骤进行操作，是获得良好焊点的关键之一。在实际操作中，最容易出现的一种违反操作步骤的做法就是烙铁头不是先与被焊件接触，而是先与焊锡丝接触，熔化的焊锡滴落在尚未预热的被焊部位，这样很容易产生焊点虚焊，所以烙铁头必须与被焊件接触，对被焊件进行预热是防止产生虚焊的重要手段。焊接时速度要快，若烙铁头接触被焊件时间过长，则会导致被焊件由于温度过高而烧坏。掌握焊接方法，反复加以练习，焊接技术会越来越好。

思考与练习

1-1 二极管的基本特性是什么？主要有哪些应用？

1-2 简述书中所介绍的几种常用二极管的功能。

1-3 三极管有哪些工作区域？各需具备什么条件？

1-4 在图 1-64 所示电路中，已知 $u_i = 20\sin(\omega t)$ V，$E = 10$V。试画出 u_o 的波形图。

1-5 在图 1-65 所示电路中，$u_i = 12\sin(\omega t)$ V，双向稳压管 VD_z 的稳定电压 $U_z = \pm 6$V，稳压电流 $I_z = 10$mA，最大稳定电流 $I_{zmax} = 30$mA，试画出输出电压 u_o 的波形。

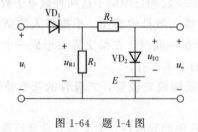

图 1-64 题 1-4 图

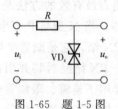

图 1-65 题 1-5 图

1-6 简述分别用数字万用表的 20MΩ 挡、⟶⊳⊢挡、hFE 挡对三极管 8050 进行极性判别的方法。

项目2

安装与调试单结晶体管可控整流电路

2.1 项目分析

某企业承接了一批电子调光灯的安装与调试任务,请按照相应的企业生产标准完成该产品的组装与调试,实现该产品的基本功能,满足相应的技术指标,并正确填写相关技术文件或测试报告。其原理图如图2-1所示。

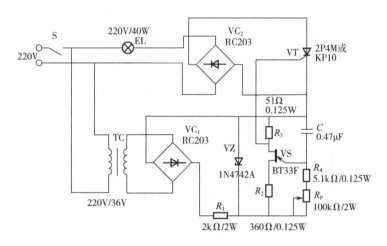

图2-1 单结晶体管可控整流电路原理图

要求:
① 装接前先要检查器件的好坏,核对元件数量和规格;
② 根据提供的万能板安装电路,安装工艺符合相关行业标准,不损坏电气元件,安装前应对元器件进行检测;
③ 装配完成后,通电测试,利用提供的仪表测试本电路。

学习目标:
① 理解直流稳压电源的组成;
② 掌握单相整流电路的原理,会检测桥堆;
③ 理解晶闸管单相可控整流电路的工作原理,会检测晶闸管;
④ 会检测单结晶体管,理解晶闸管触发电路的工作原理;
⑤ 掌握滤波电路的工作原理;
⑥ 掌握稳压二极管稳压电路的工作原理;
⑦ 理解串联型晶体管稳压电源的电路组成、工作原理与性能特点;
⑧ 熟悉集成稳压器的外特性,灵活应用三端集成稳压器组成所需的电源;

⑨ 安装与调试单结晶体管可控整流电路。

2.2 项目实施

任务1 分析直流稳压电源的组成

在工农业生产和部分科研实验中，主要采用交流电，但是在某些场合，例如电解、电镀、蓄电池的充电、直流电动机等，都需要用直流电源供电。此外，在电子线路和自动控制装置中，还需要用电压非常稳定的直流电源。为了得到直流电，除了采用直流发电机、干电池等直流电源外，目前广泛采用各种半导体直流电源。因此，直流稳压电源是电子设备中重要的组成部分，它的应用非常广泛。

1）直流稳压电源的组成

小功率直流稳压电源一般由电源变压器、整流、滤波和稳压电路几个部分组成。把正弦交流电压转换成直流电压的一般方法，是利用二极管的单向导电性对交流电压进行整流，使其成为脉动的直流电压，再利用电容或电感的储能特性对脉动的直流电压进行滤波，以减小其脉动量。对直流电源要求较高的设备，还要对滤波后的直流电压进行稳压，使其输出的直流电压在电网电压或负载变化时也能保持稳定。小功率直流电源的一般组成框图如图2-2所示。

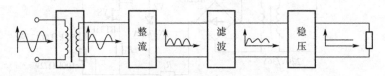

图2-2 小功率直流电源组成框图

各部分功能介绍如下。

（1）电源变压器

电网上单相交流电压的有效值为220V，而通常需要的直流电压要比此值低。因此，先利用变压器进行降压，将220V的交流电变成合适的交流电以后再进行交、直流转换。当然，有的电源不是利用变压器，而是利用其他方法降压的。

（2）整流电路

整流电路的主要任务是利用二极管的单向导电特性，将经变压器降压后的交流电变成单向脉动的直流电。经整流电路输出的单向脉动的直流电幅度变化较大，这种直流电一般不能直接供给电子电路使用。

（3）滤波电路

滤波电路的主要任务是滤除脉动直流电中的交流成分电压，使输出电压成为比较平滑的直流电。滤波常采用的元件有电容和电感等。

（4）稳压电路

交流电经降压、整流、滤波后输出的直流电具有较好的平滑程度，一般说来可以充当电路的电源。需要指出的是，此时的电压值还要受到电网电压波动以及负载变化的影响，即经滤波后输出的电压由于各种因素的影响往往是不稳定的。为使输出电压稳定,还需要增加稳压电路部分。稳压电路的作用就是自动稳定输出电压,使输出电压不受电网电压波动和负载大小的影响。

2)直流稳压电源的分类

直流稳压电源按稳压的类型不同,可以分为并联型稳压电路和串联型稳压电路。

(1) 并联型稳压电路

其电路结构特点是调整元件与负载 R_L 并联,如图 2-3(a)所示,故称为并联型稳压电路。其稳压过程是通过调整元件的电流调整作用实现的。

(2) 串联型稳压电路

其电路结构特点是调整元件与负载 R_L 串联,如图 2-3(b)所示,故称为串联型稳压电路。这种电路的稳压过程是通过调整元件的电压调整作用实现的。该电路优点是输出电流较大,输出电压稳定性高,而且可以调节,因此应用比较广泛。

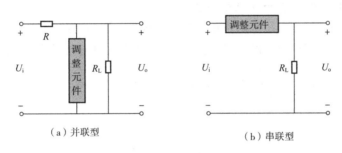

图 2-3 两种稳压类型

任务2 分析单相半波整流电路

将既有大小变化,又有方向变化的交流电压,转换成只有大小变化而无方向变化的直流电压,这一变换过程称为整流。整流电路是利用二极管的单向导电性,将正负交替的正弦交流电压变换成单方向的脉动电压,因此二极管是构成整流电路的核心元件。在小功率的直流电源中,整流电路的主要形式有单相半波、单相全波和单相桥式整流电路。单相桥式整流电路用得最为普遍。为了简单起见,分析计算整流电路时把二极管当作理想元件来处理,即认为二极管的正向导通电阻为零,而反向电阻为无穷大。

1)单相半波整流电路的工作原理

单相半波整流电路如图 2-4(a)所示。它是最简单的整流电路,由整流变压器 T_r、整流二极管 VD 及负载电阻 R_L 组成。其中 u_1、u_2 分别为整流变压器的原边和副边交流电压,其电路的工作情况如下。

设整流变压器副边电压有效值为 U_2,则:$u_2 = \sqrt{2}U_2 \sin(\omega t)$。

当 u_2 在正半周时,变压器二次侧电位为上正下负,二极管因正向偏置而导通,电流流过负载。

当 u_2 在负半周时,变压器二次侧电位为下正上负,二极管因反向偏置而截止,负载中没有电流流过。由于在正弦电压的一个周期内,R_L 上只有半个周期内有电流和电压,所以这种电路称为半波整流电路。负载电阻 R_L 及二极管 VD 对应于变压器二次侧电压的波形如图 2-4（b）所示。

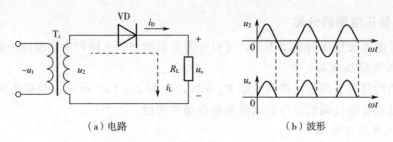

（a）电路　　　　　　　　　　（b）波形

图 2-4　单相半波整流电路

2）直流电压与直流电流的计算

（1）负载上电压平均值和电流平均值

负载 R_L 上得到的整流电压虽然是单方向的（极性一定），但其大小是变化的。常用一个周期的平均值来衡量这种单向脉动电压的大小。单相半波整流电压的平均值为：

$$U_o = \frac{1}{2\pi}\int_0^\pi \sqrt{2}U_2\sin(\omega t)\mathrm{d}(\omega t) = \frac{\sqrt{2}}{\pi}U_2 = 0.45U_2 \tag{2-1}$$

流过负载电阻 R_L 的电流平均值为：

$$I_o = \frac{U_o}{R_L} = 0.45\frac{U_2}{R_L} \tag{2-2}$$

（2）整流二极管的电流平均值和承受的最高反向电压

流经二极管的电流平均值就是流经负载电阻 R_L 的电流平均值，即：

$$I_D = I_o = \frac{U_o}{R_L} = 0.45\frac{U_2}{R_L} \tag{2-3}$$

二极管截止时承受的最高反向电压就是整流变压器副边交流电压 u_2 的最大值，即：

$$U_{DRM} = U_{2M} = \sqrt{2}U_2 \tag{2-4}$$

根据 I_D 和 U_{DRM} 就可以选择合适的整流二极管。在选用二极管时要保证二极管的最大反向工作电压大于变压器二次侧电压 u_2 的最大幅值，即：

$$U_{DRM} > \sqrt{2}U_2 \tag{2-5}$$

因为通过二极管的电流与流经负载的电流相同，所以二极管的最大整流电流 I_F 应大于负载电流 I_L，即：

$$I_F > I_L \tag{2-6}$$

在工程实际中，为了使电路能安全、可靠地工作，选择整流二极管时应留有充分的余量，避免整流二极管处于极限运用状态。

[例 2-1] 有一个单相半波整流电路，如图 2-4（a）所示。已知负载电阻 $R_L=750\Omega$，变压器副边电压 $U_2=20\text{V}$，试求 U_o、I_o，并选用二极管。

解：
$$U_o = 0.45U_2 = 0.45 \times 20 = 9(\text{V})$$

$$I_o = \frac{U_o}{R_L} = \frac{9}{750} = 0.012(\text{A}) = 12(\text{mA})$$

$$I_D = I_o = 12(\text{mA})$$
$$U_{DRM} = \sqrt{2}U_2 = \sqrt{2} \times 20 = 28.2(\text{V})$$

查半导体手册,二极管可选用2AP4,其最大整流电流为16mA,最高反向工作电压为50V。为了使用安全,二极管的反向工作峰值电压要选得比U_{DRM}大一倍左右。

单相半波整流的特点是:电路简单,使用的器件少,但是输出电压脉动大。由于它只利用了电源电压的半个周期,理论计算表明其整流效率仅40%左右,因此只能用于小功率,以及对输出电压波形和整流效率要求不高的设备。

任务3 分析单相桥式整流电路

为了克服单相半波整流的缺点,常采用全波整流电路,其中最常用的是单相桥式整流电路。

1)单相桥式整流电路的工作原理

单相桥式整流电路是由四个整流二极管接成电桥的形式构成的,如图2-5(a)所示。图2-5(b)所示为单相桥式整流电路的一种简便画法。

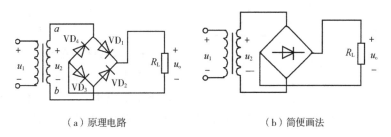

(a)原理电路　　　　　　　　　(b)简便画法

图2-5　单相桥式整流电路

单相桥式整流电路的工作原理如下:

设整流变压器副边电压有效值为U_2,则:$u_2 = \sqrt{2}U_2\sin(\omega t)$。

当u_2为正半周时,其极性为上正下负,即a点电位高于b点电位,二极管VD_1、VD_3因承受正向电压而导通,VD_2、VD_4因承受反向电压而截止。此时电流的路径为:$a \to VD_1 \to R_L \to VD_3 \to b$,如图2-6(a)所示。

当u_2为负半周时,其极性为上负下正,即a点电位低于b点电位,二极管VD_2、VD_4因承受正向电压而导通,VD_1、VD_3因承受反向电压而截止。此时电流的路径为:$a \to VD_2 \to R_L \to VD_4 \to b$,如图2-6(b)所示。

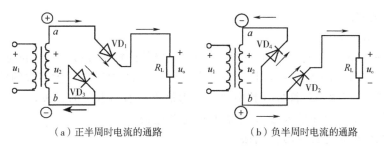

(a)正半周时电流的通路　　　　　　(b)负半周时电流的通路

图2-6　单相桥式整流电路

可见无论电压 u_2 是在正半周，还是在负半周，负载电阻 R_L 上都有相同方向的电流流过。因此在负载电阻 R_L 得到的是单向脉动电压和电流，忽略二极管导通时的正向压降，则单相桥式整流电路的波形如图 2-7 所示。

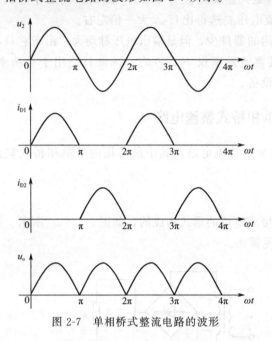

图 2-7　单相桥式整流电路的波形

2) 输出电压与输出电流的计算

负载上电压平均值和电流平均值的计算如下。

单相全波整流输出电压的平均值为：

$$U_o = \frac{1}{\pi}\int_0^\pi \sqrt{2}U_2\sin(\omega t)\mathrm{d}(\omega t)$$

$$= \frac{2\sqrt{2}}{\pi}U_2 = 0.9U_2 \qquad (2\text{-}7)$$

流过负载电阻 R_L 的电流平均值为：

$$I_o = \frac{U_o}{R_L} = 0.9\frac{U_2}{R_L} \qquad (2\text{-}8)$$

整流变压器副边电流有效值为：

$$I_2 = \frac{U_2}{R_L} = 1.1\frac{U_2}{R_L} = 1.1U_o \qquad (2\text{-}9)$$

3) 二极管的选择

计算整流二极管的电流平均值和承受的最高反向电压。因为桥式整流电路中，每两个二极管串联导通半个周期，所以流经每个二极管的电流平均值为负载电流的一半，即：

$$I_D = \frac{1}{2}I_o = 0.45\frac{U_2}{R_L} \qquad (2\text{-}10)$$

每个二极管在截止时承受的最高反向电压为 u_2 的最大值，即：

$$U_{DRM} = U_{2M} = \sqrt{2}U_2 \qquad (2\text{-}11)$$

由以上计算，可以选择整流二极管。

4) 检测桥堆

除了用分立元件组成桥式整流电路外，现在半导体器件厂已将整流二极管封装在一起，制造成单相整流桥堆和三相整流桥堆，这些桥堆只有输入交流和输出直流引脚，减少了接线，提高了电路工作的可靠性，使用起来非常方便。单相整流全桥堆实物如图 2-8（a）所示，接线图如图 2-8（b）所示。

极性的判别方法如下。

(1) 外观判别法

全桥由四只二极管组成，有四个引脚。两只二极管阴极的连接点是全桥堆直流输出端的"正极"，两只二极管阳极的连接点是全桥堆直流输出端的"负极"。大多数的整流全桥堆上，均标注有"＋""－""～"符号（其中"＋"为整流后输出电压的正极，"－"为输出电压的负极，"～"为交流电压输入端），很容易确定各电极。

(2) 数字式万用表欧姆挡检测法

如果全桥堆的正、负极性标记已模糊不清，也可采用万用表对其进行检测。如图 2-9

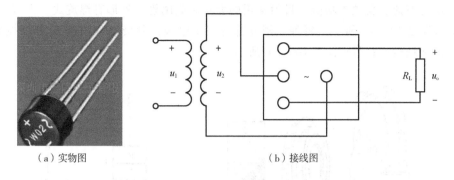

（a）实物图　　　　　　　　　　　　　（b）接线图

图 2-8　单相整流全桥堆

（a），检测时，将数字万用表置"20MΩ"挡，红表笔接全桥组件的某个引脚，用黑表笔分别测量其余三个引脚。如果测得的阻值都为无穷大，则此红表笔所接的引脚为全桥堆的直流输出正极；如果测得的阻值都不是无穷大，则此时红表笔所接的引脚为全桥堆直流输出负极，而其余的两个引脚则是全桥堆的交流输入引脚。

（3）数字式万用表二极管挡检测法

如图2-9（b），打在二极管挡，当数字式万用表红表笔接"－"，黑表笔分别接其他3个脚时，三次显示均不为"0.L"或"1."（二极管导通）；调换表笔，即当红表笔接"＋"，黑表笔分别接其他3个脚时，三次显示均为"0.L"或"1."（二极管均不导通），则全桥堆是好的。

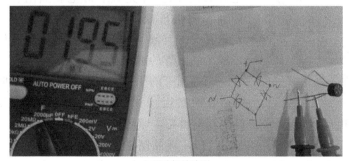　　

（a）用欧姆挡检测　　　　　　　　　　　　（b）用二极管挡检测

图 2-9　全桥堆的检测

任务4　分析晶闸管单相可控整流电路

晶闸管是一种既具有开关作用，又具有整流作用的大功率半导体器件。它是晶体闸流管的简称，俗称可控硅整流器，简称可控硅。它主要应用于可控整流、变频、逆变及无触点开关等多种电路。它能以小功率信号去控制大功率系统，从而构成了弱电和强电领域的桥梁。晶闸管包括普通晶闸管、快速晶闸管、逆导晶闸管、双向晶闸管、可关断晶闸管和光控晶闸管。

1）晶闸管的结构

晶闸管是一种大功率的半导体器件，可以把它看作是一个带有控制极的特殊整流管。应用它可以实现整流、变频等功能。目前常用的大功率晶闸管，外形有螺旋式、平板式和塑封式三种，如图 2-10（a）所示。每种晶闸管都有三个电极：阳极 A、阴极 K 外加控制极 G，晶闸管的内部结构和符号如图 2-10（b）所示。

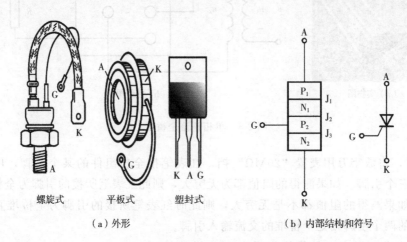

（a）外形　　　　　　　　　　（b）内部结构和符号

图 2-10　晶闸管外形和符号

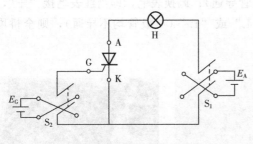

图 2-11　晶闸管导电特性实验

2）晶闸管的工作原理

为了弄清晶闸管是怎样进行工作的，可用如下的实验来说明。在图 2-11 中，由电源 E_A、双掷开关 S_1、灯泡和晶闸管的阳极和阴极形成了主回路；而电源 E_G、双掷开关 S_2 经由晶闸管的控制极和阴极形成了晶闸管的触发电路。

当晶闸管的阳极、阴极加反向电压时（S_1 合向左边），即阳极为负、阴极为正时，不管控制极如何（断开、负电压、正电压），灯泡都不会亮，即晶闸管均不导通。

当晶闸管的阳极、阴极加正向电压时（S_1 合向右边），即晶闸管阳极为正、阴极为负时，若晶闸管控制极不加电压（S_2 断开）或加反向电压（S_2 合向右边），灯泡也不会亮，晶闸管还是不导通。但若此时控制极也加正向电压（S_2 合向左边），灯泡就会亮了，表明晶闸管已导通。一旦晶闸管导通后，再去掉控制极电压，灯泡仍然会亮，这说明控制极已失去作用了。只有将 S_1 合向左边或断开，灯才会灭，即晶闸管才会关断。

实验表明，晶闸管具有单向导电性，这一点与二极管相同；同时它还具有可控性，除了要有正向的阳极电压，还必须有正向的控制极电压，才会令晶闸管迅速导通。

结论：晶闸管的导通条件是：①要有适当的正向阳极电压；②要有适当的正向的控制极电压，且一旦晶闸管导通，控制极将失去作用。

3）晶闸管的检测

数字式万用表选电阻 20MΩ 挡，用红、黑两表笔分别测任意两引脚间正反向电阻，直至找出读数为十几兆欧姆的一对引脚，此时红表笔（高电位）的引脚为控制极 G，黑表笔的引脚为阴极 K，另一空脚为阳极 A；其他情况下阻值均应为无穷大，否则该管可能是坏的；

此时将红表笔接已判断了的阳极 A，黑表笔仍接阴极 K，此时万用表显示"0.L"或"1."（不通），然后用瞬间短接阳极 A 和控制极 G，此时万用表阻值读数为 10MΩ 左右；即使断开控制极 G，只要阳极 A 和阴极 K 保持与表笔接触，就能一直维持导通状态。如果上述测量过程不能顺利进行，说明该管是坏的。

4) 单相桥式可控整流电路

用晶闸管全部或部分取代前面讲述的单相整流电路中的二极管，就可以制成输出电压可调的单相可控整流电路。单相桥式半控整流电路如图 2-12（a）所示，其中变压器二次侧电压为 u_2，四个整流元件中 VT_1、VT_2 为可控晶闸管，受引入的触发脉冲信号控制导通时间，VD_1、VD_2 为整流二极管，R_L 为负载。

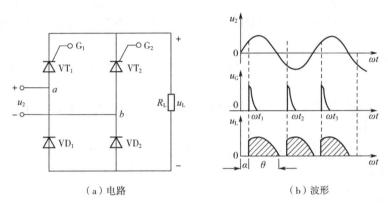

（a）电路　　　　　　　　　　（b）波形

图 2-12　单相桥式半控整流电路

在 u_2 的正半周（a 端为正）时，VT_1 和 VD_2 承受正向电压。这时如对晶闸管 VT_1 引入触发信号，则 VT_1 和 VD_2 导通，电流的通路为 a 端→VT_1→R_L→VD_2→b 端。而 VT_2 和 VD_1 都因承受反向电压而截止。同样，在 u_2 的负半周（b 端为正）时，VT_2 和 VD_1 承受正向电压。这时如对晶闸管 VT_2 引入触发信号，则 VT_2 和 VD_1 导通，电流的通路为 b 端→VT_2→R_L→VD_1→a 端。而 VT_1 和 VD_2 处于截止状态。把晶闸管从承受正向电压到触发导通之间的电角度 α 称为控制角，与晶闸管导通时间对应的电角度 θ 则称为导通角。如果在晶闸管承受正向电压的时间内，改变控制极触发脉冲的输入时刻（即改变控制角 α），负载上得到的电压波形就随着改变，单相桥式半控整流电路的波形如图 2-12（b）所示，这样就控制了负载上输出电压的大小。导通角 θ 愈大，输出电压愈高。整流输出电压的平均值可用下式表示：

$$U_o = \frac{1}{\pi}\int_\alpha^\pi \sqrt{2}U_2\sin(\omega t)\mathrm{d}(\omega t)$$
$$= 0.9 U_2 \frac{1+\cos\alpha}{2}$$
(2-12)

直流输出电流的平均值 I_o 为：

$$I_o = \frac{U_o}{R_L} = 0.9\frac{U_2}{R_L}\times\frac{1+\cos\alpha}{2}$$
(2-13)

任务5 分析单结晶体管触发电路

如前所述,要使晶闸管导通,除了在阳极与阴极之间加正向电压外,还需要在控制极与阴极之间加正电压(电流)。产生触发电压(电流)的电路称为触发电路,前面所讨论的向负载提供电压和电流的电路称为主电路。根据晶闸管的性能和主电路的实际需要,对触发电路的基本要求如下:

① 触发电路要能够提供足够的触发功率(电压和电流),以保证晶闸管可靠导通。手册给的触发电流和触发电压是指该型号所有合格晶闸管能够被触发的最小控制极电流和最小控制极电压。

② 触发脉冲要有足够的宽度,脉冲前沿应尽量陡,以使晶闸管在触发后,阳极电流能上升到超过擎住电流而导通。对于感性负载,由于反电动势阻止电流的上升,触发脉冲还要更宽。

③ 触发脉冲必须与主电路的交流电源同步,以保证主电路在每个周期里有相同的导通角。

④ 触发脉冲的发出时刻应能平稳地前后移动,使控制角有一定的变化范围,以满足对主电路的控制要求。

很多电路都能实现上述要求,本任务重点介绍单结晶体触发电路。

1) 单结晶体管

(1) 单结晶体管的结构

单结晶体管外形如图2-13(a)所示,与普通晶体三极管一样,有三个极,但它内部有一个PN结。图2-13(b)、(c)、(d)描绘出了单结晶体管的结构、符号与等效电路。它是在一块N型基片一侧和两端各引出一个电阻接触的电极,分别称为第一基极B_1和第二基极B_2,而在基片的另一侧较靠近B_2处设法掺入P型杂质形成PN结,并引出一个电极,为发射极E。其中R_{B1}、R_{B2}分别是两个基极至PN结之间的电阻。由于具有两个基极,单结晶体管也称为双基极二极管。

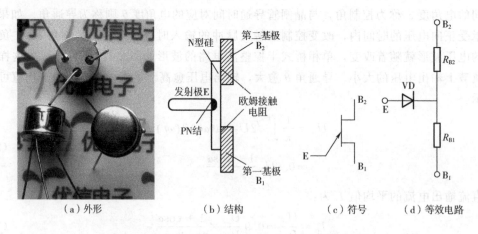

(a)外形　　(b)结构　　(c)符号　　(d)等效电路

图2-13 单结晶体管的外形、结构、符号和等效电路

(2) 单结晶体管的伏安特性

单结晶体管的伏安特性是指它的发射极特性。测试电路如图 2-14（a）所示，在两基极之间加一固定电压 U_{BB}。加在发射极与 B_1 极之间的电压 U_E 可通过 R_P 进行调节。改变电压值 U_E，同时测量不同 U_E 对应的发射极电流 I_E，可得到图 2-14（b）所示伏安特性曲线。

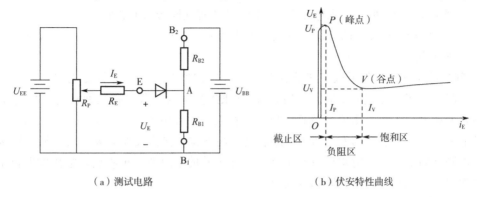

(a) 测试电路　　　　　　　　　　(b) 伏安特性曲线

图 2-14　单结晶体管的测试电路和伏安特性曲线

当 E 极开路时，图中 A 点对 B_1 极间电压（即上压降）为

$$U_A = \frac{R_{B1}}{R_{B1}+R_{B2}}U_{BB} = \eta U_{BB} \tag{2-14}$$

式中，$\eta = \dfrac{R_{B1}}{R_{B1}+R_{B2}}$ 为单结晶体管的分压比，它由管子的内部决定，是单结晶体管的重要参数，其值一般在 0.3~0.8 之间。

接上外加电源 U_{EE}，调整 R_P 使 U_E 由零逐渐加大，在 $U_E < U_A + U_D = \eta U_{BB} + U_D$ 时（U_D 为等效二极管的正向压降），二极管因反偏而截止，发射极仅有很小的反向电流流过。E 与 B_1 间呈现很大的电阻，管子处于截止状态，这段区域称截止区。如图 2-14（b）中 OP 段。

当 U_E 升高到 $U_E = \eta U_{BB} + U_D$ 时，达到图 2-14（b）中 P 点，二极管开始正偏而导通。I_E 随之开始增加。P 点所对应的发射极电压 U_P 和电流 I_P 分别称为单结晶体管的峰点电压和峰点电流。显然，峰点电压为

$$U_P = \eta U_{BB} + U_D \tag{2-15}$$

导通后，发射极 P 区空穴大量注入 N 型基片，由于 B_1 点电位低于 E 点，大多数空穴被注入 N 型基片的 B_1 一端。这就使基片上 AB_1 段的电阻 R_{B1} 值迅速减小，U_{BB} 在 A 点的分压 U_A 也随之减小，使二极管的正向偏压增大，I_E 进一步增大，I_E 的增大又促使 R_{B1} 进一步减小。这样形成 I_E 迅速增大，U_A 急剧下降的一个强烈的正反馈过程。由于 PN 结的正向压降随 I_E 的增大而变化不大，U_E 就要随 U_A 的下降而下降，一直达到最低点 V。V 点成为谷点，所对应的 U_E、I_E 分别称为谷点电压 U_V、谷点电流 I_V。由于 U_E 随 I_E 增大而减小，动态电阻 $\Delta r_{EB1} = \dfrac{\Delta U_E}{\Delta I_E}$ 为负值，故从 P 点到 V 点这段曲线称为单结晶体管的负阻特性。对应这段负阻特性的区域称为负阻区。

V 点以后，当 I_E 继续增大，空穴注入 N 区增大到一定程度，部分空穴来不及与基区电子复合，出现空穴剩余，使空穴继续注入遇到阻力，相当于 R_{B1} 变大，因此在 V 点之后，元件又恢复正阻特性，U_E 随着 I_E 的增大而缓慢增大。这段区域称为饱和区。显然，U_V 是维持

管子导通的最小发射极电压，一旦 $U_E < U_V$，管子将截止。

由上述分析可知，单结晶体管具有以下特点。

① 当发射极电压 U_E 小于峰点电压 U_P 时，单结晶体管为截止状态，当 U_E 上升到峰点电压时，单结晶体管触发导通。

② 导通后，若 U_E 低于谷点电压 U_V，单结晶体管立即转入截止状态。

③ 峰点电压 U_P 与管子的分压比 η 及外加电压 U_{BB} 有关。η 大则 U_P 大，U_{BB} 大则 U_P 也大。

（3）单结晶体管的检测

① 判断单结晶体管发射极 E 的方法是：B_1、B_2 之间相当于一个固定电阻，正反向电阻一样，不同的管子，此阻值不同，一般在 3～12kΩ 范围内，若测得某两极之间的电阻值与上述正常值相差较大时，则说明该管已损坏。将数字式万用表置于 20kΩ 挡或 200kΩ 挡，假设单结晶体管的任一引脚为发射极 E，红表笔（高电位）接假设发射极，黑表笔分别接触另外两引脚测其阻值。正常时均应有几千欧至十几千欧的电阻值。再将黑表笔接发射极 E，红表笔依次接两个基极，正常时阻值为无穷大。

② 单结晶体管 B_1 和 B_2 的判断方法是：将数字式万用表置于 20kΩ 挡或 200kΩ 挡，红表笔接发射极，黑表笔分别接另外两引脚测阻值，两次测量中，电阻大的一次，黑表笔接的就是 B_1 极。

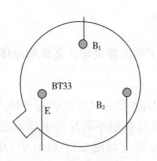

图 2-15 BT33 型单结晶体管的三个引脚

应当说明的是，上述判别 B_1、B_2 的方法，不一定对所有的单结晶体管都适用，有个别管子的 E、B_1 间的正向电阻值较小。即使 B_1、B_2 用颠倒了，也不会使管子损坏，只影响输出脉冲的幅度（单结晶体管多在脉冲发生器中使用）。当发现输出的脉冲幅度偏小时，只要将原来假定的 B_1、B_2 对调过来就可以了。

如图 2-15 所示，BT33 型单结晶体管的引脚向上，从突出点开始，顺时针方向依次为：E、B_1、B_2。

2）单结晶体管触发电路

（1）单结晶体管振荡电路

单结晶体管振荡电路是利用上述单结晶体管伏安特性，接上适当的电阻、电容而构成，如图 2-16（a）所示。从 R_1 两端输出脉冲电压 u_o。

合上电源开关 S 后，电源 U_{BB} 经电阻 R_P、R_3 向电容 C 充电。电容端电压 u_c（设初始时 $u_c = 0$）按指数规律上升，上升速度取决于 RC 的数值。在 u_c 到达峰点电压 u_P 之前，单结管处于截止状态。R_1 两端无脉冲输出。

当电容端电压 u_c 到达峰点电压 u_P 时，单结管突然由截止变为导通，电容经 E～B_1 间电阻向外接电阻 R_1 放电，由于 $R_1 \ll R$，因而放电速度比充电速度快得多，u_c 急剧下降。当电容电压降到谷点电压 U_V 时，单结管截止，输出电压 u_o 降为零。于是 R_1 两端就输出一个尖脉冲电压，完成一个振荡周期。

此后，电容器又开始充电，重复上述充放电过程。这种周而复始的自动充放电过程称为振荡。振荡电路电容器两端形成锯齿波电压 u_c，在电阻 R_1 上获得周期性尖脉冲电压 u_o，如

图 2-16（b）所示。调整电阻 R（即调整电位器 R_P）可改变电容充电时间，从而改变输出脉冲的频率。例如，R 增加时，频率减小；反之，R 减小，频率加大。

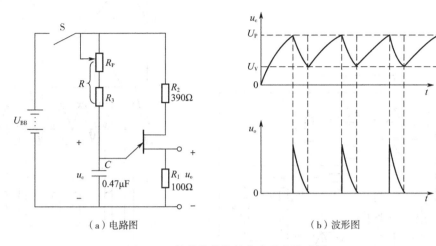

(a) 电路图　　　　　　　　　　　(b) 波形图

图 2-16　单结晶体管触发电路及波形图

（2）单结晶体管同步触发电路

由触发电路的基本要求可知，触发脉冲必须与主电路的交流电源同步，即要求触发脉冲在晶闸管每个导通周期内的固定时刻发出，以保证晶闸管在每个导电周期内具有相同的导通角。只有这样，才能保证输出电压平均值稳定。

为了做到同步，要求在主电路电压过零时（或过零前某个时刻），单结管振荡电路将电容上的电荷放完，新的周期开始后，电容重新从零开始充电。这样，电容器的充电起始时间与晶闸管阳极电压的起始时间一致，从而保证了在主电路电源的每个周期内，触发电路开始输出脉冲的时刻完全相同，也就保证了晶闸管在每个导电周期的导通角相同。

图 2-17（a）就是这样实现同步触发的单相桥式可控整流电路。变压器 T 称为同步变压器，它的原边与主电路接在同一相电源上。副边输出电压经桥式整流、稳压管限幅得到的电压作为单结管的供电电压。当交流电源电压过零时，单结管基极 B_1、B_2 间电压 U_{BB} 也过零，单结管内部 A 点电压 $U_A=0$，可使电容上电荷很快放掉，在下一半周开始，电容从零开始充电。这样保证了每周期触发电路送出第一个脉冲距离过零的时刻一致，起到同步的作用。可见，这个电路做到同步的关键是触发电路的过零时刻与主电路的过零时刻一致。

稳压管 VZ 与限流电阻 R_5 的作用是限幅，把桥式整流输出电压 u_2 顶部削掉，变为梯形波 u_z，如图 2-17（b）所示。这样，当电网电压波动时，单结管输出脉冲的幅度，以及每半周中产生的第一个脉冲（后面的脉冲与触发无关）的时间不受影响。同时，削波后可降低单结管所承受的峰值电压。电阻 R_2 的作用是补偿温度变化对单结晶体管峰值电压 U_P 的影响，所以叫做温度补偿电阻。由式 $U_P=\eta U_{BB}+U_D$，式中，PN 结电压 U_D 随温度升高略有减小，但单结晶体管的基极间电阻 R_{BB}（两基极 B_1、B_2 之间的电阻）随温度的升高而略有增大。串上电阻 R_2 后，温度升高时，R_{BB} 增大，会导致 R_2 上的压降略有减小，而使 U_{BB} 略有增加，从而补偿了因 U_D 的减小而导致 U_P 的减小，使 U_P 基本不随温度而变。R_2 一般 $200\sim600\Omega$。

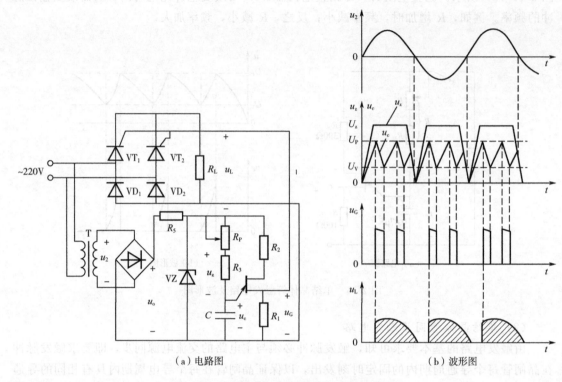

（a）电路图　　　　　　　　　　　　（b）波形图

图 2-17　单结晶体管同步触发电路及波形图

任务6　分析滤波电路

整流电路可以将交流电转换为直流电，但脉动较大，在某些应用中如电镀、蓄电池充电等可直接使用脉动直流电源，但许多电子设备需要平稳的直流电源。这种电源中的整流电路后面还需加滤波电路，将交流成分滤除，以得到比较平滑的输出电压。

滤波电路利用电容或电感在电路中的储能作用，当电源电压（或电流）增加时，电容（或电感）把能量储存在电场（或磁场）；当电源电压（或电流）减小时，又将储存的能量逐渐释放出来，从而减小了输出电压（或电流）中的脉动成分，得到比较平滑的直流电压。实用滤波电路的形式很多，如电容滤波电路、电感滤波电路、复式滤波电路等。

1）电容滤波电路

最简单的电容滤波电路是在整流电路的直流输出侧，与负载电阻并联一个电容器 C，利用电容器的充放电作用，使输出电压趋于平滑。电容是一个储能元件，当外接电压高于电容两端电压时电容处于充电状态（吸收能量）。反之，当外接电压低于电容两端电压时电容处于放电状态（释放能量）。利用电容的这种储能作用，在整流电路输出脉动直流电压升高时储存能量，而在整流电路输出脉动直流电压减小时释放能量，从而使负载上得到较为平滑的直流电压。

单相半波整流电容滤波电路如图 2-18（a）所示，当 u_2 在正半周由零值上升的过程中，二极管处于正偏而导通，电源向负载供电，同时也给电容器 C 充电。电容上的电压 u_c 的极性为上正下负，且 u_c 等于 u_2。当 u_2 上升到其最大值 $\sqrt{2}\,U_2$ 时（图中 a 点），u_c 也充电到最大

值 $\sqrt{2}U_2$。如图 2-18（b）中曲线的 $0a$ 段。当 u_2 上升到峰值后开始下降，此时二极管仍承受正向电压处于导通状态，所以电容两端电压 u_c 也开始下降，趋势与 u_2 基本相同，见图中曲线 ab 段。但是，由于电容是按指数规律放电，因而当 u_2 下降到一定值后，u_c 的下降速度就会小于 u_2 的下降速度，使 u_c 大于 u_2，此时二极管承受反向电压变为截止状态，电容器 C 充当电源向 R_L 放电，u_c 按指数规律下降，见图中曲线 bc 段。放电的速度由放电时间常数 $\tau = R_L C$ 决定。如果放电时间常数较大，放电过程比较长，这样即使是在 u_2 的负半周放电仍在进行。因此在 u_2 的负半周，负载上也会有电压。当 u_2 的下一个正半波来到后，只要 u_2 小于电容两端的电压，电容仍处于放电状态。直到 u_2 变化到大于电容两端的电压时，二极管才处于正向偏置而导通。u_2 给负载供电的同时，也给电容器充电，直到 u_c 大于 u_2，C 又开始放电。如此周而复始地进行下去，于是负载上就得到平滑的输出电压，加了电容滤波器的电压波形如图所示 2-18（b）。

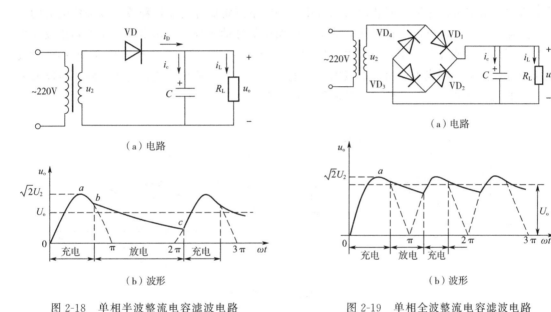

图 2-18 单相半波整流电容滤波电路　　　　图 2-19 单相全波整流电容滤波电路

图 2-19（a）为单相全波整流电容滤波电路，它的工作过程与单相半波整流电容滤波电路完全一样。在输入电压 u_2 正半周，二极管 VD_1、VD_3 导通，整流电流分为两路：一路向负载提供电流；另一路向电容充电，因此电容上的电压按正弦规律上升，如图 2-19（b）$0a$ 段所示。a 点以后，u_2 开始下降，当下降到 $u_2 < u_c$ 时，四个二极管都因承受反向电压而截止，电容器 C 开始向负载电阻 R_L 放电，因为放电速度缓慢，波形变得平缓，如图 2-19（b）所示。

在输入电压 u_2 负半周，只有 u_2 上升到大于 u_c 时，二极管 VD_2、VD_4 才因承受正向电压而导通，同时整流电流通过负载再次向电容器充电到最大值；当 u_2 开始下降，达到 $u_2 < u_c$ 时，四个二极管又因承受反向电压而截止，电容器 C 重新充当电源向负载电阻 R_L 放电，如此周而复始进行，负载上就得到近似于锯齿波的输出电压。只是电容器的充放电时间更短，负载上的直流电压更为平滑。其输出电压波形如图 2-19（b）所示。

由于一般情况下滤波电容的容量都比较大，从几十微法到几千微法，所以通常选用有极性的电解电容器,在接入电路时,应注意极性不要接反,电容的耐压值应大于$\sqrt{2}\,U_2$。

输出电压平均值在工程上一般采用估算公式,可按以下各式估算:

$$U_\mathrm{o}=U_\mathrm{L}\approx U_2 \quad (半波) \tag{2-16}$$

$$U_\mathrm{o}=U_\mathrm{L}\approx 1.2U_2 \quad (全波) \tag{2-17}$$

2) 电感滤波电路

在大电流负载情况下,利用电容滤波,使得整流管及电容器的选择很困难,甚至不太可能,因此大电流滤波常用电感滤波。电感滤波就是在整流电路与负载电阻之间串联一个带铁芯的电感线圈 L,如图 2-20(a)所示。

我们知道,根据电磁感应原理,当电感线圈通过变化的电流时,它的两端将产生自感电动势阻碍电流的变化。当负载电流增加时,电感线圈产生的自感电动势方向与电流方向相反,阻止电流的增加,同时把一部分能量存储在线圈的磁场中;当负载电流减小时,自感电动势方向与电流方向相同,阻止电流的减小,同时电感将储存的能量释放,以补偿电流的减小,这样就使得整流电流变得平缓,滤除了电路中的脉动成分,其输出电压比电容滤波效果要好,所以电感滤波器适用于负载电流较大的场合。一般来说,电感越大且 R_L 愈小,滤波效果越好,但考虑到成本及增大的线圈直流电阻也会增大使输出电流、电压下降,所以滤波电感常取几亨到几十亨。电感滤波的波形如图 2-20(b)所示。

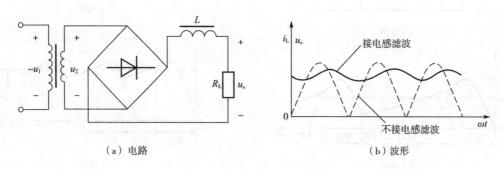

(a)电路   (b)波形

图 2-20 电感滤波电路及波形

由于电感的直流电阻很小,整流电路输出的电压中的直流分量几乎全部加到了负载上,$U_\mathrm{o}=0.9U_2$。而电感线圈对交流的阻抗很大,所以交流分量大部分降落在线圈上。电感滤波的特点是:峰值电流很小,输出特性曲线较平坦。其缺点是:由于铁芯的存在,笨重,体积大,易引起电磁干扰。这种电路一般适合于大电流、低电压的场合。

3) 复式滤波电路

复式滤波电路是用电容器、电感器和电阻器组成的滤波器,通常有 LC 型、LCπ 型、RCπ 型几种。它的滤波效果比单一使用电容或电感滤波要好得多,其应用较为广泛。

图 2-21 所示是 LC 型滤波电路,它由电感滤波和电容滤波组成。脉动电压经过双重滤波,交流分量大部分被电感器阻止,即使有小部分通过电感器,再经过电容滤波,这样负载上的交流分量也很小,便可达到滤除交流成分的目的。

图 2-22 所示是 LCπ 型滤波电路,可看成是电容滤波和 LC 型滤波电路的组合,因此滤波效果更好,在负载上的电压更平滑。由于 LCπ 型滤波电路输入端接有电容,在通电瞬间因电容器充电会产生较大的充电电流,所以一般取 $C_1 < C_2$,以减小浪涌电流。

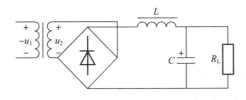
图 2-21 LC 型滤波电路

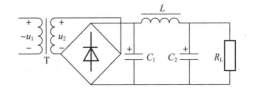
图 2-22 LCπ 型滤波电路

图 2-23 所示是 RCπ 型滤波电路。在负载电流不大的情况下，为降低成本，缩小体积，减轻重量，选用电阻器 R 来代替电感器 L。一般 R 取几十欧到几百欧。当使用一级复式滤波达不到对输出电压的平滑性要求时，可以增添级数，如图 2-24 所示。

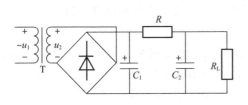
图 2-23 RCπ 型滤波电路

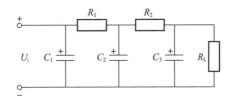
图 2-24 多级 RC 滤波电路

4) 检测电容器

(1) 大电容器好坏的检测

将数字式万用表调到欧姆挡适当挡位（根据检测的电容值选挡），如 2MΩ 挡，然后用两只表笔分别与电容器两端相接，这是一个电容器充电的过程，如果显示从"000"开始增加，最后显示为"0.L"或"1."（电阻无穷大），就正常；第二次再测就不动了，始终显示"0.L"或"1."，这是因为电容已经充满电了；可以试着将刚才测量的两表笔对调下，就会发现一个新的"0-0.L"或"0-1."的过程。这说明电容器是好的。如果不能回无穷大，说明漏电。如果始终显示"000"就说明内部短路，如果第一次测就始终显示"0.L"或"1."可能内部极间断路或没容量了。

小电容充电过程不明显，就会一直显示"0.L"或"1."。

(2) 电容值的测量

① 将电容两端短接，对电容进行放电，确保数字万用表的安全。

② 将功能旋转开关打至电容（C）测量挡，并选择合适的量程。

③ 将电容器插入万用表 C-X 插孔或将两表笔分别接电容器两脚（如果是电解电容器，红表笔接正极的脚）。

④ 读出 LCD 显示屏上的数字。

(3) 电容值的计算

例如，型号为 474 的瓷片电容器如图 2-25 所示，容量值计算如下：

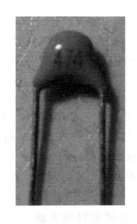
图 2-25 型号为 474 的瓷片电容器

$$47\times10^4\text{pF}=47\times10^4\times10^{-6}\mu\text{F}$$
$$=0.47\mu\text{F}\ (1\text{F}=10^6\mu\text{F}=10^9\text{nF}=10^{12}\text{pF})$$

任务7　分析稳压电路

整流滤波电路都不能保证输出稳定的直流电压，其原因主要有两个：一是交流电网的电压不稳定，引起输出电压发生变化；二是整流滤波电路存在内阻，当负载变化引起电流变化时，内阻上产生的压降会随之变化，使输出的直流电压不稳定。因此，为了得到稳定的输出直流电压，必须在整流滤波电路之后加稳压电路，以保证当电网电压波动或负载电流变化时，输出的电压能维持相对稳定。

1) 硅稳压管稳压电路

所谓稳压电路，就是当电网电压波动或负载发生变化时，能使输出电压稳定的电路。最简单的直流稳压电源是硅稳压管稳压电路。

图2-26是利用硅稳压管组成的简单稳压电路。电阻R是用来限制电流，使稳压管电流I_z不超过允许值；另一方面还利用它两端电压升降使输出电压U_o趋于稳定。稳压管VZ反并在直流电源两端，使它工作在反向击穿区。经电容滤波后的直流电压通过电阻器R和稳压管VZ组成的稳压电路接到负载上。这样，负载上得到的就是一个比较稳定的电压U_o。

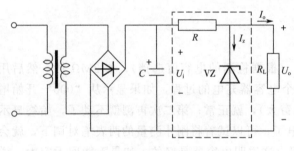

图2-26　硅稳压管稳压电路

引起输出电压不稳的主要原因有交流电源电压的波动和负载电流的变化。下面来分析在这两种情况下稳压电路的作用。

输入电压U_i经电阻R加到稳压管和负载R_L上，$U_i=IR+U_o$。在稳压管上有工作电流I_z流过，负载上有电流I_L流过，且$I=I_z+I_o$。

若负载R_L不变，当交流电源电压增加，即造成变压器副边电压u_2增加，而使整流滤波后的输出电压U_i增加时，输出电压U_o也有增加的趋势，但输出电压U_o就是稳压管两端的反向电压（或叫稳定电压）U_z，当负载电压U_o稍有增加时（即U_z稍有增加），稳压管中的电流I_z大大增加，使限流电阻器两端的电压降U_R增加，以抵偿U_i的增加，从而使负载电压U_o保持近似不变。这一稳压过程可表示成：

负载R_L不变，电源电压↑→u_2↑→U_i↑→U_o↑→I_z↑→$I=I_z+I_o$↑→U_R↑→U_o↓→U_o稳定

若电源电压不变，使整流滤波后的输出电压U_i不变，此时若负载R_L减小，则引起负载电流I_o增加，电阻R上的电流I和两端的电压降U_R均增加，负载电压U_o因而减小，U_o稍有减少将使I_z下降较多，从而补偿了I_o的增加，保持$I=I_z+I_o$基本不变，也保持U_o基本恒定。这个过程可归纳为：

电源电压不变，R_L↓→I_o↑→$I=I_z+I_o$↑→U_R↑→U_o↓→I_z↓→$I=I_z+I_o$↓→U_R↓→U_o↑→U_o稳定

2) 串联型稳压电路

用硅稳压管组成的稳压电路具有体积小、电路简单的优点，其不足的是它的输出电压、

输出电流和输出功率受到稳压管的限制。另外，硅稳压管组成的稳压电路无法实现大电流输出和输出电压随意可调的要求。为此可采用串联型直流稳压电路。

典型的串联型直流稳压电路如图 2-27 所示，它通常由取样环节、基准电压、比较放大、调整管四个部分组成。其中 VT_1 为调整管；VT_2 构成比较放大环节，R_1 是 VT_2 的集电极负载电阻，兼作 VT_1 的基极偏置电阻；VZ 和 R_2 组成基准电压 U_z；R_3、R_P 和 R_4 组成取样环节，取出输出电压 U_o 的一部分作为反馈电压，加到 VT_2 的基极，电位器 R_P 还可用来调节输出电压。

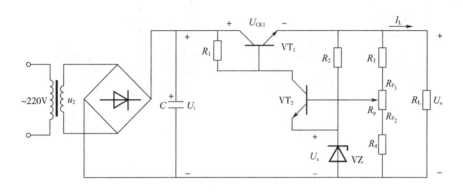

图 2-27 串联型直流稳压电路

串联型直流稳压电路的工作原理可以这样描述：当由于某种原因使输出电压 U_o 升高（降低）时，取样电路就将这一变化趋势送到放大器的输入端与基准电压进行比较放大，使放大器的输出电压，即调整管基极电压降低（升高），因电路采用射极输出形式，故输出电压 U_o 必然随之降低（升高），从而使 U_o 得到稳定。由于电路稳压是通过控制串接在输入电压与负载之间的调整管实现的，故称之为串联型稳压电路。其具体稳压过程如下。

如果电网电压或负载变化引起输出电压 U_o 上升，则将发生如下的调节过程：

$U_o \uparrow \to U_{B2} \uparrow \to U_{BE2} \uparrow \to I_{B2} \uparrow \to I_{C2} \uparrow \to U_{C2}(=U_{B1}) \downarrow$

$U_o \downarrow \text{--------} U_{CE1} \uparrow \leftarrow I_{B1} \downarrow \leftarrow U_{BE1} \downarrow$

最后使 U_o 基本保持不变。若由于任何原因引起 U_o 下降时，则进行相反的调节过程。

3）集成稳压电路和开关电源

（1）集成稳压电路

利用分立元件组装的稳压电路，输出功率大，安装灵活，适应性广，但体积大，焊点多，调试麻烦，可靠性差。随着电子电路集成化的发展和功率集成技术的提高，出现了各种各样的集成稳压器。集成稳压器是指将调整管、取样放大、基准电压、启动和保护电路等全部集成在半导体芯片上而形成的一种稳压集成块，称为单片集成稳压器。它具有体积小、可靠性高、使用简单等特点，尤其是集成稳压器具有多种保护功能，包括过流保护、过压保护和过热保护等。集成稳压电路种类很多，按引出端的数目可分为三端集成稳压器和多端集成稳压器。其中，三端集成稳压器的发展应用最广，采用和三极管同样的封装，使用和安装也和三极管一样方便。三端集成稳压器只有三个外部接线端子，即输入端、输出端和公共端。三端稳压器由于使用简单，外接元件少，性能稳定，因此广泛应用于各种电子设备中。三端稳压器可分为固定式和可调式两类。

固定式三端集成稳压器的三端是指电压输入、电压输出、公共接地三端。此类稳压器输出电压有正、负之分。三端固定式集成稳压器的通用产品主要有CW7800系列（输出固定正电源）和CW7900系列（输出固定负电源）。输出电压由具体型号的后两位数字代表，有5V、6V、9V、12V、15V、18V、24V等。其额定输出电流以78（79）后面的字母来区分。L表示0.1A，M表示0.5A，无字母表示1.5A。如CW7812表示稳压输出+12V电压，额定输出电流为1.5A。其外形和引脚排列如图2-28所示。

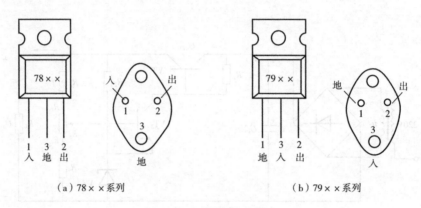

图 2-28　三端集成稳压器

三端集成稳压器的基本应用电路如图2-29所示，图2-29（a）是用CW7812组成的输出12V固定电压的稳压电路。图中C_i用以减小纹波以及抵消输入端接线较长时的电感效应，防止自激振荡，并抑制高频干扰，一般取$0.1\sim 1\mu F$；C_o用以改善负载的瞬态响应减小脉动电压，并抑制高频干扰，可取$1\mu F$。电子电路中使用时要防止公共端开路，同时C_i和C_o应紧靠集成稳压器安装。电子电路中，常常需要同时输出正、负电压的双向直流稳压电源，由集成稳压器组成的此类电源形式较多，图2-29（b）是其中的一种，它由CW7815和CW7915系列集成稳压器，以及共用的整流滤波电路组成，该电路具有共同的公共端，可以同时输出正、负两种电压。

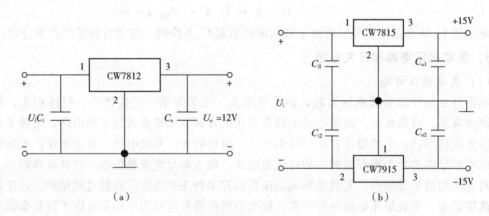

图 2-29　三端集成稳压器的基本应用电路

(2) 开关电源

所谓开关电源，实质是一个受控的电子开关。电子开关在直流稳压电源中作为调整元件，通过改变调整器件的导通时间和截止时间的相对长短，来改变输出电压的大小，达到稳定输出电压的目的。开关稳压电路的基本结构框图如图 2-30 所示。

交流电压 u_i 经过整流滤波电路转换为直流电压后，通过开关元件的开、断变为方波，然后将方波通过储能电路再转换为平滑的直流电压。控制电路主要是控制开关元件的开关频率或导通（开）、关断（关）的时间比例，从而实现稳压控制。

早期的开关稳压电源，由于全部使用分立元件，使得电路十分复杂，且体积庞大。随着集成电路技术的发展，出现了将开关稳压电路中控制电路部分集成化的集成开关稳压器，使得开关稳压电源的电路大为简化，极大地促进了开关稳压电源的应用和发展。后来又出现了将开关功率管和控制电路集成在一起的具有完善的自动保护功能的集成电路。由于此类集成电路其外接元件少，使得整个开关稳压电源电路非常简单，且体积小、可靠性高。为了使直流电源满足小型化、低能耗的要求，随着开关电源自身技术的不断改进和发展，目前已有将整个开关电源封装为单个固件的集成一体化开关电源，其外部仅有输入和输出两种端子，使用十分方便，部分产品的外形如图 2-31 所示。

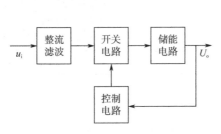

图 2-30　开关稳压电路的基本结构框图

图 2-31　集成一体化开关电源

任务 8　安装与调试单结晶体管可控整流电路

1）原理分析

原理图如图 2-1 所示，请同学们自行分析该电路的工作原理。

2）清点并检测元器件

按照表 2-1 所列元器件清单清点元器件并检测元器件。

表 2-1　单结晶体管可控整流电路的元器件清单表

名称	型号与规格	数量	检测情况
稳压二极管	1N4742A/12V	1	VZ：$R_正$＝　　Ω（20MΩ挡），$R_反$＝　　Ω（20MΩ挡） $U_正$＝　　V（二极管挡），$U_反$超过量程
桥堆	2W10	2	VC：① $U_{-\sim}$＝　　V（二极管挡）；② $U_{-\sim}$＝　　V（二极管挡） ① $U_{\sim+}$＝　　V（二极管挡）；② $U_{\sim+}$＝　　V（二极管挡） ① $U_{\sim-}$＝　　V（二极管挡）；② $U_{\sim-}$＝　　V（二极管挡） ① $U_{+\sim}$＝　　V（二极管挡）；② $U_{+\sim}$＝　　V（二极管挡）

续表

名称	型号与规格	数量	检测情况
晶闸管	2P4M	1	VT：$R_{GK正}=$ Ω（20MΩ 挡） G 极断开时：$R_{AK正}=$ Ω（20MΩ 挡） G 极与 A 极用导线接触后再分开：$R_{AK正}=$ Ω（20MΩ 挡） 
白炽灯	36V/40W	1	EL：$R_{灯}=$ Ω
变压器	220V/36V，100V·A	1	TC：$R_{原}=$ Ω（200Ω 挡），$R_{副}=$ Ω（200Ω 挡）
单结晶体管	BT33F	1	VS：$R_{EB1}=$ Ω（20MΩ 挡），$R_{B1E}=$ Ω（20MΩ 挡） $R_{EB2}=$ Ω（20MΩ 挡），$R_{B2E}=$ Ω（20MΩ 挡） $R_{B1B2}=$ Ω（2MΩ 挡），$R_{B2B1}=$ Ω（2MΩ 挡） 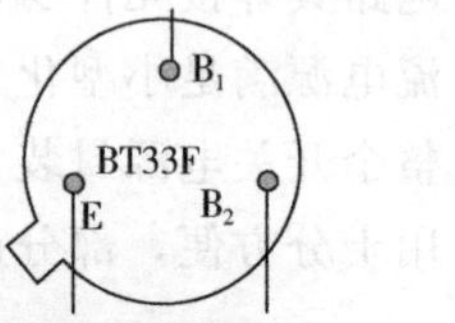
电阻	2kΩ/2W	1	$R_1=$ Ω（2kΩ 挡） 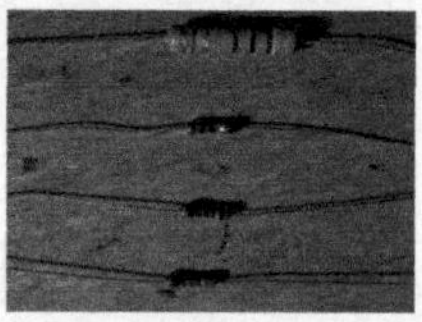
电阻	360Ω	1	$R_2=$ Ω（2kΩ 挡）
电阻	51Ω	1	$R_3=$ Ω（200Ω 挡）
电阻	10kΩ	1	$R_4=$ Ω（20kΩ 挡）
电位器	100kΩ	1	R_P：$R_{左右}=$ Ω（200kΩ 挡） 旋转旋钮：$R_{左中min}=$ Ω（200kΩ 挡） $R_{左中max}=$ Ω（200kΩ 挡）
电容	0.47μF	1	$C=$ nF（电容 2000μF 挡） R 从小变到无穷大（2MΩ 挡）
接线端子	301-2p	2	
印制电路板			
焊锡	φ0.8	1.5	

元器件都是用数字式万用电表检测。黑色测试探头插入 COM 输入插口，红色测试探头插入 Ω 输入插口。红表笔接万用表内部电池的正极，黑表笔接万用表内部电池的负极。

（1）检测电阻

① 关掉电路电源。注意：测量时不能带电测量，不能用两手同时去接触电阻两引脚（或表笔的金属部分），以防将人体电阻并联在被测电阻两端，影响测量结果。在电路中测电阻时必须让其中一脚悬空。

② 选择电阻挡（Ω）。先根据色环判断电阻的大约阻值，再选择不同的电阻挡位进行测量，量程尽量接近测量值；也可以从最大量程开始试测，再根据电阻参数选择合适量程。

③ 将探头前端跨接在器件两端，或被测电阻的电路两端。

④ 查看读数，确认测量单位（即量程单位）——欧姆（Ω）、千欧（kΩ）或兆欧（MΩ）。

⑤ 超出量程时，仪表仅显示"0.L"或"1."，这时应选择更高的量程。

⑥ 如果阻值为 0 或是∞，该电阻已经损坏。

⑦ 测完一个电阻就插挂在元器件清单表的相应位置上，以免混淆。如图 2-32 所示。

(2) 检测电位器

一看：如图 2-33（a）所示，查看电位器的外形是否端正，阻值标称是否清晰完好，转轴是否灵活，松紧是否适当。

二测：测标称阻值和测电阻变化。

① 依据标称 100kΩ 选择数字式万用表电阻挡的量程 200kΩ 挡。

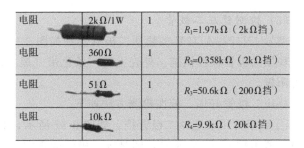

图 2-32 测量电阻结果

电阻	2kΩ/1W	1	R_1=1.97kΩ（2kΩ挡）
电阻	360Ω	1	R_2=0.358kΩ（2kΩ挡）
电阻	51Ω	1	R_3=50.6kΩ（200Ω挡）
电阻	10kΩ	1	R_4=9.9kΩ（20kΩ挡）

 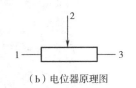

（a）电位器实物图　　　（b）电位器原理图

图 2-33 电位器

② 如图 2-33（b）所示，表笔分别放在"1"和"3"脚上，用螺钉旋具转动旋钮，$R_{1,3}$ 读数应始终为 100kΩ，则"2"为滑片。

③ 表笔放在"1""2"或"3""2"两端。用螺钉旋具将电位器的转轴逆时针旋转，指标应平滑移动，电阻值逐渐减小；若将电位器的转轴顺时针旋转，电阻值应逐渐增大，直至接近电位器的标称值，则说明电位器是好的。

④ 如在检测过程中，万用表读数有断续或跳动现象，说明该电位器存在着活动触点接触不良和阻值变化不匀问题。

(3) 检测变压器

型号为 TC：220V/36V 的变压器如图 2-34 所示。原边、副边判别：降压变压器，原边匝数多于副边匝数，则 $R_{原} > R_{副}$。

(4) 检测灯泡

型号为 EL：220V/40W 的白炽灯泡如图 2-35 所示。灯泡好坏检测：用数字万用表的电阻挡（宜选 200Ω 或 2kΩ 挡），将灯泡断电，然后将两表笔接触灯泡的两个接电端。如果灯泡是好的，会显示一定的电阻值（灯泡功率不同则电阻值也不同）。如果阻值为 ∞ 或 0，就说明灯泡已经损坏，∞ 就是不通，0 就是短路，不可使用！

图 2-34 变压器实物　　　　　图 2-35 白炽灯实物

（5）检测稳压二极管

型号 1N4742A/12V 的稳压二极管实物如图 2-36 所示。

稳压二极管极性识别：外壳上有一条色带（黑）标志的一端为稳压二极管的阴极，另一端为阳极。

稳压二极管好坏、极性检测方法如下。

① 数字万用表选择二极管挡。如图 2-37 所示，利用二极管的单向导电性，用万用表检测时，若示数为 0.7V 左右，即是硅二极管的正向压降，则红表笔所测端为阳极，黑表笔端为阴极；若读数显示为"0.L"或"1."，应该反过来再测一次。如果两次测量都读数显示为"0.L"或"1."，表示此稳压二极管已经损坏。

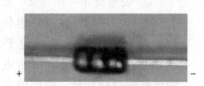

图 2-36　稳压二极管实物

图 2-37　检测稳压二极管（二极管挡）

② 数字万用表选择电阻挡。如图 2-38 所示，将转换开关拨到 2MΩ 或 20MΩ 挡，两表笔分别接触稳压二极管两端，测出两个电阻值。其中阻值小（几十千欧至几兆欧）的一次，万用表的红表笔（高电位）所接的一端为阳极。反之，阻值大（20MΩ 挡显示为"0.L"或"1."）的一次，红表笔所接的一端为负极。

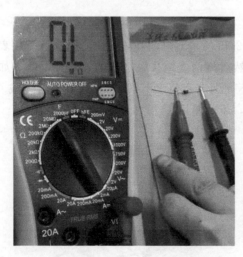 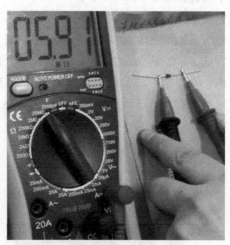

图 2-38　检测稳压二极管（欧姆挡）

3）设计布局图

电子元器件布局图就是布置在万能板（洞洞板）上的元器件及其走线图。它是根据选定的万能板尺寸、形状、插孔间距及待组装电路原理图，在电路板上对要组装的元器件分布进行设计，是电子产品制作过程中非常重要的一个环节。

(1) 设计要点

① 要按电路原题图设计；

② 元器件分布要科学，电路连接应规范；

③ 元器件间距要合适，元器件分布要美观。

(2) 具体方法和注意事项

① 根据电路原理图找准几条线（元器件端子焊接在一条条直线上，确保元器件分布合理、美观）。

② 电子元器件检测确认后，引脚只能轻拨开，不能随意折弯，容易损坏。

③ 除了电阻元件，其他元件如二极管、电解电容、晶闸管、单结晶体管等元器件，要注意引脚区分或极性辨别。

④ 画布局图时，可以从板子装元器件的正面观看，也可以从板子焊接的那面观看，然后画布局图（背面）。布局图上要注明是正面还是背面。建议采用背面的布局图。

⑤ 布局图上的元器件是画实物的轮廓，在旁边注明元器件的符号，有极性的、有脚的名称的都要标记，焊接点要把对应的孔涂黑。

⑥ 布局图要和实际布局一模一样。

⑦ 布局图最上面空白处写上班级、组长名、组员名、指导老师名、产品名。

本任务的单结晶体管可控整流电路的布局图如图 2-39 所示。

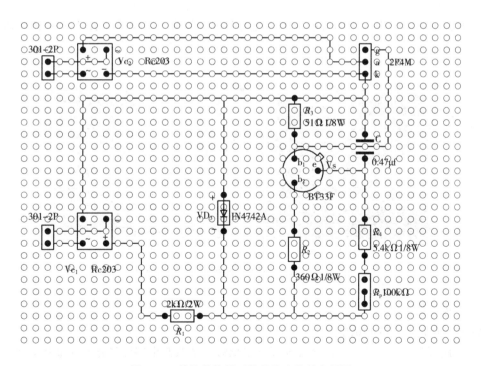

图 2-39 单结晶体管可控整流电路的布局图

4) 装调准备

选择装调工具、仪器设备并列写清单，填入表 2-2。

表 2-2 单结晶体管可控整流电路的装调工具、仪器设备清单表

序号	名称	型号/规格	数量	备注
1	数字示波器	DS5022M/2 通道 25MHz 带宽	1	
2	变压器	220V/36V，100V·A	1	
3	万用表	VC890D	1	
4	小号一字螺钉旋具	3.0mm×75mm	1	
5	电烙铁	25～30W	1	
6	烙铁架		1	
7	斜口钳	130mm	1	
8	测试导线		若干	
9	镊子		1	
10	松香		1	

5) 电路安装与调试

（1）电路装配

如图 2-40 所示，在提供的万能板上装配电路，其装配工艺应符合 IPC-A-610D 标准的二级产品等级要求。

 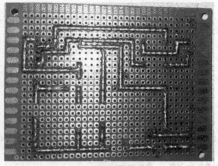

（a）万能板正面图　　　　　　　　　（b）万能板背面图

图 2-40 单结晶体管可控整流万能板实物图

（2）电路调试

装配完成后，通电调试电路。

① 电路板接入 220V、36V 交流电源及白炽灯，请绘制电路测试连线示意图，如图 2-41 所示。

② 电路调试。电路板接入 220V 和 36V 交流电源，调节 R_P 电位器，使灯泡出现亮暗变化；要求灯泡能线性地由暗变化到全亮。如图 2-42 所示。

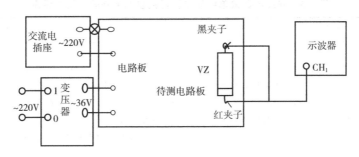

图 2-41 单结晶体管可控整流电路的测试连线示意图

③ 利用示波器测出稳压管 VZ 两端的波形,如图 2-43 所示,并画出波形图,如图 2-44 所示。

图 2-42 电路调试过程

图 2-43 示波器测稳压管两端波形

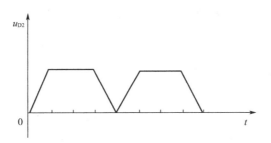

图 2-44 稳压管 VZ 两端的波形图

④ 调试结束后,请将标签写上自己的组员名,贴在电路板正面空白处。
⑤ 收拾桌面:桌面整洁,工具摆放整齐。

2.3 项目考评

项目考评见表 2-3。

表 2-3　安装与调试单结晶体管可控整流电路的项目考评表

评价项目	内容	配分	评价点	评分细则	得分	备注
职业素养与操作规范（20分）	工作前准备	10	清点器件、仪表、焊接工具，并摆放整齐，穿戴好防静电防护用品	① 未按要求穿戴好防静电防护用品，扣3分 ② 未清点工具、仪表等每项扣1分 ③ 工具摆放不整齐，扣3分		
	6S规范	10	操作过程中及作业完成后，保持工具、仪表、元器件、设备等摆放整齐。具有安全用电意识，操作符合规范要求。作业完成后清理、清扫工作现场	① 操作过程中乱摆放工具、仪表，乱丢杂物等，扣5分 ② 完成任务后不清理工位，扣5分 ③ 出现人员受伤设备损坏事故，考试成绩为0分		
作品（80分）	工艺	25	电路板作品要求符合 IPC-A-610 标准中各项可接受条件的要求（1级）： ① 元器件的参数和极性插装正确 ② 合理选择设备或工具对元器件进行成型和插装 ③ 元器件引脚和焊盘浸润良好，无虚焊、空洞或堆焊现象 ④ 焊点圆润、有光泽、大小均匀 ⑤ 插座插针垂直整齐，插孔式元器件引脚长度 2～3mm，且剪切整齐	① 虚焊、桥接、漏焊、半边焊、毛刺、焊锡过量或过少、助焊剂过量等，每焊点扣1分 ② 焊盘翘起、脱落（含未装元器件处），每处扣2分 ③ 损坏元器件，每只扣1分 ④ 烫伤导线、塑料件、外壳，每处扣2分 ⑤ 连接线焊接处应牢固工整，导线线头加工及浸锡合理规范，线头不外露，否则每处扣1分 ⑥ 插座插针垂直整齐，否则每个扣0.5分 ⑦ 插孔式元器件引脚长度 2～3mm，且剪切整齐，否则酌情扣1分 ⑧ 整板焊接点未进行清洁处理扣1分		① 学生没有操作项目，此小项记0分 ② 出现明显失误造成工具、仪表或设备损坏等安全事故；严重违反实训纪律，造成恶劣影响的，本大项记0分
	调试	25	① 合理选择仪器仪表，正确操作仪器设备对电路进行调试 ② 电路调试接线图绘制正确 ③ 通电调试操作规范	① 不能正确使用万用表、毫伏表、示波器等仪器仪表每次扣3分 ② 不能按正确流程进行测试并及时记录装调数据，每错一处扣1分 ③ 调试过程中出现元件、电路板烧毁、冒烟、爆裂等异常情况，扣5分/个（处）		

续表

评价项目	内容	配分	评价点	评分细则	得分	备注
作品 （80分）	功能指标	30	① 电路通电工作正常，功能缺失按比例扣分 ② 测试参数正确，即各项技术参数指标测量值的上下限不超出要求的10% ③ 测试报告文件填写正确	① 不能正确填写测试报告文件，每错一处扣1分 ② 未达到指标，每项扣2分 ③ 开机电源正常但作品不能工作，扣10分		
异常情况		扣分		① 安装调试过程中出现元件、电路板烧毁、冒烟、爆裂等异常情况，扣5分/个（处） ② 安装调试过程中出现仪表、工具烧毁等异常情况，扣10分/个（处） ③ 安装调试过程中出现破坏性严重安全事故，总分计0分		

项目小结

（1）直流稳压电源是由交流电源经过变换得来的，它由电源变压器、整流电路、滤波电路和稳压电路四部分组成。

（2）整流电路是利用二极管的单向导电性将交流电转换成单向脉动直流电。整流电路有多种，有半波整流、桥式整流和倍压整流电路。其中桥式整流电路应用最多，它具有输出平均直流电压高、脉动小、变压器利用效率高、整流元件承受反向电压较低、最低次谐波的频率为 $2f$、容易滤波等优点。

（3）晶闸管的导通条件：阳极与阴极之间加上一定的正向电压，同时门极与阴极之间加上适当的正向电压。晶闸管一旦导通，（门极）就失去控制作用。

（4）晶闸管关断的条件：晶闸管的阳极电压减小到接近于零时，或阳极电流降低至维持电流 I_H 以下。其实现的方式：减小阳极电压，增大负载电阻，加反向阳极电压。

（5）单相桥式可控整流电路输出电压平均值为：$U_\circ=0.9U_2\dfrac{1+\cos\alpha}{2}$，式中 U_2 为整流变压器二次侧电压有效值，α 为控制角。

（6）单结晶体管特点：当发射极电压 U_E 小于峰点电压 U_P 时，单结晶体管为截止状态；当 U_E 上升到峰点电压时，单结晶体管触发导通。导通后，若 U_E 低于谷点电压 U_V，则单结晶体管立即转入截止状态。

（7）滤波电路的作用是利用储能元件滤去脉动直流电压中的交流成分，使输出电压趋于平滑。常用的滤波电路有电容滤波、电感滤波、各种组合式滤波电路。

① 当负载电流较小，对滤波的要求又不很高时，可采用电容器与负载 R_L 并联的方式实

现滤波。这种电容滤波电路的特点是结构简单并能提高输出电压。

② 当负载电流较大时，可采用电感线圈与负载 R_L 串联的方式实现滤波。电感滤波电路的特点是负载电流越大，滤波效果越好，但是电感线圈与电容器相比，它的体积大，较笨重。

③ 若对滤波要求较高，可采用由 LC 元件或 RC 元件组成的组合式滤波电路。

（8）电网电压的波动和电源负载的变化都会引起整流滤波后的直流电压不稳。稳压电路的作用是输入电压或负载在一定范围内变化时，保证输出电压稳定。

① 硅稳压管稳压电路是利用二极管的稳压特性，将限流电阻 R 与稳压管连接而成，负载与稳压元件并联。这种稳压电路结构简单，缺点是电压的稳定性能较差，稳压值不可调，负载电流较小并受稳压管的稳定电流所限制，一般用作基准电源或辅助电源。

② 串联型稳压电路克服了硅稳压管稳压电路的缺点，它具有稳压性能好、负载能力强、输出直流稳定，以及电压既可连续调节，也可步进调节等优点。

③ 串联型稳压电路由调整管、基准电源、取样电路和比较放大电路等部分组成，因负载与调整管相串联而得名。串联型稳压电路中的调整管工作在线性放大区，所以管耗较大、效率较低。它适用于对稳压精度要求较高的场合。

（9）集成稳压器具有体积小、可靠性高、温度特性好、稳压性能好、安装调试方便等突出的优点，经过适当的设计并加接外接电路后，可以扩展其性能和功能，因此已被广泛采用。

思考与练习

2-1 稳压电路的目的是使直流输出电压避免哪两个因素的影响？

2-2 滤波电路的目的是什么？

2-3 硅稳压二极管的稳压电路中，硅稳压二极管与负载电阻必须以什么方式连接？限流电阻起什么作用？

2-4 CW7805 和 CW7905 的输出电压分别是多少？

2-5 整流的目的是什么？

2-6 单相桥式整流电路中，如果有一只整流管接反，会出现什么结果？

2-7 稳压二极管的工作原理是利用二极管的什么特性？

2-8 电路如图 2-45 所示，如何合理连线，才能构成 5V 的直流电源？

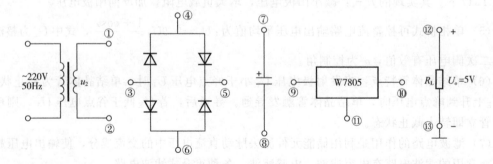

图 2-45 题 2-8 图

2-9 在图 2-46 所示电路中，已知输出直流电压平均值 $U_o=15V$，负载直流电流平均值 $I_L=100mA$。

(1) 变压器副边电压有效值 U_2 约为多少？

(2) 设电网电压波动范围为 $\pm 10\%$。在选择二极管的参数时，其最大整流平均电流 I_F 和最高反向电压 U_R 的下限值约为多少？

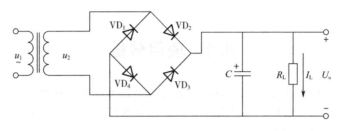

图 2-46 题 2-9 图

项目3

安装与调试声光停电报警器

3.1 项目分析

某企业承接了一批声光停电报警器的安装与调试任务,请按照相应的企业生产标准完成该产品的组装与调试,实现该产品的基本功能,满足相应的技术指标,并正确填写相关技术文件或测试报告。其原理图如图 3-1 所示。

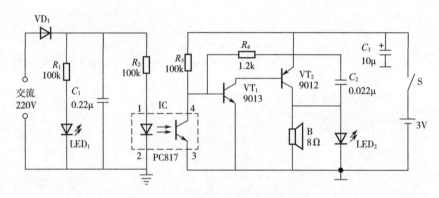

图 3-1 声光停电报警器电路原理图

要求:
① 装接前先要检查器件的好坏,核对元件数量和规格;
② 根据提供的万能板安装电路,安装工艺符合相关行业标准,不损坏电气元件,安装前应对元器件进行检测;
③ 装配完成后,通电测试,利用提供的仪表测试本电路。

学习目标:
① 了解基本放大电路的组成及各元件的作用;
② 掌握放大电路的分析方法:图解法、微变等效电路法;
③ 掌握放大电路静态、动态性能指标的估算;
④ 掌握静态工作点稳定电路的工作原理,静态、动态性能指标的估算;
⑤ 了解多级放大电路的级间耦合方式,多级放大电路静态、动态性能指标的估算;
⑥ 理解差动放大电路;
⑦ 掌握射极输出器的结构、特点;
⑧ 了解功率放大电路的要求、特点,理解 OTL、OCL 电路的结构、特点、工作原理;
⑨ 安装与调试声光停电报警器电路。

3.2 项目实施

任务1 分析共发射极放大电路

1) 基本放大电路的组成及各元件的作用

放大电路（又称放大器），它是将微弱的电信号（电压、电流）转变为较强的电信号的电子电路。放大电路广泛应用于各种电子设备中，如收音机、扩音机、精密测量仪器、自动控制系统等。图3-2为扩音机电路。

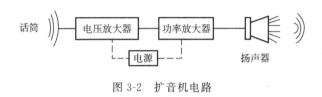

图3-2 扩音机电路

话筒把声音转换成微弱的随声音变化的电压信号，此信号经电压放大电路和功率放大电路的放大，送到扬声器被还原成声音，由于经过了放大，扬声器发出的声音比送入话筒的声音要大得多。

（1）基本放大电路的组成

共射极基本放大电路如图3-3所示，由三极管VT、基极电阻R_B、集电极电阻R_C、直流电源U_{CC}、耦合电容C_1和C_2组成。

信号经电容C_1加到三极管的基-射极，又从集-射极经电容C_2输出。发射极作为输入、输出信号的公共端，该电路又称共射极放大电路。

（2）各元件的作用

① 三极管VT。具有电流放大作用，是整个放大电路的核心。它可将微

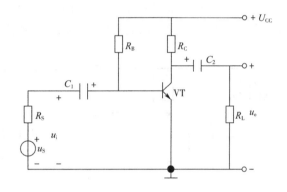

图3-3 共射极基本放大电路

小的基极电流变化量转变成较大的集电极电流变化量，反映了三极管的电流控制作用。

② 直流电源U_{CC}。一是确保三极管发射结正偏，集电结反偏，使三极管起放大作用；二是整个放大电路的能量提供者。U_{CC}一般为几伏至几十伏。

③ 基极电阻R_B。控制基极电流I_B的大小，使放大电路工作在较合适的工作状态。R_B一般为几十千欧至几百千欧。

④ 集电极电阻R_C。能将集电极电流的变化转换成集-射极电压的变化，以实现电压放大作用。R_C一般为几千欧至几十千欧。

⑤ 耦合电容C_1、C_2。隔直流，通交流。一般选5～50μF的电解电容器。

2) 放大电路的静态分析

静态是放大电路没有输入信号时的工作状态。静态分析的主要任务是确定放大电路的静

态值（直流值）I_B、I_C、U_{CE}。

为便于分析，对放大电路中的各个电压和电流的符号做统一规定，如表 3-1 所示。

表 3-1 放大电路中电压、电流的符号

名称	静态值	交流分量		总电压或总电流		直流电源
		瞬时值	有效值	瞬时值	平均值	
基极电流	I_B	i_b	I_b	i_B	I_B（AV）	
集电极电流	I_C	i_c	I_c	i_C	I_C（AV）	
发射极电流	I_E	i_e	I_e	i_E	I_E（AV）	
集-射极电压	U_{CE}		U_{ce}	u_{CE}	U_{CE}（AV）	
基-射极电压	U_{BE}		U_{be}	u_{BE}	U_{BE}（AV）	
集电极电源						U_{CC}
基极电源						U_{BB}
发射极电源						U_{EE}

确定静态值有估算法和图解法两种。

（1）估算法

估算法是用放大电路的直流通路确定静态值。直流通路是放大电路在静态时的直流电流流通的路径。由于电容器的隔直作用，画直流通路时，将电容器看作开路。

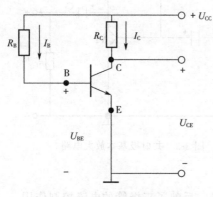

图 3-4 基本放大电路的直流通路

基本放大电路的直流通路如图 3-4 所示。它包含两个独立回路：由直流电源 U_{CC}、基极电阻 R_B、三极管的基-射组成的基极回路；由直流电源 U_{CC}、集电极电阻 R_C、三极管的集-射组成的集电极回路。

由直流通路可得：

$$U_{CC} = I_B R_B + U_{BE} \qquad (3-1)$$

基极电流

$$I_B = \frac{U_{CC} - U_{BE}}{R_B} \qquad (3-2)$$

硅管 U_{BE} 约为 0.7V，锗管 U_{BE} 约为 0.3V，通常 $U_{CC} \gg U_{BE}$，故

$$I_B \approx \frac{U_{CC}}{R_B} \qquad (3-3)$$

基极电流 I_B 由直流电源 U_{CC} 和基极电阻 R_B 决定，当 U_{CC} 和 R_B 确定后，I_B 近似为固定值。这种电路称为固定偏置放大电路。I_B 称为固定偏置电流，R_B 称为固定偏置电阻。

集电极电流

$$I_C \approx \beta I_B \qquad (3-4)$$

集-射极电压

$$U_{CE} = U_{CC} - I_C R_C \qquad (3-5)$$

静态时的 I_B、I_C、U_{CE} 的值称为放大电路的静态工作点。

[例 3-1] 在图 3-2 中，已知 $U_{CC}=18V$，$R_C=3k\Omega$，$R_B=300k\Omega$，$\beta=50$，试求放大电路的静态值。

解：
$$I_B \approx \frac{U_{CC}}{R_B} = \frac{18}{300} = 0.06(mA)$$
$$I_C \approx \beta I_B = 50 \times 0.06 = 3(mA)$$
$$U_{CE} = U_{CC} - I_C R_C = (18 - 3 \times 3)V = 9V$$

(2) 图解法

静态值也可用图解法来求得，图解法是利用三极管的输出特性曲线求 I_B、I_C、U_{CE}。

先利用公式（3-3）求出 I_B。

放大电路的输出回路是由非线性部分（三极管）和线性部分（R_C 和 U_{CC}）两部分组成，它们构成一个统一的整体，输出回路中的电压、电流都必须同时满足这两部分的要求。

非线性部分中的电压和电流之间的关系就是三极管的输出特性曲线；线性部分中的电压和电流之间的关系为：$U_{CE}=U_{CC}-I_C R_C$；一个给定的放大电路中的 U_{CC} 和 R_C 一般是定值，由此可知这是一条直线方程。

再取两个特殊点：

令 $I_C=0$ 时，$U_{CE}=U_{CC}$，得 M 点；

$U_{CE}=0$ 时，$I_C=\frac{U_{CC}}{R_C}$，得 N 点。

两点连成一条直线，直线 MN 称为直流负载线。直流负载线 MN 与输出特性曲线簇交点上的每一个电压、电流，既满足线性部分中的要求，又满足非线性部分中的要求。

输出特性曲线中 I_B 那条曲线与直流负载线 MN 的交点 Q 即为静态工作点，如图 3-5 所示。

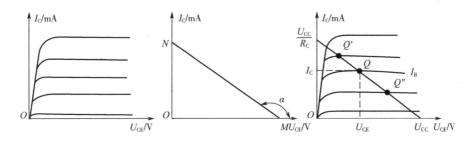

图 3-5 图解法求静态工作点

Q 点所对应的电流、电压值为三极管静态工作时的电流 I_B、I_C 和电压 U_{CE}。

3) 放大电路的动态分析

(1) 放大电路的动态工作情况

动态时，输入信号 $u_i=U_{im}\sin(\omega t)$ 通过耦合电容 C_1 加到三极管的基-射极之间，与静态时的基极电压 U_{BE} 叠加，要求 $U_{BE}>U_{im}$，且使叠加后的总电压大于发射结的死区电压，确保三极管发射结正偏导通。此时三极管的各个电流和电压都是交流分量和直流分量叠加。如图 3-6 所示。

$$u_{BE}=U_{BE}+u_i=U_{BE}+U_{im}\sin(\omega t) \tag{3-6}$$

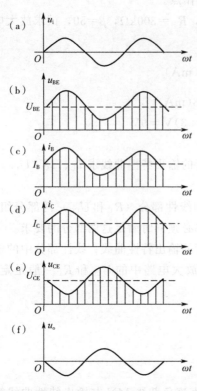

图 3-6 动态时三极管的电压、电流波形

$$i_B = I_B + i_b = I_B + I_{bm}\sin(\omega t) \quad (3-7)$$
$$i_C = \beta i_B = \beta(I_B + i_b) = \beta I_B + \beta i_b$$
$$= I_C + i_c = I_C + I_{cm}\sin(\omega t) \quad (3-8)$$
$$u_{CE} = U_{CC} - i_C R_C = U_{CC} - (I_C + i_c)R_C$$
$$= U_{CE} + u_{ce} = U_{CE} + U_{cem}\sin(\omega t + \pi) \quad (3-9)$$

由于 C_2 的隔直作用，有：

$$u_o = u_{ce} = -i_c R_C = U_{cem}\sin(\omega t + \pi) \quad (3-10)$$

负号表示输出的交流电压 u_o 与 i_c 相位相反。由此可得出以下结论：

① 放大电路在动态时的电压、电流都是由直流分量和交流分量叠加而成的单方向脉动量，大小随输入信号 u_i 变化而变化。它们的作用顺序是：$u_i \rightarrow u_{BE} \rightarrow i_B \rightarrow i_C \rightarrow u_{CE} \rightarrow u_o$。由 u_i 的较小幅度变化转换成 u_o 的较大幅度变化，这就是电路的电压放大作用。

② 在共射极放大电路中，u_{be}、i_b、i_c 与输入信号 u_i 相位相同，u_{ce}、u_o 与 u_i 相位相反，这就是共射极放大电路的倒相作用。

(2) 放大电路中各参数的定义

① 电压放大倍数 A_u。电压放大倍数是表示放大电路放大能力的一个参数。电压放大倍数是放大电路的输出电压变化量 u_o（或有效值 U_o 或相量 $\dot{U}_o$）与输入电压变化量 u_i（或有效值 U_i 或相量 $\dot{U}_i$）之比。

$$A_u = \frac{u_o}{u_i} \quad 或 \quad A_u = \frac{U_o}{U_i} \quad 或 \quad A_u = \frac{\dot{U}_o}{\dot{U}_i} \quad (3-11)$$

② 输入电阻 r_i。输入电阻是从放大电路输入端看进去所呈现的交流等效电阻，如图 3-7 左边所示。它相当于信号源的负载电阻，为交流输入电压与交流输入电流的比值。

$$r_i = \frac{u_i}{i_i} = \frac{U_i}{\dot{I}_i} \quad (3-12)$$

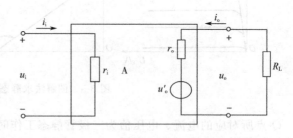

图 3-7 放大电路的输入电阻和输出电阻

输入电阻越大，则放大电路要求信号源提供的信号电流越小，信号源的负担就小。在应用中总希望放大电路的输入电阻大一些好。

③ 输出电阻 r_o。输出电阻是从放大电路输出端看进去所呈现的交流等效电阻，如图 3-7 右边所示。对负载而言，放大电路是向负载提供信号的信号源，而放大电路的输出电阻就是信号源的内阻。

输出电阻越小，负载变化时输出电压的变化就越小，放大电路的带负载能力越强。在应用中总希望放大电路的输出电阻小一些好。

④ 通频带。放大电路在放大不同频率的信号时，其放大倍数是不一样的。在一定频率范围内，放大电路的放大倍数高且稳定，这个频率范围为中频区。离开中频区，随着频率的升高或下降都将使放大倍数急剧下降，如图3-8所示。信号频率降低使放大倍数下降到中频时的0.707倍所对应的频率叫下限截止频率，用f_L表示。同理，将信号频率上升使放大倍数下降到中频时的0.707倍所对应的频率叫上限频率，用f_H表示。

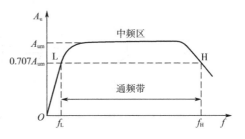

图3-8　放大电路的通频带

f_L与f_H之间的频率范围称为通频带，用BW表示。即：

$$BW = f_H - f_L \tag{3-13}$$

（3）微变等效电路法

放大电路动态分析时，多采用微变等效电路法。微变等效电路法是当放大电路在小信号工作时，把非线性元件三极管组成的放大电路等效为一个线性电路来考虑。

① 三极管的微变等效电路。三极管的输入特性是非线性的，在静态工作点合适，输入信号幅度较小时，Q点在输入特性曲线上移动范围很小，可以把静态工作点附近的一段曲线近似看作线性，这样三极管B、E之间就相当于一个线性电阻r_{be}，即三极管的输入电阻$r_{be} = \Delta U_{BE} / \Delta I_B = u_{be}/i_b$。如图3-9所示。

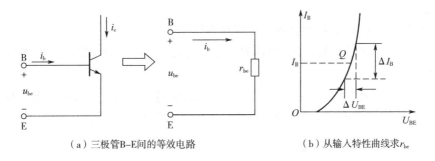

（a）三极管B-E间的等效电路　　　　（b）从输入特性曲线求r_{be}

图3-9　三极管B、E间等效电路

低频小功率管的输入电阻r_{be}可用下式估算：

$$r_{be} = 300 + (1+\beta)\frac{26\mathrm{mV}}{I_E\mathrm{mA}}(\Omega) \tag{3-14}$$

I_E为发射极电流的静态值，r_{be}一般为几百欧到几千欧。

三极管静态工作点附近的输出特性曲线近似与横坐标轴平行且间距相等，当u_{ce}在较大范围变化时，i_c几乎不变，三极管具有恒流特性和放大特性。这样三极管C、E之间可等效为一个受控电流源（其输出电流为$i_c = \beta i_b$）与三极管的输出电阻r_{ce}并联，r_{ce}很高（一般为几十千欧到几百千欧）可忽略，如图3-10所示。

三极管的微变等效电路如图3-11所示。

② 微变等效电路分析法。为了分析放大电路的动态工作情况，计算放大电路的电压放

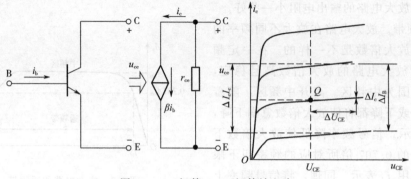

图 3-10 三极管 C、E 间等效电路

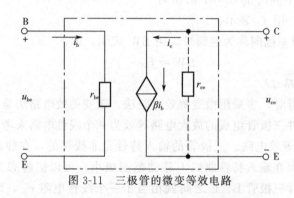

图 3-11 三极管的微变等效电路

大倍数、输入电阻、输出电阻，按交流信号在电路中的流通路径可画出交流通路。画交流通路的原则是：

a. 耦合电容 C_1 和 C_2，因容抗很小，可视为短路；

b. 图 3-12（a）所示电源 U_{CC}，因内阻很小，交流信号在电源内阻上产生的电压降很小，可视为短路。

图 3-12（b）所示为共射极基本放大电路的交流通路。再在交流通路中把三极管用其微变等效电路代替，即得共射极基本放大电路的微变等效电路，如图 3-12（c）所示。

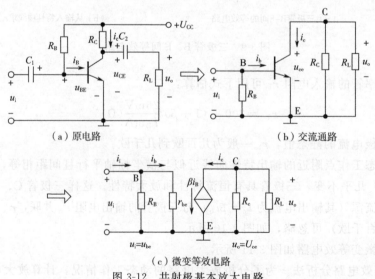

图 3-12 共射极基本放大电路

（4）放大电路中各参数的计算

① 电压放大倍数的计算。由微变等效电路可得：

$$\dot{U}_i = \dot{I}_b r_{be} \tag{3-15}$$

$$\dot{U}_o = -\dot{I}_c R'_L = -\beta \dot{I}_b R'_L \tag{3-16}$$

其中，交流等效负载电阻为：

$$R'_L = R_C \mathbin{/\mkern-6mu/} R_L \tag{3-17}$$

电压放大倍数为：

$$A_u = \frac{\dot{U}_o}{\dot{U}_i} = -\beta \frac{R'_L}{r_{be}} \tag{3-18}$$

式中负号表示输出电压与输入电压的相位相反。

② 输入电阻的计算公式为：

$$r_i = \frac{\dot{U}_i}{\dot{I}_i} = R_B \mathbin{/\mkern-6mu/} r_{be} \tag{3-19}$$

因为 $R_B \gg r_{be}$

所以 $r_i \approx r_{be}$ (3-20)

③ 输出电阻的计算公式为：

$$r_o = \frac{\dot{U}_o}{\dot{I}_o} \approx R_C \tag{3-21}$$

[例 3-2] 如图 3-12 所示，已知 $U_{CC}=12\text{V}$，$R_B=300\text{k}\Omega$，$R_C=4\text{k}\Omega$，$R_L=4\text{k}\Omega$，三极管 $\beta=50$，试求：

① 估算静态工作点；

② 电压放大倍数 A_u、输入电阻 r_i、输出电阻 r_o。

解：① 估算静态工作点

$$I_B \approx \frac{U_{CC}}{R_B} = \frac{12}{300} = 0.04(\text{mA}) = 40(\mu\text{A})$$

$$I_C \approx \beta I_B = 50 \times 0.04 = 2(\text{mA})$$

$$U_{CE} = U_{CC} - I_C R_C = 12 - 2 \times 4 = 4(\text{V})$$

② 求 A_u、r_i 和 r_o。

$$I_E = I_B + I_C = 0.04 + 2 = 2.04(\text{mA})$$

$$r_{be} = 300 + (1+50)\frac{26\text{mV}}{2.04\text{mA}} = 950(\Omega)$$

$$R'_L = R_C \mathbin{/\mkern-6mu/} R_L = \frac{4 \times 4}{4+4} = 2(\text{k}\Omega)$$

$$A_u = -\beta \frac{R'_L}{r_{be}} = -50 \times \frac{2000}{950} = -105$$

$$r_i \approx r_{be} = 0.95\text{k}\Omega$$

$$r_o \approx R_C = 4\text{k}\Omega$$

4）静态工作点的设置与稳定

把输入的交流信号电压作为发射结正向电压直接加到三极管的基-射极时，会产生严重的失真。为了消除这种失真,必须在放大电路静态时设置一个合适的静态工作点。Q 点太高,会造成饱和失真;Q 点太低,会造成截止失真。如图 3-13 所示。

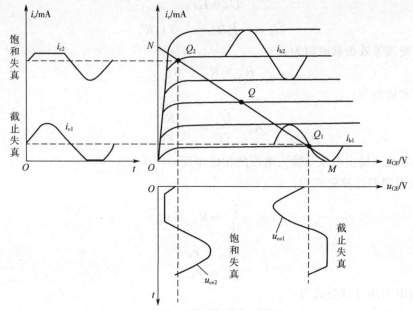

图 3-13 工作点选择不当引起的失真

饱和失真是静态工作点偏高,工作点进入饱和区引起的输出波形失真;截止失真是静态工作点偏低,工作点进入截止区引起的输出波形失真。

消除饱和失真的方法是增大 R_B,使 I_B 减小,工作点下移到中心位置;消除截止失真的方法是减小 R_B,使 I_B 增大,工作点上移到中心位置。

影响静态工作点稳定的因素有:温度变化、电源电压波动、三极管老化、更换三极管等,其中以温度变化的影响最大。

共射极基本放大电路具有元器件少、电路简单、容易调整等优点,但最大的缺点是稳定性差。当它受到外界因素影响时,就会引起工作点的变化,严重时还会造成放大电路不能正常工作,只能用在要求不高的场合。为此广泛采用分压式偏置放大电路,如图 3-14 所示。

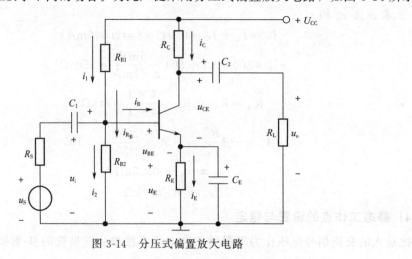

图 3-14 分压式偏置放大电路

(1) 分压式偏置放大电路的基本特点

该电路与共射极基本放大电路比较，不同的是基极偏置电阻 R_B 分成了上偏置电阻 R_{B1} 和下偏置电阻 R_{B2}，在三极管的发射极中串接了电阻 R_E 和电容 C_E。

① 利用电阻 R_{B1} 和 R_{B2} 的分压使三极管的基极电位固定。图 3-15 为分压式偏置放大电路的直流通路。

由直流通路可得：

$$I_1 = I_2 + I_B \tag{3-22}$$

若使 $I_2 \gg I_B$，则 $I_1 \approx I_2$。这样基极电位 U_B 为：

$$U_B = \frac{R_{B2}}{R_{B1} + R_{B2}} U_{CC} \tag{3-23}$$

由于 U_B 是由 U_{CC} 经 R_{B1} 和 R_{B2} 分压决定的，故不随温度变化，且与三极管参数无关。

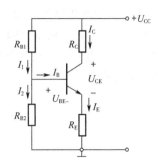

图 3-15　分压式偏置放大电路的直流通路

② 利用发射极电阻来获得发射极电位 U_B，自动调节 I_E 和 I_B，使 I_C 保持不变。

温度上升使 I_C 增大时，I_E 随之增大，U_E 也增大；因基极电位 $U_B = U_{BE} + U_E$ 保持恒定，故 U_E 增大使 U_{BE} 减小，引起 I_B 减小，使 I_C 相应减小，从而抑制了温度变化引起的 I_C 的变化，即稳定了静态工作点。其稳定过程如下：

$$T \uparrow \rightarrow I_C \uparrow \rightarrow I_E \uparrow \rightarrow U_E \uparrow \rightarrow U_{BE} \downarrow \rightarrow I_B \downarrow \rightarrow I_C \downarrow$$

通常 $U_B \gg U_{BE}$，所以集电极电流为：

$$I_C \approx I_E = \frac{U_B - U_{BE}}{R_E} \approx \frac{U_B}{R_E} \tag{3-24}$$

当 R_E 固定不变时，I_C、I_E 也稳定不变。

(2) 静态工作点的估算

由直流通路可得：

$$U_B = \frac{R_{B2}}{R_{B1} + R_{B2}} U_{CC}$$

$$I_C \approx I_E = \frac{U_B - U_{BE}}{R_E} \approx \frac{U_B}{R_E}$$

$$I_B \approx \frac{I_C}{\beta} \tag{3-25}$$

$$U_{CE} = U_{CC} - I_C R_C - I_E R_E \approx U_{CC} - I_C (R_C + R_E) \tag{3-26}$$

[例 3-3] 如图 3-14 所示，已知：$U_{CC} = 16\text{V}$，$R_C = 3\text{k}\Omega$，$R_E = 2\text{k}\Omega$，$R_{B1} = 30\text{k}\Omega$，$R_{B2} = 10\text{k}\Omega$，三极管 $\beta = 50$，试估算其静态工作点。

解：

$$U_B = \frac{R_{B2}}{R_{B1} + R_{B2}} U_{CC} = \frac{10}{30 + 10} \times 16 = 4(\text{V})$$

$$I_C \approx I_E \approx \frac{U_B}{R_E} = \frac{4}{2} = 2(\text{mA})$$

$$I_B \approx \frac{I_C}{\beta} = \frac{2}{50} = 0.04(\text{mA}) = 40(\mu\text{A})$$

$$U_{CE} \approx U_{CC} - I_C(R_C + R_E) = 16 - 2 \times (3 + 2) = 6(\text{V})$$

任务 2 分析共集电极放大电路

1）共集电极放大电路的组成

图 3-16 为共集电极放大电路,与共射极放大电路比较,不同之处是三极管的集电极直接与 U_{CC} 相连,它是从基极输入信号,输出信号从发射极输出,称射极输出器,图 3-17 为它的微变等效电路,由微变等效电路可知。集电极是输入、输出回路的公共端,所以又称共集电极放大电路。

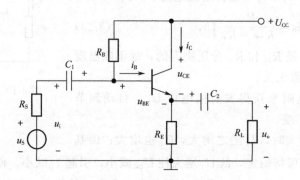

图 3-16 共集电极放大电路

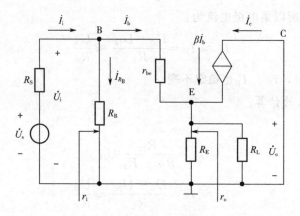

图 3-17 共集电极电路的微变等效电路

2）共集电极放大电路的分析

（1）静态分析

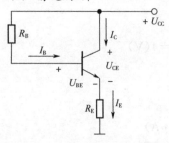

图 3-18 共集电极电路的直流通路

共集电极电路的直流通路如图 3-18 所示。

由图 3-18 可知：

$$U_{CC} = I_B R_B + U_{BE} + I_E R_E$$
$$= I_B R_B + U_{BE} + (1+\beta) I_B R_E \quad (3\text{-}27)$$

因此有：

$$I_B = \frac{U_{CC} - U_{BE}}{R_B + (1+\beta) R_E} \approx \frac{U_{CC}}{R_B + (1+\beta) R_E} \quad (3\text{-}28)$$

$$I_C \approx \beta I_B \quad (3\text{-}29)$$

$$I_E = (1+\beta)I_B \tag{3-30}$$

$$U_{CE} = U_{CC} - I_E R_E \tag{3-31}$$

(2) 动态分析

① 电压放大倍数。由微变等放电路可知:

$$\dot{U}_i = \dot{I}_b r_{be} + \dot{I}_e R'_L = \dot{I}_b [r_{be} + (1+\beta)R'_L] \tag{3-32}$$

其中:

$$R'_L = R_E /\!/ R_L \tag{3-33}$$

$$\dot{U}_o = \dot{I}_e R'_L = (1+\beta)\dot{I}_b R'_L \tag{3-34}$$

因此有:

$$A_u = \frac{\dot{U}_o}{\dot{U}_i} = \frac{(1+\beta)\dot{I}_b R'_L}{\dot{I}_b [r_{be} + (1+\beta)R'_L]} \approx \frac{\beta R'_L}{r_{be} + \beta R'_L} \tag{3-35}$$

而

$$\beta R'_L \gg r_{be} \tag{3-36}$$

所以

$$A_u < 1, \text{且} A_u \approx 1 \tag{3-37}$$

射极输出器的电压放大倍数近似为1，但略小于1，无电压放大作用，但 $\dot{I}_e = (1+\beta)\dot{I}_b$，有电流放大作用和功率放大作用。

② 输入电阻 r_i 高。

$$r_i = R_B /\!/ r'_i = R_B /\!/ [r_{be} + (1+\beta)R'_L] \tag{3-38}$$

由于 R_B 和 $(1+\beta)R'_L$ 值都较大，因此，射极输出器的输入电阻 r_i 很高，可达几千欧到几十千欧。

③ 输出电阻 r_o 低。由于 $u_o \approx u_i$，当 u_i 保持不变时，u_o 就保持不变。可见，输出电压受负载变化影响小，说明射极输出器具有恒压输出特性，射极输出器的带负载能力很强。

$$r_o \approx \frac{r_{be}}{\beta} \tag{3-39}$$

r_o 一般为几十欧。

(3) 射极输出器的特点及应用

① 射极输出器的主要特点。

a. 电压放大倍数近似等于1但略小于1，即 A_u 小于且近似地等于1。

b. 输入电阻 r_i 高，输出电阻 r_o 低。

c. 输出电压与输入电压同相位。

② 射极输出器的应用。

a. 用作输入级。可提高放大电路的输入电阻，减少对信号源的衰减，有利于信号的传输。

b. 用作输出级。因输出电阻小，可提高带负载能力。

c. 用作中间隔离级。将射极输出器接在两级共射极电路之间，利用其输入电阻高的特点，可提高前级的电压放大倍数；利用其输出电阻低的特点，可减小后级信号源内阻，提高后级的电压放大倍数。

任务3 分析差分放大电路

阻容耦合放大电路只能有效地放大交流信号,对缓慢变化的非周期信号或直流信号没有放大作用。直接耦合放大电路能放大缓慢变化的非周期信号或直流信号,但存在一些问题,其中最主要的问题是零点漂移问题。

一个理想的放大电路,当输入信号为零时,其输出电压也应保护不变,但实际上由于直接耦合放大电路的工作点不稳定而引起静态电位的缓慢变化,经逐级放大使输出电压出现缓慢的不规则的变化,即零点漂移,简称零漂。如图 3-19 所示。

零漂在阻容耦合放大电路中也存在,但由于电容器的隔直作用,它只局限在本级范围内,不会被逐级放大,对输出不会带来影响。但在直接耦合放大电路中,这个微小的变化会被逐级放大,给放大电路的输出带来严重的影响。

产生零漂的原因有:温度变化、电源电压波动、元器件参数变化等,其中以温度变化引起的零漂最严重。

在多级直接耦合放大电路的各级漂移中,以第一级的零漂最严重。解决零漂最有效的方法是在多级放大电路的输入级采用差动放大电路。

1) 差动放大电路的组成

如图 3-20 所示是一个基本差动放大电路,它是由两个特性完全相同的,单管共射放大电路组成,即电路结构对称,元器件特性及参数值也对称。

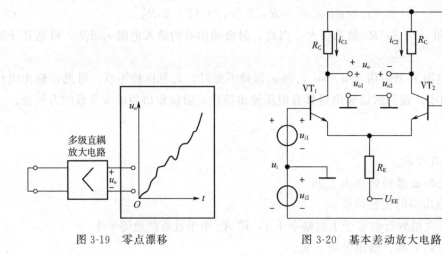

图 3-19 零点漂移　　　　图 3-20 基本差动放大电路

2) 差动放大电路的工作原理

(1) 静态分析

静态时输入信号 $u_i=0$,由于电路完全对称,输出电压 $u_o = u_{o1} - u_{o2} = 0$。

(2) 对共模信号的抑制作用

共模信号是指无用的干扰或噪声信号。差动放大电路的零漂折算放大电路的输入端,相当于在两输入端加上一对大小相等、极性相同的输入信号,称共模信号。

当电源电压波动或温度升高时,共模信号会引起两个三极管相同的变化,两管的集电极电流同时增大，使 $u_{o1}=u_{o2}$ 同时下降，两管的集电极电位总是相等，输出电压 $u_o=u_{o1}-u_{o2}=0$，从而有效地抑制了零漂，这是依靠电路的对称性来抑制零漂的。在实际工作中，主要是依据公共发射极电阻 R_E 来抑制零漂的。当加入共模信号时，R_E 中流过的电流 I_E 是两管发射极电流之和，R_E 将对共模信号产生强烈的负反馈作用，抑制了两管因共模信号引起的电流变化，共抑制过程为：

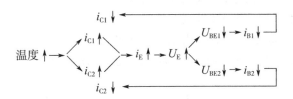

(3) 对差模信号的放大作用

差模信号是指要放大的有用信号。当 u_{i1} 加到差动放大电路的输入端时，相当于在两个输入端加入一对大小相等、极性相反的输入信号，称差模信号，即 $u_{i1}=-u_{i2}$

在差模信号作用下，两三极管的变化相反，若 $u_{i1}>0$ 则有 $u_{i2}<0$，使集电极电流 i_{C1} 增大，i_{C2} 减小，于是两管的集电极电位将向不同方向变化，即 VT$_1$ 管的集电极电位下降，VT$_2$ 管的集电极电位上升，输出端便有输出信号 u_o。实践证明，差动放大电路对差模输入信号的电压放大倍数，等于单管放大电路的电压放大倍数。

任务 4　分析功率放大电路

电压放大电路主要是将微弱的输入电压信号，尽可能不失真地放大成幅度较大的输出电压，它的输出电流较小；而在多级放大电路的末级要能输出一定的功率去推动负载工作，因此，多级放大电路的末级常采用互补对称功率放大电路。

1) 功率放大电路的特点

(1) 对功率放大电路的基本要求

① 要求输出功率尽可能大。为了获得足够大的输出功率，应使功放管（功率放大电路中的三极管）的集电极电流和电压变化的幅度尽可能大，这就要求输入信号有足够大的幅度，即功率放大电路中的三极管工作在大信号状态。分析功率放大电路不能用近似估算法，而只能采用图解分析法。

② 效率要高。所谓效率就是负载得到的有用信号功率 P_o 和电源供给的直流功率 P_E 的比值。它代表了电路将电源直流能量转换为输出交流能量的能力。即：

$$\eta=\frac{P_o}{P_E}$$

③ 非线性失真要小。功放管在大信号下工作，不可避免地会产生非线性失真，只能从电路的结构上采取措施，让非线性失真尽可能小。

④ 要考虑功放管的散热问题。在功率放大电路中，有相当大的功率消耗在功放管的集电结上，使结温和管壳温度升高。为了充分利用功放管所允许的管耗，以获得足够大的输出功率，就要考虑功放管的散热问题。

(2) 功率放大电路的特点

功率放大电路有甲类、乙类、甲乙类三种工作状态。

① 甲类工作状态。Q 点设置在负载线的中点，如图 3-21（a）所示。

在输入信号的整个周期内，都有电流流过功放管。直流电源始终不断地输送功率，在无信号输入时，转化成热能散发出去；当有信号输入时，其中一部分转化为有用信号功率输出，信号愈大，输送给负载的信号功率愈大。

甲类工作状态功放的 $\eta_{\max} \leqslant 50\%$，实际效率不超过 40%。

甲类功放的优点：放大信号失真较小；缺点：效率太低。

现在的功放几乎不采用这类工作状态。

② 乙类工作状态。将 Q 点设置在沿负载线下移于截止区与放大区的交界处，$i_B=0$ 对应的输出线与横轴重合；当 $i_C \approx 0$ 时，图形如图 3-21（b）所示。

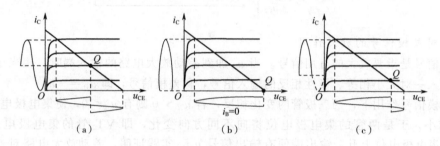

图 3-21 功率放大电路的三种工作状态

无信号输入时，功放管处于截止状态，$i_C \approx 0$，$U_{CE}=U_{CC}$，功放管不消耗功率；有信号输入时，半个周期内，有电流流过功放管，另外半个周期内，功放管是截止的，输出波形只有一半，产生严重失真。但电源供给的直流功率大部分转换为交流输出，效率大大提高了。

乙类功放的优点：效率高，达 75% 以上；缺点：失真太严重。

③ 甲乙类工作状态。Q 点设置在接近截止区而仍在放大区内，使 i_C 稍大于零，功放管工作在弱导通状态，如图 3-21（c）所示。

甲乙类功放的优点：效率较高；缺点：失真较大。

2）互补对称功率放大电路

① 无输出电容（OCL）的双电源互补对称功率放大电路。互补对称功率放大电路就是利用特性和参数完全相同的 NPN 型管和 PNP 型管交替工作来实现放大。如图 3-22 所示，两管的基极连在一起作为信号的输入端，两管的发射极连在一起接负载 R_L，作为输出端，两管均接成射极输出器，都没设置基极偏置电路，静态工作电流为零。

静态时，两管处于截止状态。

当 u_i 正半周时，VT$_1$ 导通，VT$_2$ 截止；当 u_i 负半周时，VT$_2$ 导通，VT$_1$ 截止。负载 R_L 上得到与 u_i 接近的 u_o 波形。

当有正弦信号电压输入时，两管轮流导通，轮流截止，推挽工作，在负载上得到基本

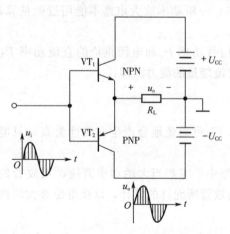

图 3-22 OCL 乙类互补对称功率放大电路

接近于输入信号变化的电压。这种电路要求两管的性能一致,才能使 u_o 的正负半周对称,它的理论效率可达 78.5%,实际效率不超过 60%。

由于两管都工作在乙类工作状态,当输入正弦信号在正、负半周交替过程中,u_i 小于死区电压,两功放管均处于截止状态,使输出波形出现失真,这种失真发生在正、负半周的交接处,故称交越失真。如图 3-23 所示。

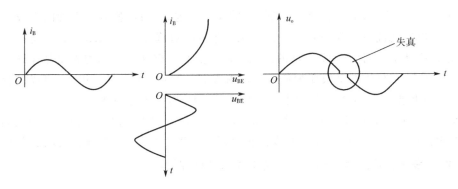

图 3-23 交越失真波形

为了消除交越失真,在该电路的基础上设置一个偏置电路,在输入信号为零时,使功放管工作在微导通状态,即让放大电路工作在甲乙类工作状态。如图 3-24 所示。

② 无输出变压器 (OTL) 的单电源互补对称功率放大电路。OCL 互补对称功率放大电路采用了正、负对称的两个电源供电。OTL 互补对称功率放大电路只采用一个电源供电,如图 3-25 所示,利用 R_1、R_2 和 VD_1、VD_2 为 VT_1、VT_2 提供很小的偏流,使 VT_1、VT_2 处于弱导通状态。

适当选择 R_1、R_2,可使 E 点的电位为 $1/2U_{CC}$,A 点的电位也为 $1/2U_{CC}$,这是因为 VD_1 的压降与 VT_1 的基射极电压相等。

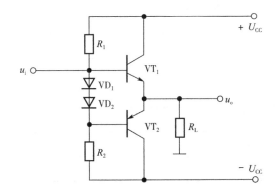

图 3-24 OCL 甲乙类互补对称功放电路

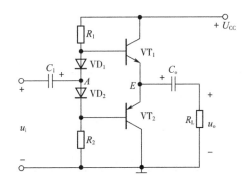

图 3-25 OTL 甲乙类互补对称功率放大电路

静态时,$u_i=0$,C_i、C_o 被充电到 $1/2U_{CC}$,代替 OCL 电路中的 $-U_{CC}$。

当有 u_i 输入时,在 u_i 正半周,VT_1 导通,VT_2 截止,电源 $+U_{CC}$ 经 VT_1、C_o、R_L 到地进一步给 C_o 充电,R_L 得到正半周信号。

在 u_i 负半周时,基极电位(A 点电位)低于 $1/2U_{CC}$,VT_1 管截止,VT_2 管导通,电容

C_o 作为电源通过 VT_2 对负载 R_L 放电,使 R_L 上得到负半周信号。这样在 R_L 上得到一个完整的正弦波。

任务 5　安装与调试声光停电报警器

1) 原理分析

原理图如图 3-1 所示。将 220V、50Hz 的交流,通过 VD_1 整流二极管的半波整流变成直流电,C_1 电容滤波后分为两路:一路经 R_1 电阻限流降压后将 LED_1 灯点亮;另一路经 R_2 电阻限流降压后,将 PC817 内部的发光二极管点亮。PC817 内部的光敏晶体管受光照射后导通,使 VT_1 三极管的基极变为低电平,由 VT_1、VT_2、R_3、R_4 和 C_2 组成的音频振荡器,但此时音频振荡器不会振荡,喇叭 B 不叫,LED_2 灯也不会发光。

当交流电停电时,LED_1 和 PC817 内部的发光二极管熄灭,PC817 内部的光敏晶体管截止,音频振荡电路振荡工作,喇叭 B 发出报警声,LED_2 灯发光,这样就实现了它的功能。

2) 按照表 3-2 元器件清单清点元器件并检测元器件

表 3-2　声光停电报警器电路的元器件清单表

序号	名称	型号与规格	单位	数量	检测情况
1	电阻	100kΩ/0.25W	个	3	
2	电阻	1.2kΩ/0.25W	个	1	
3	电容	0.22μF/400V	个	1	
4	电容	223	个	1	
5	电解电容	10μF/25V	个	1	
6	二极管	1N4007	个	1	
7	发光二极管	红 3	个	2	
8	三极管	9013	个	1	
9	三极管	9012	个	1	
10	光耦	PC817	个	1	
11	无源蜂鸣器	5V	个	1	
12	排针		个	8	
13	印制电路板		块		
14	焊锡	φ0.8mm	m	1.5	

(1) 检测蜂鸣器

无源蜂鸣器实物图如图 3-26 所示。用数字式万用表电阻挡 200Ω 挡测试:用红表笔接蜂鸣器"+"引脚,黑表笔在另一引脚上来回碰触,如果发出"咔、咔"声的(响声微弱,需要仔细听),且电阻只有 8Ω(或 16Ω)的,则是好的。

(2) 检测光耦 PC817

光耦 PC817 实物图如图 3-27 所示。首先,按照图 3-28(a)所示,将数字式万用表置于

图 3-26 无源蜂鸣器实物图

"20kΩ"(或"200kΩ")电阻挡,红、黑表笔分别接光电耦合器输入端发光二极管的两个引脚。如果有一次表读数为无穷大,但红、黑表笔互换后有数千至数兆欧姆的电阻值,则此时红表笔所接的引脚即为发光二极管的正极(1 号脚),黑表笔所接的引脚为发光二极管的负极(2 号脚)。

图 3-27 光耦 PC817 实物图

然后,按照图 3-28(b)所示,在光电耦合器输入端接入正向电压,将数字式万用表仍然置于"20kΩ"(或"200kΩ")电阻挡,红、黑表笔分别接光电耦合器输出端的两个引脚。如果有一次表读数为无穷大(或电阻值较大),但红、黑表笔互换后却有很小的电阻值(<100Ω),则此时红表笔所接的引脚即为内部 NPN 型光敏三极管的集电极 C、黑表笔所接的引脚为发射极 E。当切断输入端正向电压时,光敏三极管应截止,万用表读数应为无穷大。这样,不仅确定了 4 脚光电耦合器 PC817 的引脚排列,而且还检测出它的光传输特性正常。如果检测时万用表读数一直为无穷大,则说明光电耦合器已损坏。

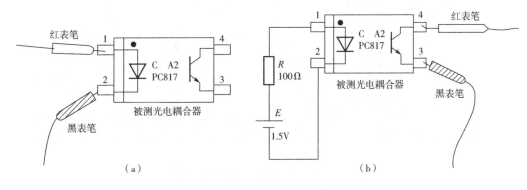

图 3-28 光耦 PC817 的检测

需要说明的是：光电耦合器中常用的红外发光二极管的正向导通电压较普通发光二极管要低，一般在1.3V以下，所以可以用数字式万用表的"20kΩ"（或"200kΩ"）电阻挡直接测量，并且图3-28（b）中的电池E的电压取1.5V（用1节5号电池）即可。还可用图3-28（a）所示的万用表接线直接取代图3-28（b）所示的输入端所接正向电压（即电阻器R和电池E），使测量更方便，只不过需要增加一块万用表。

（3）检测开关S

好坏检测：把万用表调到欧姆挡，也就是调到有Ω符号的低挡位即可，再用两支表笔测开关的两个接线端，并将开关各开关一次，如表均无反应，则说明开关坏掉了，但注意两个手指不要碰到表笔或开关接线端，防止身体导电造成万用表反应的假象。

（4）排针

排针实物图如图3-29所示。排针这种连接器广泛应用于电子、电气、仪表中的PCB电路板或万能板中，可以插板焊接，插板有90°和180°两种方式；可以贴片，有立贴和卧贴。排针可焊接到万能板上，一般用杜邦头连接，在电路板的要求可拆除连接处使用，是比较灵活的电路接法。焊接时将排针短的一端焊接在万能板上，长的一端用于夹连接线的夹子。

图3-29 排针实物图

3）设计布局图

声光停电报警器电路的布局图如图3-30所示。

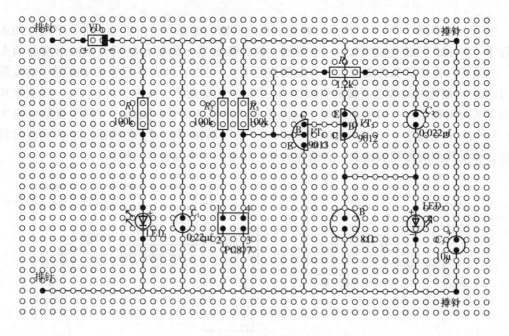

图3-30 声光停电报警器电路的布局图

4）装调准备

选择装调工具、仪器设备并列写清单，填入表 3-3。

表 3-3 声光停电报警器电路的装调工具、仪器设备清单表

序号	名称	型号/规格	数量	备注
1	直流稳压电源	XJ17232	1	
2	万用表	VC890D	1	
3	电烙铁	25～30W	1	
4	烙铁架		1	
5	斜口钳	130mm	1	
6	测试导线		若干	
7	镊子		1	
8	松香			

5）电路安装与调试

（1）电路装配

在提供的万能板上装配电路，且装配工艺应符合 IPC-A-610D 标准的二级产品等级要求。如图 3-31 所示。

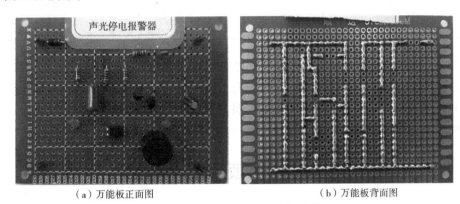

（a）万能板正面图　　　　　　　　（b）万能板背面图

图 3-31 声光停电报警器万能板实物图

（2）电路调试

装配完成后，通电调试。

① 请绘制有电状态电路测试连线示意图，如图 3-32 所示。

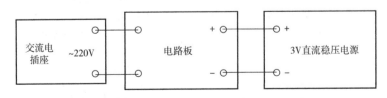

图 3-32 声光停电报警器电路的测试连线示意图

② 参数测试。接入 3V 直流电源，停电状态（未接入 220V 交流电）下，用数字式万用电表测量 VT_1 基极对地直流电压，如图 3-33（a）所示；再在有电状态（接入 220V 交流电源），重复测量 VT_1 基极对地电压，如图 3-33（b）所示，并将数据填入表 3-4。

（a）停电状态的测试　　　　　　（b）有电状态的测试

图 3-33　声光停电报警器参数测试过程

表 3-4　声光停电报警器电路的参数测试表

电压测试值	有电状态	停电状态
U_{1B}/V		

③ 功能现象。只接入 3V 直流电源时（停电状态），LED1 不亮，LED2 亮且蜂鸣器响；若同时接入 220V 交流电（有电状态），则只有 LED1 亮，LED2 不亮且蜂鸣器不响。

④ 调试结束后，请将标签写上自己的组员名，贴在电路板正面空白处。

⑤ 收拾桌面：桌面整洁，工具摆放整齐。

3.3　项目考评

项目考评见表 3-5。

表 3-5　声光停电报警器电路的项目考评表

评价项目	内容	配分	评价点	评分细则	得分	备注
职业素养与操作规范（20分）	工作前准备	10	清点器件、仪表、焊接工具，并摆放整齐，穿戴好防静电防护用品	① 未按要求穿戴好防静电防护用品，扣3分 ② 未清点工具、仪表等每项扣1分 ③ 工具摆放不整齐，扣3分		① 学生没有操作项目，此小项记0分 ② 出现明显失误造成工具、仪表或设备损坏等安全事故；严重违反实训纪律，造成恶劣影响的，本大项记0分
	6S规范	10	操作过程中及作业完成后，保持工具、仪表、元器件、设备等摆放整齐。具有安全用电意识，操作符合规范要求。作业完成后清理、清扫工作现场	① 操作过程中乱摆放工具、仪表，乱丢杂物等，扣5分 ② 完成任务后不清理工位，扣5分 ③ 出现人员受伤设备损坏事故，考试成绩为0分		

续表

评价项目	内容	配分	评价点	评分细则	得分	备注
作品 （80分）	工艺	25	电路板作品要求符合IPC-A-610标准中各项可接受条件的要求（1级）： ① 元器件的参数和极性插装正确 ② 合理选择设备或工具对元器件进行成型和插装 ③ 元器件引脚和焊盘浸润良好，无虚焊、空洞或堆焊现象 ④ 焊点圆润、有光泽、大小均匀 ⑤ 插座插针垂直整齐，插孔式元器件引脚长度2～3mm，且剪切整齐	① 虚焊、桥接、漏焊、半边焊、毛刺、焊锡过量或过少、助焊剂过量等，每焊点扣1分 ② 焊盘翘起、脱落（含未装元器件处），每处扣2分 ③ 损坏元器件，每只扣1分 ④ 烫伤导线、塑料件、外壳，每处扣2分 ⑤ 连接线焊接处应牢固工整，导线线头加工及浸锡合理规范，线头不外露，否则每处扣1分 ⑥ 插座插针垂直整齐，否则每个扣0.5分 ⑦ 插孔式元器件引脚长度2～3mm，且剪切整齐，否则酌情扣1分 ⑧ 整板焊接点未进行清洁处理扣1分		
	调试	25	① 合理选择仪器仪表，正确操作仪器设备对电路进行调试 ② 电路调试接线图绘制正确 ③ 通电调试操作规范	① 不能正确使用万用表、毫伏表、示波器等仪器仪表每次扣3分 ② 不能按正确流程进行测试并及时记录装调数据，每错一处扣1分 ③ 调试过程中出现元件、电路板烧毁、冒烟、爆裂等异常情况，扣5分/个（处）		
	功能指标	30	① 电路通电工作正常，功能缺失按比例扣分 ② 测试参数正确，即各项技术参数指标测量值的上下限不超出要求的10% ③ 测试报告文件填写正确	① 不能正确填写测试报告文件，每错一处扣1分 ② 未达到指标，每项扣2分 ③ 开机电源正常但作品不能工作，扣10分		
异常情况		扣分		① 安装调试过程中出现元件、电路板烧毁、冒烟、爆裂等异常情况，扣5分/个（处） ② 安装调试过程中出现仪表、工具烧毁等异常情况，扣10分/个（处） ③ 安装调试过程中出现破坏性严重安全事故，总分计0分		

项目小结

(1) 在组成基本放大电路时,直流电源应确保三极管发射结正偏、集电结反偏,即三极管处于放大状态。同时必须设置合适的静态工作点,保证三极管在整个信号周期内都导通,以减小非线性失真。

(2) 静态分析的主要任务是确定静态工作点,即确定静态值 I_B、I_C、U_{CE}。静态分析有估算法和图解法两种。估算法是利用放大电路的直流通路来求 I_B、I_C、U_{CE},画直流通路时将电容器看作开路;图解法是利用三极管的特性曲线用作图的方法求 I_B、I_C、U_{CE}。

(3) 动态分析的主要任务是求放大电路的电压放大倍数、输入电阻、输出电阻。动态分析通常采用微变等效电路法。微变等效电路法是把非线性元件三极管组成的放大电路等效为一个线性电路来分析,微变等效电路是在交流通路基础上建立的,画交流通路时将电容器和直流电源看作短路。

(4) 共射极基本放大电路在温度变化、电源电压波动、三极管老化时,特别是在温度变化时,三极管各种参数将随之发生变化,使放大电路的工作点不稳定,甚至不能正常工作,为此引入分压式偏置放大电路。

(5) 共集电极放大电路又称射极输出器,它的电压放大倍数小于且近似等于1,无电压放大作用,但有电流放大作用和功率放大作用,它的输出电压与输入电压同相,并具有输入电阻高、输出电阻低的特点。

(6) 产生零漂的主要原因是温度变化,解决零漂最有效的方法是采用差动放大电路。差动放大电路能放大有用的差模信号,抑制无用且有害的共模信号。

(7) 对功率放大电路的要求是获得最大不失真的输出功率和具有较高的效率。功放管工作在大信号状态下,功率放大电路通常采用图解分析法。功率放大电路常采用乙类或甲乙类互补对称功率放大电路。乙类互补对称功率放大电路中存在交越失真。

思考与练习

3-1 在共射极基本放大电路中,各个元件的作用是什么?

3-2 如图3-34所示基本放大电路中,已知 $U_{CC}=12V$,$R_B=300k\Omega$,$R_C=3k\Omega$,$\beta=50$,试计算放大电路的静态工作点(I_B、I_C、U_{CE})。

3-3 在上题放大电路中,设 $U_{CC}=15V$,$R_C=3k\Omega$,$\beta=50$,要使 $U_{CE}=6V$,偏流电阻 R_B 应选多大?I_C 又为多大?

3-4 在图3-34所示放大电路中,三极管的输出特性曲线如图3-35所示,若 $U_{CC}=12V$,$R_B=200k\Omega$,$R_C=3k\Omega$,用图解法求 I_C、U_{CE}。

3-5 为什么要设置静态工作点?什么叫饱和失真和截止失真?

3-6 图3-36所示放大电路中,已知 $U_{CC}=15V$,$R_B=300k\Omega$,$R_C=5k\Omega$,$\beta=50$,$R_L=5k\Omega$,试求:

(1) 画出放大电路的直流通路,求其静态工作点;

(2) 画出放大电路的微变等效电路,求电压放大倍数 A_u、输入电阻 r_i 和输出电阻 r_o。

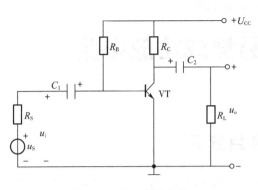

图 3-34 基本放大电路

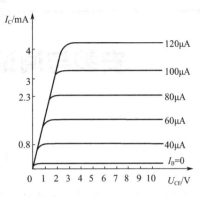

图 3-35 三极管的输出特性曲线

3-7 分压式偏置放大电路如图 3-37 所示，已知 $R_{B1}=20\text{k}\Omega$，$R_{B2}=10\text{k}\Omega$，$R_C=2\text{k}\Omega$，$R_L=2\text{k}\Omega$，$R_E=2\text{k}\Omega$，$\beta=50$，$U_{CC}=12\text{V}$，要求：

(1) 画出直流通路，计算静态工作点（I_B、I_C、U_{CE}）；

(2) 画微变等效电路，计算 A_u、r_i、r_o。（14 分）。

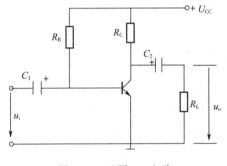

图 3-36 习题 3-6 电路

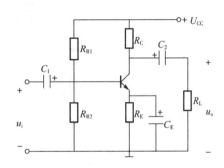

图 3-37 习题 3-7 电路

3-8 射极输出器的主要特点是什么？射极输出器的主要用途是什么？

3-9 什么是零点漂移？产生零漂的主要原因是什么？通常采用什么方法抑制零漂？

3-10 什么是甲类放大、乙类放大和甲乙类放大？它们各有什么特点？

3-11 什么是交越失真？如何改善交越失真？

项目4

安装与调试简易集成功放电路

4.1 项目分析

某企业承接了一批简易集成功放电路的安装与调试任务,请按照相应的企业生产标准完成该产品的组装与调试,实现该产品的基本功能,满足相应的技术指标,并正确填写相关技术文件或测试报告。原理图如图4-1所示。

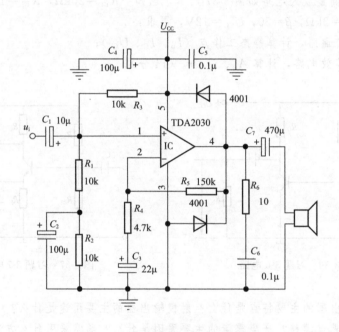

图4-1 简易集成功放电路原理图

要求:

① 装接前先要检查器件的好坏,核对元件数量和规格;

② 根据提供的万能板安装电路,安装工艺符合相关行业标准,不损坏电气元件,安装前应对元器件进行检测;

③ 装配完成后,通电测试,利用提供的仪表测试本电路。

学习目标:

① 理解多级放大电路的电压放大倍数、输入电阻、输出电阻的求法;

② 了解集成运算放大器的基本组成及特点;

③ 掌握集成运算放大器的传输特性及重要参数;

④ 掌握集成运算放大器基本应用;

⑤ 了解放大电路中反馈的基本概念；
⑥ 掌握反馈的类型及判断方法；
⑦ 理解反馈对放大电路的影响；
⑧ 安装与调试简易集成功放电路。

4.2 项目实施

任务 1　分析多级放大电路

1）多级放大器的耦合方式

由一个三极管组成的放大电路称单级放大电路，它的放大能力非常有限，往往难以满足信号放大的需要，因此在实际工作中，常常把若干个单级放大电路串联起来，组成多级放大电路。

多级放大电路一般由输入级、中间级、输出级组成，如图4-2所示。

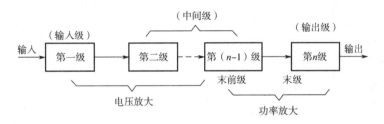

图 4-2　多级放大电路组成框图

第一级作为输入级，它的任务是将小信号放大，常采用共射极放大电路。

最后一级（有时也包括末前级）作输出级，它的任务是功率放大，常采用功率放大电路。

其余各级称中间级，它的任务是电压放大，常采用若干级共射极放大电路组成。

多级放大电路中级与级之间的连接称为耦合。常用的耦合方式有：阻容耦合、直接耦合和变压器耦合。

阻容耦合是电容器作为级间的连接元件，并与下级输入电阻连接而成的一种耦合方式。由阻容耦合连接的多级放大电路叫阻容耦合多级放大电路，如图4-3所示，电路可分为四部分：信号源、第一级放大电路、第二级放大电路和负载。信号通过电容 C_1 与第一级输入电阻相连，第一级通过电容 C_2 与第二级输入电阻相连，第二级通过电容 C_3 与负载相连。

变压器耦合是用变压器将前级的输出端与后级的输入端连接起来的方式，如图4-4所示电路，它的输入电路是阻容耦合，而第一级的输出是通过变压器与第二级的输入相连的，第二级的输出也是通过变压器与负载相连的。

阻容耦合和变压器耦合都有隔直流的重要一面，但对低频传输效率低，特别是对缓慢变化的信号几乎不能通过。在实际的生产和科研活动中，常常要对缓慢变化的信号（例如反映温度变化、流量变化的电信号）进行放大。因此需要把前一级的输出端直接接到下一级的输入端，这种耦合方式被称为直接耦合，如图4-5所示。

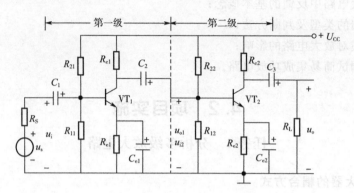

图 4-3 阻容耦合多级放大电路

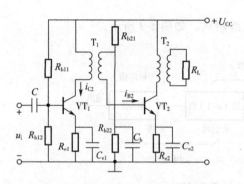

图 4-4 变压器耦合多级放大电路

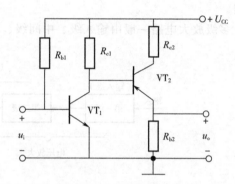

图 4-5 直接耦合多级放大电路

2）多级放大电路的电压放大倍数，输入电阻、输出电阻

多级放大电路把第一级的输出信号电压作为第二级输入信号电压进行再次放大，这样依次逐级放大。总的电压放大倍数是各级电压放大倍数的乘积，即：

$$A_u = A_{u_1} \times A_{u_2} \times \cdots A_{u_n} \tag{4-1}$$

注意：在计算电压放大倍数时，后级放大电路的输入电阻是前级放大电路的负载电阻。

多级放大电路的输入电阻是第一级放大电路的输入电阻，即：

$$r_i = r_{i1} \tag{4-2}$$

多级放大电路的输出电阻是最后一级放大电路的输出电阻，即：

$$r_o = r_{o末} \tag{4-3}$$

任务 2　应用集成运算放大器

将组成电路的元件和连线制作在同一硅片上，制作成了集成电路。随着集成电路制造工艺的日益完善，目前已能将数以千万计的元器件集成在一片面积只有几十平方毫米的硅片上。按照集成度（每一片硅片中所含元器件数）的高低，将集成电路分为小规模集成电路（简称 SSI）、中规模集成电路（简称 MSI）、大规模集成电路（简称 LSI）和超大规模集成电路（VLSI）。

运算放大器实质上是高增益的直接耦合放大电路，集成运算放大器是集成电路的一种，简称集成运放,它常用于各种模拟信号的运算,例如比例运算、微分运算、积分运算等,由于它的高性能、低价位,在模拟信号处理和信号发生电路中,几乎完全取代了由分立元件构成放大电路。

1) 集成运算放大器的基本组成

(1) 结构

集成运放的内部电路结构复杂,并有多种形式,但基本结构具有共同之处。集成运算放大器是一种高增益的直接耦合多级放大电路,通常由高电阻输入级、中间电压放大级、低电阻输出级及偏置电路四部分组成,其结构如图 4-6 所示。

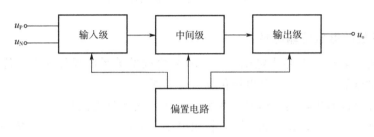

图 4-6 集成运放结构方框图

① 输入级:通常由双输入差分放大电路构成。一般要求输入电阻高,差模放大倍数大,抑制共模信号的能力强,静态电流小,输入级的好坏直接影响运放的输入电阻、共模抑制比等参数。在集成运放发展过程中,输入级的变化是最大的。

② 中间级:带恒流源负载和复合管的差放和共射电路组成的高增益的中间电压放大级,主要作用是提高电压增益。一般放大倍数达千倍以上。

③ 输出级:采用互补对称功放或射极输出器组成,具有输出电压线性范围宽、输出电阻小的特点,主要是降低输出电阻,提高带负载能力。

④ 偏置电路:一般采用电流源电路组成,向各级提供静态工作点。

(2) 特点

① 硅片上不能制作大容量电容,所以集成运放均采用直接耦合方式。

② 运放中大量采用差动放大电路和恒流源电路,这些电路可以抑制漂移和稳定工作点。

③ 集成运放内部电路设计过程中注重电路的性能,而不在乎元件的多一个和少一个。

④ 硅片上不宜制作高阻值电阻,通常用有源元件代替大阻值的电阻。

⑤ 常用复合晶体管代替单个晶体管和场效应管,以使运放性能最好。

(3) 集成运放的符号

从运放的结构可知,运放具有两个输入端 u_P 和 u_N 和一个输出端 u_o。这两个输入端一个称为同相端,另一个称为反相端,这里同相和反相只是输入电压与输出电压之间的关系,若输入正电压从同相端输入,则输出端输出正的输出电压;若输入正电压从反相端输入,则输出端输出负的输出电压。运算放大器的常用符号如图 4-7 所示。

其中,图 4-7 (a) 所示是集成运放的国际流行符号,图 4-7 (b) 所示是集成运放的国标符号,而图 4-7 (c) 所示是具有电源引脚的集成运放国际流行符号。

从集成运放的符号看,可以把它看作是一个双端输入、单端输出、具有高差模放大倍数、高输入电阻、低输出电阻、具有抑制温度漂移能力的放大电路。

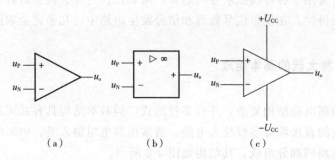

图 4-7 运算放大器常用符号

2) 集成运放的电压传输特性

集成运放输出电压 u_o 与输入电压 $(u_P - u_N)$ 之间的关系曲线称为电压传输特性。对于采用正负电源供电的集成运放,其电压传输特性如图 4-8 所示。

从传输特性可以看出,集成运放有两个工作区:线性放大区和饱和区,在线性放大区,曲线的斜率就是放大倍数;在饱和区域,输出电压不是 U_{o+} 就是 U_{o-}。由传输特性可知,集成运放的放大倍数为:

$$A_{od} = \frac{U_{o+}}{U_P - U_N} \tag{4-4}$$

一般情况下,运放的放大倍数很高,可达几十万倍,甚至上百万倍。

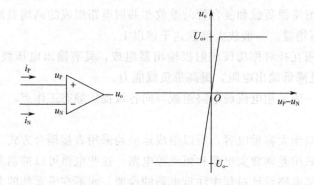

图 4-8 集成运放的电压传输特性

通常,运放的线性工作范围很小,比如,对于 F007 运放,开环增益为 100dB,电源电压为±10V,开环放大倍数 $A_{od} = 10^5$,则其最大线性工作范围约为:

$$u_P - u_N = \frac{|U_o|}{A_{od}} = \frac{10}{10^5} = 0.1 (\text{mV}) \tag{4-5}$$

3) 集成运算放大器的主要参数

集成运放的主要技术参数,大体上可以分为输入误差特性参数、开环差模特性参数、共模特性参数、输出瞬态特性参数和电源特性参数。

(1) 输入误差特性参数

输入误差特性参数用来表示集成运放的失调特性,描述这类特性的主要是以下几个参数。

① 输入失调电压 U_{os}。对于理想运放，当输入电压为零时，输出也应为零。实际上，由于差动输入级很难做到完全对称，所以零输入时，输出并不为零。在室温及标准电压下，输入为零时，为了使输出电压为零，输入端所加的补偿电压称为输入失调电压 U_{os}。U_{os} 大小反映了运放的对称程度。U_{os} 越大，说明对称程度越差。一般 U_{os} 的值为 $1\mu V \sim 20 mV$。

② 输入失调电压的温漂 dU_{os}/dT。dU_{os}/dT 是指在指定的温度范围内，U_{os} 随温度的平均变化率，是衡量温漂的重要指标。dU_{os}/dT 不能通过外接调零装置进行补偿，对于低漂移运放，$dU_{os}/dT < 1\mu V/℃$，普通运放为 $(10\sim 20)\mu V/℃$。

③ 输入偏置电流 I_B。输入偏置电流是衡量差动管输入电流绝对值大小的标志，指运放零输入时，两个输入端静态电流 I_{B1}、I_{B2} 的平均值，即：

$$I_B = \frac{1}{2}(I_{B1} + I_{B2}) \tag{4-6}$$

差动输入级集电极电流一定时，输入偏置电流反映了差动管 β 值的大小。I_B 越小，表明运放的输入阻抗越高。I_B 太大，不仅在不同信号源内阻时，对静态工作点有较大的影响，而且也影响温漂和运算精度。

④ 输入失调电流 I_{os}。零输入时，两输入偏置电流 I_{B1}、I_{B2} 之差称为输入失调电流，即 $I_{os} = |I_{B1} - I_{B2}|$，$I_{os}$ 反映了输入级差动管输入电流的对称性，一般希望 I_{os} 越小越好。普通运放的 I_{os} 约为 $1nA \sim 0.1\mu A$。

⑤ 输入失调电流温漂 dI_{os}/dT。输入失调电流温漂 dI_{os}/dT 指在规定的温度范围内，I_{os} 的温度系数，是对放大器电流温漂的量度。它同样不能用外接调零装置进行补偿。典型值为几个 $nA/℃$。

（2）开环差模特性参数

开环差模特性参数用来表示集成运放在差模输入作用下的传输特性。描述这类特性的参数有开环电压增益、最大差模输入电压、差模输入阻抗、开环频率响应及其 $-3dB$ 带宽。

① 开环差模电压增益 A_{od}。开环差模电压增益 A_{od} 指在无外加反馈情况下的直流差模增益，它是决定运算精度的重要指标，通常用分贝表示，即：

$$A_{od} = 20\lg \frac{\Delta U_o}{\Delta(U_{i1} - U_{i2})} \text{ (dB)} \tag{4-7}$$

不同功能的运放，A_{od} 相差悬殊，F007 运放的 A_{od} 为 $100\sim 106dB$，高质量的运放可达 $140dB$。

② 最大差模输入电压 U_{idmax}。U_{idmax} 指集成运放反相和同相输入端所能承受的最大电压值，超过这个值输入级差动管中的管子将会出现反相击穿，甚至损坏。利用平面工艺制成的硅 NPN 管的 U_{idmax} 为 5V 左右，而横向 PNP 管的 U_{idmax} 可达 30V 以上。

③ 差模输入电阻 R_{id}。$R_{id} = \Delta U_{id}/\Delta I_i$，是衡量差动管向输入信号源索取电流大小的标志，F007 运放的 R_{id} 约为 $2M\Omega$，用场效应管作差动输入级的运放，R_{id} 可达 $10^6 M\Omega$。

④ 开环频率响应及 $-3dB$ 带宽。输入正弦小信号时，A_{od} 是频率的函数，随着频率的增加，A_{od} 下降。当 A_{od} 下降 $3dB$ 时所对应的信号频率称为 $-3dB$ 带宽。一般运放的 $-3dB$ 带宽为几赫至几千赫，宽带运放可达到几兆赫。

（3）共模特性参数

共模特性参数用来表示集成运放在共模信号作用下的传输特性，这类参数有共模抑制比、最大共模输入电压等。

① 共模抑制比 K_{CMR}。共模抑制比的定义与差动电路中介绍的相同，F007 的 K_{CMR} 为 80~86dB，高质量的可达 180dB。

② 最大共模输入电压 U_{icmax}。U_{icmax} 指运放所能承受的最大共模输入电压，共模电压超过一定值时，将会使输入级工作不正常，因此要加以限制。F007 的 U_{icmax} 为 ±13V。

(4) 输出瞬态特性参数

输出瞬态特性参数用来表示集成运放输出信号的瞬态特性，描述这类特性的参数主要是转换速率。

转换速率 $S_R = |dU_o/dt|_{max}$ 是指运放在闭环状态下，输入为大信号（如阶跃信号）时，放大器输出电压对时间的最大变化速率。转换速率的大小与很多因素有关，其中主要与运放所加的补偿电容、运放本身各级晶体管的极间电容、杂散电容，以及放大器的充电电流等因素有关。只有信号变化斜率的绝对值小于 S_R 时，输出才能按照线性的规律变化。

S_R 是在大信号和高频工作时的一项重要指标，一般运放的 S_R 为 $1V/\mu s$，高速运放可达到 $65V/\mu s$。

(5) 电源特性参数

电源特性参数主要有静态功耗等。静态功耗指运放零输入情况下的功耗。F007 的静态功耗为 120mW。

4) 集成运放的理想化模型

(1) 理想运放的技术指标

由于集成运放具有开环差模电压增益高、输入阻抗高、输出阻抗低及共模抑制比高等特点，实际工作中为了分析方便，常将它的各项指标理想化。理想运放的各项技术指标为：

① 开环差模电压放大倍数 $A_d \to \infty$；

② 输入电阻 $R_{id} \to \infty$；

③ 输出电阻 $R_o \to 0$；

④ 共模抑制比 $K_{CMR} \to \infty$；

⑤ −3dB 带宽 $BW \to \infty$；

⑥ 输入偏置电流 $I_{B1} = I_{B2} = 0$；

⑦ 失调电压 U_{os}、失调电流 I_{os} 及它们的温漂均为零；

⑧ 无干扰和噪声。

由于实际运放的技术指标与理想运放比较接近，因此，在分析电路的工作原理时，用理想运放代替实际运放所带来误差并不严重。在一般的工程计算中是允许的。

(2) 理想运放的工作特性

理想运放的电压传输特性如图 4-9 所示。工作于线性区和非线性区的理想运放具有不同的特性。

① 线性区。当理想运放工作于线性区时，$U_o = A_d(U_P − U_N)$，而 $A_d \to \infty$，因此 $U_P − U_N = 0$、$U_P = U_N$。又由输入电阻 $R_{id} \to \infty$ 可知，流进运放同相输入端和反相输入端的电流 I_P、I_N 为 $I_P = I_N = 0$；可见，当理想运放工作于线性区时，同相输入端与反相输入端的电位相等，流进同相输入端和反相输入端的电流

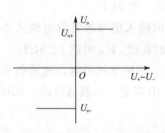

图 4-9 理想运放的电压传输特性

为 0。$U_P=U_N$ 就是 U_P 和 U_N 两个电位点短路，但是由于没有电流，所以称为虚短路，简称虚短；而 $I_P=I_N=0$ 表示流过电流 I_P、I_N 的电路断开了，但是实际上没有断开，所以称为虚断路，简称虚断。

两条基本结论：

a. 虚短即 $U_P=U_N$；

b. 虚断即 $I_P=I_N=0$。

② 非线性区。工作于非线性区的理想运放仍然有输入电阻 $R_{id}\to\infty$，因此 $I_P=I_N=0$；但由于 $U_o\neq A_d(U_P-U_N)$，不存在 $U_P=U_N$，由电压传输特性可知其特点如下：

当 $U_P>U_N$ 时，$U_o=U_{o+}$；当 $U_P<U_N$ 时，$U_o=U_{o-}$；$U_P=U_N$ 为 U_{o+} 与 U_{o-} 转折点。

两条基本结论：

a. $U_P>U_N$ 时，$U_o=U_{o+}$；当 $U_P<U_N$ 时，$U_o=U_{o-}$；

b. 虚断即 $I_P=I_N=0$。

5）集成运算放大器的基本分析方法

为了简化包含集成运放组成的电子电路，总是假设集成运放是理想的，这样就有"虚短"和"虚断"概念。这是两个十分重要的概念和有效的分析方法。理想的运放，其参数应为：$A_{od}\to\infty$，$R_{id}\to\infty$，$R_o\to 0$，$K_{CMR}\to\infty$，$S_R\to\infty$，$I_B\to 0$，$u_{OS}=0$，$I_{OS}=0$，$du_{OS}/dT=0$，$dI_{OS}/dT=0$。实际的运放的参数虽然和上述的有差别，但一般说来 A_{od}、R_{id} 都很大。处在线性工作状态的理想运放都有以下两个重要特点：

① 两输入端之间的电压 $U_{id}=U_P-U_N\approx 0$，即两个输入端的电位相等，就好像两个输入端短接在一起，但事实上并没有短接，称为"虚短"。虚短的必要条件是运放引入深度负反馈。

② 流入两输入端的电流 $|I_P|=|I_N|\approx 0$，即流入集成运算放大器输入端电流为零。这是由于理想运算放大器的输入电阻无限大，就好像运放两个输入端之间开路，但事实上并没有开路，称为"虚断"。

在分析由运放构成的各种基本运算电路时，一定要抓住不同的输入方式（同相或反相）和负反馈这两个基本点，灵活运用运放这两个重要特点对电路进行分析计算。

6）集成运算放大器的应用

集成运放是具有高增益的直接耦合多级放大电路。它实现线性应用的必要条件是引入深度负反馈。此时集成运放本身工作在线性区，两个输入端之间的电压与输出电压成线性关系。各种基本运算电路就是集成运放加上不同的输入回路和反馈回路组成的。在基本的运算电路中，运放本身虽处于线性应用状态，但整个运算电路所实现的运算却既可以是线性的（如比例、加减法、积分和微分），也可以是非线性的（如对数和指数），这两者必须加以区别。

集成运放的应用首先是构成各种运算电路，在运算电路中，以输入电压作为自变量，以输出电压作为函数，当输入电压发生变化时，输出电压反映输入电压某种运算的结果，因此，集成运放必须工作在线性区，在深度负反馈条件下，利用反馈网络可以实现各种数学运算。

本任务中的集成运放都是理想运放，就是说在分析时，注意使用"虚断""虚短"概念。

（1）比例运算电路

① 反相比例运算电路。电路如图 4-10 所示，由于运放的同相端经电阻 R_2 接地，利用

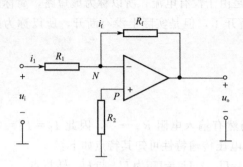

图 4-10 反相比例运算电路

"虚断"的概念，该电阻上没有电流，所以没有电压降，就是说运放的同相端是接地的，利用"虚短"的概念，同相端与反相端的电位相同，所以反相端也是接地的，由于没有实际接地，所以称为"虚地"。

利用"虚断"概念，由图得：

$$i_1 = i_f$$

利用"虚地"概念，有：

$$i_1 = \frac{u_i - u_N}{R_1} = \frac{u_i}{R_1}$$

$$i_f = \frac{u_N - u_o}{R_f} = -\frac{u_o}{R_f}$$

最后得：

$$u_o = -\frac{R_f}{R_1} u_i \tag{4-8}$$

虽然集成运放有很高的输入电阻，但是并联反馈降低了输入电阻，这时的输入电阻为 $R_i = R_1$。

② 同相比例运算电路。同相比例运算电路见图 4-11（a），利用"虚断"的概念，有：

$$i_1 = i_f$$

利用"虚短"的概念，有：

$$i_1 = \frac{0 - u_N}{R_1} = \frac{-u_P}{R_1} = -\frac{u_i}{R_1}, \quad i_f = \frac{u_N - u_o}{R_f} = \frac{u_P - u_o}{R_f}$$

最后得到输出电压的表达式：

$$u_o = (1 + \frac{R_f}{R_1}) u_P = (1 + \frac{R_f}{R_1}) \frac{R_3 u_i}{R_2 + R_3} \tag{4-9}$$

注：u_P 即为 u_+。

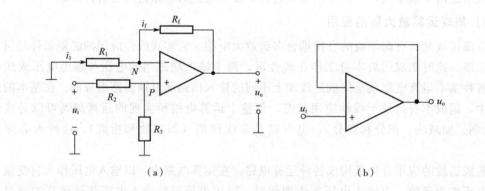

图 4-11 同相比例运算电路

由于是串联反馈电路，所以输入电阻很大，理想情况下 $R_i = \infty$。由于信号加在同相输入端，而反相端和同相端电位一样，所以输入信号对于运放是共模信号，这就要求运放有好的共模抑制能力。

若将反馈电阻 R_f 和 R_1 电阻去掉，就成为图 4-11（b）所示的电路，该电路的输出全部反馈到输入端,是电压串联负反馈。有 $R_1=\infty$、$R_f=0$ 可知 $u_o=u_i$,就是输出电压跟随输入电压的变化,简称电压跟随器。

由以上分析,在分析运算关系时,应该充分利用"虚断""虚短"概念,首先列出关键节点的电流方程,这里的关键节点是指那些与输入输出电压产生关系的节点,例如集成运放的同相、反相节点,最后对所列表达式进行整理,得到输出电压的表达式。

(2)**反相加法运算电路**

反相加法运算电路由图 4-12 所示。由图 4-12 有:
$$i_1+i_2+i_3=i_f$$

其中,$i_1=\dfrac{u_{i1}}{R_1}$,$i_2=\dfrac{u_{i2}}{R_2}$,$i_3=\dfrac{u_{i3}}{R_3}$,$i_f=-\dfrac{u_o}{R_f}$

所以有

$$u_o=-R_f\left(\dfrac{u_{i1}}{R_1}+\dfrac{u_{i2}}{R_2}+\dfrac{u_{i3}}{R_3}\right) \tag{4-10}$$

若 $R_1=R_2=R_3=R_f=R$,则有:

$$u_o=\dfrac{-R_f}{R}(u_{i1}+u_{i2}+u_{i3}) \tag{4-11}$$

以上公式也可用叠加定理得出。注意:不考虑某输入信号时,可将此信号看成 0,即将此输入端接地。叠加定理必须在线性状态下才适用,即集成运放在外接负反馈条件下,才能用叠加定理分析法,在非线性状态下叠加定理不成立!

该电路的特点是便于调节,因为同相端接地,反相端是"虚地"。

(3)**减法运算电路**

利用差动放大电路实现减法运算的电路如图 4-13 所示。由图 4-13 有:

$$\dfrac{u_{i1}-u_N}{R_1}=\dfrac{u_N-u_o}{R_f}$$

$$\dfrac{u_{i2}-u_P}{R_2}=\dfrac{u_P}{R_3}$$

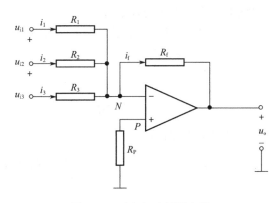

图 4-12　反相加法运算电路

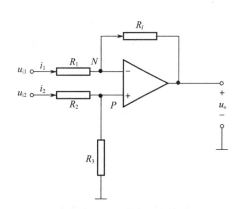

图 4-13　减法运算电路

由于 $u_N=u_P$,所以

$$u_o=\left(1+\dfrac{R_f}{R_1}\right)\left(\dfrac{R_3}{R_2+R_3}\right)u_{i2}-\dfrac{R_f}{R_1}u_{i1} \tag{4-12}$$

当 $R_1=R_2=R_3=R_f$ 时

$$u_o = u_{i2} - u_{i1} \tag{4-13}$$

以上公式也可用叠加定理得出。

（4）积分运算电路

反相积分运算电路如图 4-14 所示。

利用"虚地"的概念，有 $i_1 = i_f = \dfrac{u_i}{R_1}$，所以

$$u_o = -u_c = -\frac{1}{C_f}\int i_f \mathrm{d}t = -\frac{1}{C_f R_1}\int u_i \mathrm{d}t \tag{4-14}$$

若输入电压为常数，则有：

$$u_o = -\frac{u_i}{R_1 C_f} t \tag{4-15}$$

若在本积分器前加一级反相器，就构成了同相积分器，如图 4-15 所示。

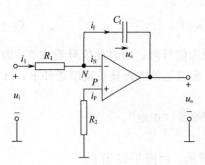

图 4-14 反相积分运算电路

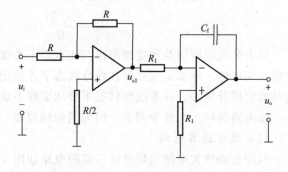

图 4-15 同相积分运算电路

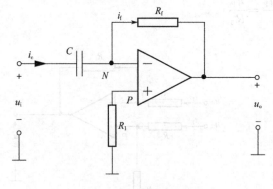

图 4-16 反相微分运算电路

（5）微分运算电路

微分运算电路如图 4-16 所示，下面介绍该电路输出电压的表达式。

根据"虚短""虚断"的概念，$u_P = u_N = 0$，为"虚地"，电容两端的电压 $u_c = u_i$，所以有：

$$i_f = i_c = C\frac{\mathrm{d}u_i}{\mathrm{d}t}$$

输出电压为：

$$u_o = -i_f R_f = -R_f C \frac{\mathrm{d}u_i}{\mathrm{d}t} \tag{4-16}$$

7）集成运放的非线性应用

（1）比较器

电压比较器就是将一个连续变化的输入电压与参考电压进行比较，在二者幅度相等时，输出电压将产生跳变。通常用于 A/D 转换、波形变换等场合。在电压比较器电路中，运算放大器通常工作于非线性区，为了提高正负电平的转换速度，应选择上升速率和增益带宽积

这两项指标高的运算放大器。目前已经有专用的集成比较器，使用更加方便。

① 过零比较器。同相过零比较器电路如图 4-17（a）所示，同相端接 u_i，反相端 $u_N = 0$，所以输入电压是和 0 电压进行比较。

当 $u_i > 0$ 时，$u_o = u_{o+}$，就是输出为正饱和值。

当 $u_i < 0$ 时，$u_o = u_{o-}$，就是输出为负饱和值。

该比较器的传输特性如图 4-17（b）所示。

该电路常用于检测正弦波的零点，当正弦波电压过零时，比较器输出电压发生跃变。

② 任意电压比较器。同相任意电压比较器电路如图 4-18（a）所示，同相端接 u_i，反相端 $u_N = u_R$，所以输入电压是和 u_R 电压进行比较，即：

当 $u_i > u_R$ 时，$u_o = u_{o+}$，就是输出为正饱和值；

当 $u_i < u_R$ 时，$u_o = u_{o-}$，就是输出为负饱和值。

该比较器的传输特性如图 4-18（b）所示。

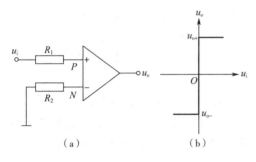

图 4-17 过零比较器电路及传输特性

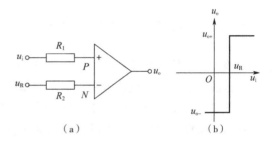

图 4-18 同相任意电压比较器电路及传输特性

上述的开环单门限比较器电路简单，灵敏度高，但是抗干扰能力较差，当干扰叠加到输入信号上，而且在门限电压值上下波动时，比较器就会反复动作，如果用它去控制一个系统的工作，就会出现错误动作。

③ 滞环比较器。从反相端输入的滞环比较器电路如图 4-19（a）所示，滞环比较器中引入了正反馈。

集成运放输出端的限幅电路可以看出 $u_o = \pm u_z$，集成运放反相输入端电位 $u_N = u_i$，同相端的电位为：

$$u_P = \pm \frac{R_1}{R_1 + R_2} u_z$$

令 $u_T = u_P$，则有阈值电压为：

$$u_T = \pm \frac{R_1}{R_1 + R_2} u_z \quad (4-17)$$

该电路的传输特性如图 4-19（b）所示。

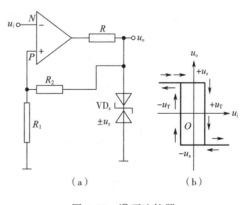

图 4-19 滞环比较器

当输入电压 u_i 小于 $-u_T$ 时，则 u_N 一定小于 u_P，所以 $u_o = +u_z$，$u_P = +u_T$。

当输入电压 u_i 增加并达到 $+u_T$ 后，再稍稍增加一点时，输出电压就会从 $+u_z$ 向 $-u_z$

跃变。

当输入电压 u_i 大于 $+u_T$，则 u_N 一定大于 u_P，所以 $u_o = -u_z$，$u_P = -u_T$。

当输入电压 u_i 减小并达到 $-u_T$ 后，再稍稍减小一点时，输出电压就会从 $-u_z$ 向 $+u_z$ 跃变。

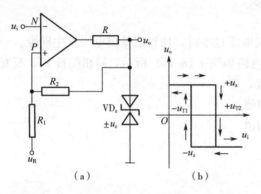

图 4-20 具有参考电压滞环比较器及传输特性

将电阻 R_1 的接地端接参考电压 u_R，如图 4-20（a）所示。

由图可得同相端电压为：

$$u_P = \frac{R_2}{R_1+R_2}u_R \pm \frac{R_1}{R_1+R_2}u_z$$

令 $u_N = u_P$，求出的 u_i 就是阈值电压，因此得出：

$$u_{T1} = \frac{R_2}{R_1+R_2}u_R - \frac{R_1}{R_1+R_2}u_z \quad (4-18)$$

$$u_{T2} = \frac{R_2}{R_1+R_2}u_R + \frac{R_1}{R_1+R_2}u_z \quad (4-19)$$

该电路的传输特性如图 4-20（b）所示。

目前有很多种集成比较器芯片，例如，AD790、LM119、LM193、MC1414、MAX900 等，虽然它们比集成运放的开环增益低，失调电压大，共模抑制比小，但是它们速度快，传输延迟时间短，而且一般不需要外加电路就可以直接驱动 TTL、CMOS 等集成电路，并可以直接驱动继电器等功率器件。

（2）方波发生器

方波发生器是能够直接产生方波信号的非正弦波发生器，由于方波中包含有极丰富的谐波，因此，方波发生器又称为多谐振荡器。由迟滞比较器和 RC 积分电路组成的方波发生器电路如图 4-21 所示。其中，图 4-21（b）为双向限幅的方波发生器电路。图 4-21（b）中，运放和 R_1、R_2 构成迟滞比较器，双向稳压管用来限制输出电压的幅度，稳压值为 u_z。比较器的输出由电容上的电压 u_c 和 u_o 在电阻 R_2 上的分压 u_{R2} 决定，当 $u_c > u_{R2}$ 时，$u_o = -u_z$；$u_c < u_{R2}$ 时，$u_o = +u_z$，$u_{R2} = \frac{R_2}{R_1+R_2}u_o$。

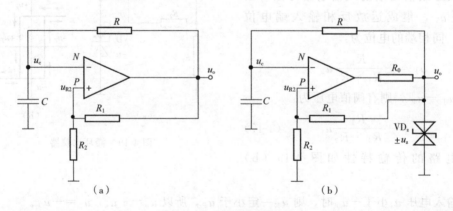

图 4-21 方波发生器电路

方波发生器的工作原理如图 4-22 所示。

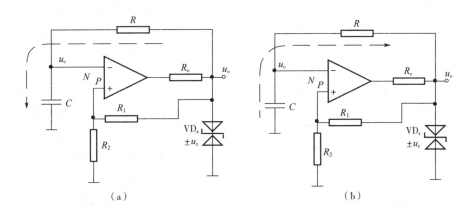

图 4-22 方波发生器工作原理图

假定接通电源瞬时，$u_o = +u_z$，$u_c = 0$，那么有 $u_{R2} = \dfrac{R_2}{R_1+R_2} u_z$，电容沿图 4-22（a）所示方向充电，$u_c$ 上升。当 $u_c > \dfrac{R_2}{R_1+R_2} u_z = k_1$ 时，u_o 变为 $-u_z$，$u_{R2} = -\dfrac{R_2}{R_1+R_2} u_z$，充电过程结束；接着，由于 u_o 由 $+u_z$ 变为 $-u_z$，电容开始放电，放电方向如图 4-22（b）所示，同时 u_c 下降。当下降到 $u_c < -\dfrac{R_2}{R_1+R_2} u_z = k_2$ 时，u_o 由 $-u_z$ 变为 $+u_z$，重复上述过程。方波发生器工作波形图如图 4-23 所示。

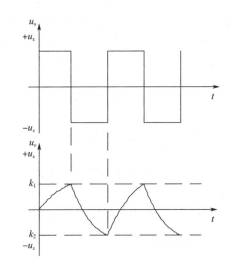

图 4-23 方波发生器工作波形图

综上所述，这个方波发生器电路是利用正反馈，使运算放大器的输出在两种状态之间反复翻转，RC 电路是它的定时元件，决定着方波在正负半周的时间 T_1 和 T_2，由于该电路充放电时常数相等，即

$$T_1 = T_2 = RC\ln\left(1+\dfrac{2R_2}{R_1}\right)$$

方波的周期为：

$$T = T_1 + T_2 = 2RC\ln\left(1+\dfrac{2R_2}{R_1}\right) \tag{4-20}$$

任务 3　分析放大电路中的反馈

实际使用集成运放组成的电路中，总要引入反馈，以改善放大电路性能，因此掌握反馈的基本概念与判断方法是研究集成运放电路的基础。

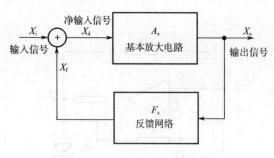

图 4-24 反馈放大电路框图

1) 反馈的基本概念

(1) 什么是电子电路中的反馈

在电子电路中,将输出量的一部分或全部,通过一定的电路形式反馈给输入回路,与输入信号一起共同作用于放大器的输入端,称为反馈。反馈放大电路可以画成图 4-24 所示的框图。

反馈放大器(也叫闭环放大器)由基本放大器和反馈网络组成,所谓基本放大器(也称为开环放大器)就是保留了反馈网络的负载效应的,信号只能从它的输入端传输到输出端的放大器,而反馈网络一般是将输出信号反馈到输入端,而忽略了从输入端向输出端传输效应的阻容网络。在反馈电路中,既与基本放大电路输入回路相连,又与输出回路相连的元件,以及与反馈支路相连,且对反馈信号的大小产生影响的元件,均称为反馈元件。由图 4-24 可知,基本放大器的净输入信号 $X_d = X_i + X_f$,反馈网络的输出 $X_f = F_x \cdot X_o$,基本放大器的输出 $X_o = A_x \cdot X_d$。其中 A_x 是基本放大器的增益,F_x 是反馈网络的反馈系数,这里 X 表示电压或是电流,A_x 和 F_x 中的下标 X 表示它们是如下的一种:

① $A_v = \dfrac{u_o}{u_{id}}$ 称为电压增益,$A_i = \dfrac{i_o}{i_{id}}$ 称为电流增益;

② $A_r = \dfrac{u_o}{i_{id}}$ 称为互阻增益,$A_g = \dfrac{i_o}{u_{id}}$ 称为互导增益;

③ $F_v = \dfrac{u_f}{u_o}$ 称为电压反馈系数,$F_i = \dfrac{i_f}{i_o}$ 称为电流反馈系数;

④ $F_r = \dfrac{u_f}{i_o}$ 称为互阻反馈系数,$F_g = \dfrac{i_f}{u_o}$ 称为互导反馈系数。

闭环放大倍数:

$$A_f = \frac{X_o}{X_i} = AX_{id}/X_i = A\frac{X_i}{1+AF}/X_i = \frac{A}{1+AF}$$

(2) 正反馈与负反馈

若放大器的净输入信号比输入信号小,则为负反馈;反之,若放大器的净输入信号比输入信号大,则为正反馈。就是说若 $X_i < X_d$,则为正反馈;若 $X_i > X_d$,则为负反馈。

(3) 直流反馈与交流反馈

若反馈量只包含直流信号,则称为直流反馈;若反馈量只包含交流信号,就是交流反馈。直流反馈一般用于稳定工作点,而交流反馈用于改善放大器的性能,所以研究交流反馈更有意义,本任务重点研究交流反馈。

(4) 开环与闭环

从反馈放大电路框图可以看出,放大电路加上反馈后就形成了一个环,若有反馈,则说明反馈环闭合了;若无反馈,则说明反馈环被打开了,所以,常用闭环表示有反馈,开环表示无反馈。

2）反馈的判断方法和类型

（1）有无反馈的判断

若放大电路中存在将输出回路与输入回路连接的通路，即反馈通路，并由此影响了放大器的净输入，则表明电路引入了反馈。

例如，在图 4-25 所示的电路中，图 4-25（a）所示的电路由于输入与输出回路之间没有通路，所以没有反馈；图 4-25（b）所示的电路中，电阻 R_2 将输出信号反馈到输入端，与输入信号一起共同作用于放大器输入端，所以具有反馈；而图 4-25（c）所示的电路中虽然有电阻 R_1 连接输入输出回路，但是由于输出信号对输入信号没有影响，所以没有反馈。

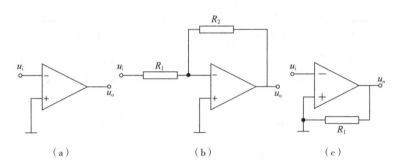

图 4-25　反馈是否存在的判断

经验判断：若某通路的一端接电路的非接地的输出端，另一端接电路的非接地的输入端，则是反馈电路，否则不是反馈电路。

（2）直流反馈与交流反馈的判断

通过观察反馈元件出现在交流通路或直流通路中可以判断：若出现在交流通路中，就属于交流反馈；若出现于直流通路中，则属于直流反馈。如图 4-26 所示。

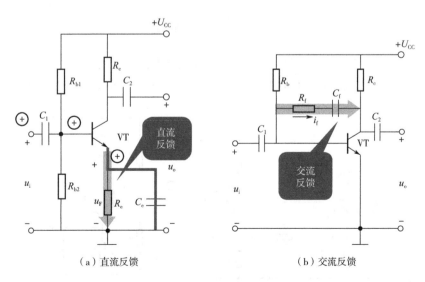

图 4-26　直流反馈与交流反馈的判断

（3）反馈极性的判断

反馈极性的判断，就是判断是正反馈还是负反馈。

判断反馈极性的方法是瞬时极性法，其方法是：首先规定输入信号在某一时刻的极性，然后逐级判断电路中各个相关点的电流流向与电位的极性，从而得到输出信号的极性；根据输出信号的极性判断出反馈信号的极性；若反馈信号使净输入信号增加，就是正反馈，若反馈信号使净输入信号减小，就是负反馈。

例如，在图 4-27（a）所示的电路中，首先设输入电压瞬时极性为正，所以集成运放的输出为正，产生电流流过 R_2 和 R_1，在 R_1 上产生上正下负的反馈电压 u_f，由于 $u_d = u_i - u_f$，u_f 与 u_i 同极性，所以 $u_d < u_i$，净输入减小，说明该电路引入负反馈。

在图 4-27（b）所示的电路中，首先设输入电压 u_i 瞬时极性为正，所以集成运放的输出为负，产生电流流过 R_2 和 R_1，在 R_1 上产生上负下正的反馈电压 u_f，由于 $u_d = u_i - u_f$，u_f 与 u_i 极性相反，所以 $u_d > u_i$，净输入增大，说明该电路引入正反馈。

在图 4-27（c）所示的电路中，首先假设 i_i 的瞬时方向是流入放大器的反相输入端 u_N，相当于在放大器反相输入端加入了正极性的信号，所以放大器输出为负，放大器输出的负极性电压使流过 R_2 的电流 i_f 的方向是从 u_N 节点流出，由于 $i_i = i_d + i_f$，有 $i_d = i_i - i_f$，所以 $i_i > i_d$，也就是说净输入电流比输入电流小，所以电路引入负反馈。

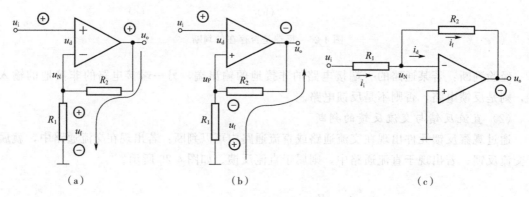

图 4-27 反馈极性的判断

三极管 B 入 C 出 E 公共为共射组态，具有倒相放大特性；三极管 B 入 E 出 C 公共为共集电极组态，具有同相跟随特性。由这些已知的放大电路性质可判断各点极性。如图 4-28 所示。

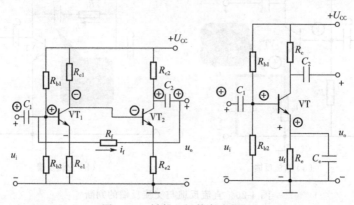

图 4-28 判断三极管各点极性

结论：当输入信号 u_i 和反馈信号 u_f 在相同端点时，净输入信号是相加，如果引入的反馈信号 u_f 和输入信号 u_i 同极性，则为正反馈；若二者的极性相反，则为负反馈，如图 4-29 所示。当输入信号 u_i 和反馈信号 u_f 不在相同端点时，净输入信号是相减（比如输入信号在三极管的基极，反馈信号至发射极；或者输入信号在集成运放的同相端，反馈信号至集成运放的反相端），若引入的反馈信号 u_f 和输入信号 u_i 同极性，则为负反馈，如图 4-29 所示；若二者的极性相反，则为正反馈。

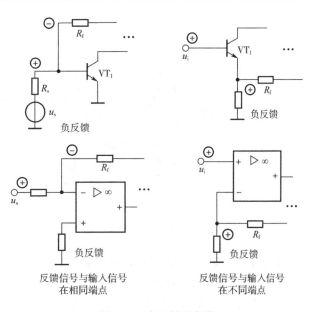

图 4-29 负反馈的判断

（4）反馈组态的判断

① 电压反馈与电流反馈的判断。反馈量取自输出端的电压，并与之成比例，则为电压反馈；若反馈量取自输出电流，并与之成比例，则为电流反馈。判断方法是将放大器输出端的负载短路，若反馈不存在就是电压反馈，否则就是电流反馈。例如，图 4-30（a）所示的电路，如果把负载短路，则 u_o 等于 0，这时反馈就不存在了，所以是电压反馈。而图 4-30（b）所示的电路中，若把负载短路，反馈电压 u_f 仍然存在，所以是电流反馈。

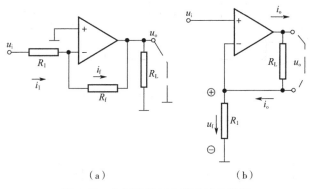

图 4-30 电压反馈与电流反馈的判断

经验判断方法：反馈元件直接接在运放的输出端或三极管的集电极为电压反馈；否则为电流反馈。如图 4-31 所示。

② 串联反馈与并联反馈的判断。如果反馈信号在放大器输入端以电压的形式出现，即放大器的净输入信号 u_d 是输入电压信号 u_i 与反馈电压信号 u_f 之差，那么反馈信号在输入端必定与输入电路相串联，称为串联反馈，其等效电路如图 4-32（a）所示。

如果反馈信号在放大器输入端以电流的形式出现，即放大器的净输入信号 i_d 是输入电流信号 i_i 与反馈电流信号 i_f 之差，那么反馈信号在输入端必定与输入电路相并联，称为并联反馈。等效电路如图 4-32（b）所示。

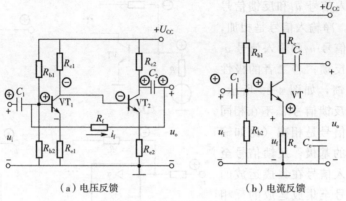

（a）电压反馈　　　　　　（b）电流反馈

图 4-31　三极管电路中电压反馈与电流反馈的判断

判定方法：如图 4-33 所示，如果输入信号 X_i 与反馈信号 X_f 接在输入回路的不同端点，则为串联反馈；如果输入信号 X_i 与反馈信号 X_f 接在输入回路的相同端点，则为并联反馈。如图 4-34 所示，对三极管来说，反馈信号与输入信号同时加在输入三极管的基极或发射极，则为并联反馈；反馈信号与输入信号一个加在基极，另一个加在发射极，则为串联反馈。

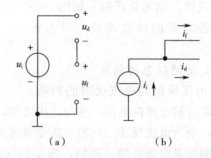

图 4-32　串联反馈与并联反馈的等效电路

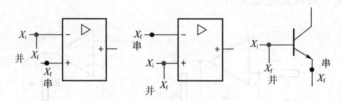

图 4-33　串联反馈与并联反馈

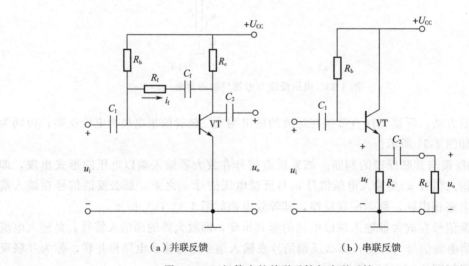

（a）并联反馈　　　　　　（b）串联反馈

图 4-34　三极管中的并联反馈与串联反馈

（5）四种负反馈组态

① 电压串联负反馈。首先判断图 4-35（a）所示电路的反馈组态，将负载 R_L 短路，就相当于输出端接地，这时 $u_o=0$，反馈的原因不存在，所以是电压反馈，从输入端来看，净输入信号 u_d 等于输入信号 u_i 与反馈信号 u_f 之差，也就是说，输入信号与反馈信号是串联关系，所以该电路的反馈组态是电压串联反馈。使用瞬时极性法判断正负反馈，各瞬时极性如图 4-35（a）所示，可见 u_i 与 u_f 极性相同，净输入信号小于输入信号，故是负反馈。

判断图 4-35（b）所示电路的反馈组态：输出电压 u_o 的一部分被送回第一级放大器输入端，反馈元件 R_f（C_f 在交流支路中作用同导线）与 R_{e1} 组成交流电压串联负反馈电路。

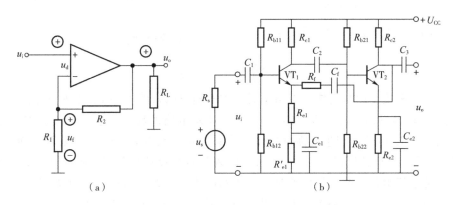

图 4-35　电压串联负反馈电路

输出电压的计算如下。

由图 4-35（a）可得反馈系数 F_v 为：

$$F_v = \frac{u_f}{u_o} = \frac{R_1}{R_1+R_2} \tag{4-21}$$

由于运放的电压放大倍数非常大，在输入端 $u_P \approx u_N$，故有 $u_d = u_i - u_f = 0$，从而得到 $u_i = u_f$，所以输出电压为：

$$u_o = \frac{u_i}{F_v} = (1+\frac{R_2}{R_1})u_i \tag{4-22}$$

从式（4-22）可以看出，输出电压只与电阻的参数有关，可见十分稳定，所以电压反馈使输出电压稳定。

对输入电阻的影响如下。

当无反馈时，$R_i = \frac{u_i}{i_i} = \frac{u_d}{i_i}$；而有反馈时，$R_{if} = \frac{u_d+u_f}{i_i}$。

由于 $u_d+u_f = u_d + u_d A_v F_v = u_d(1+A_v F_v)$，得到：

$$R_{if} = \frac{u_d}{i_i}(1+A_v F_v) = R_i(1+A_v F_v) \tag{4-23}$$

其中 A_v 是基本放大器的电压放大倍数，也就是说，反馈时输入电阻 R_{if} 是无反馈时的 $(1+A_v F_v)$ 倍。

对输出电阻的影响如下。

设运放的输出电阻为 R_o，令反馈放大器的输入 $u_i=0$，去掉负载电阻 R_L，然后在放大

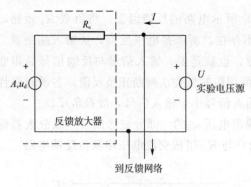

器的输出端接一个实验电压源 U，如图 4-36 所示。

由图有：

$$I = \frac{U - A_v u_d}{R_o} \quad (4\text{-}24)$$

因为 $u_i = 0$，所以 $u_d = -u_f = -F_v u_o = -F_v U$，所以有：

$$I = \frac{U + A_v F_v U}{R_o} = \frac{U(1 + A_v F_v)}{R_o} \quad (4\text{-}25)$$

最后得到：

$$R_{of} = \frac{U}{I} = \frac{R_o}{1 + A_v F_v} \quad (4\text{-}26)$$

图 4-36　输出电阻计算等效电路

也就是说，电压反馈时的输出电阻是无反馈时输出电阻的 $1/(1+A_v F_v)$ 倍。

② 电流串联负反馈。首先判断图 4-37（a）所示电路的反馈组态，将负载 R_L 短路，这时仍有电流流过 R_1 电阻，产生反馈电压 u_f，所以是电流反馈，从输入端来看，净输入信号 u_d 等于输入信号 u_i 与反馈信号 u_f 之差，就是输入信号与反馈信号是串联关系，所以该电路的反馈组态是电流串联反馈。使用瞬时极性法判断正负反馈，各瞬时极性如图 4-37（a）所示，可见 u_i 与 u_f 极性相同，净输入信号小于输入信号，故是负反馈。对于图 4-37（b）所示电路，同理可判断是电流串联负反馈电路。

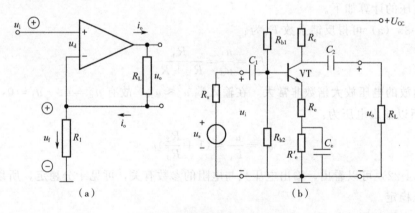

图 4-37　电流串联负反馈电路

输出电流的计算如下。

由图 4-37（a）可得反馈系数 F_r 为：

$$F_r = \frac{u_f}{i_o} = \frac{i_o R_1}{i_o} = R_1 \quad (4\text{-}27)$$

由于运放的电压放大倍数非常大，在输入端 $u_P \approx u_N$，故有 $u_d \approx u_i - u_f = 0$，从而得到 $u_i = u_f$，所以输出电流为：

$$i_o = \frac{u_i}{F_r} = \frac{1}{R_1} u_i \quad (4\text{-}28)$$

由式（4-17）可知，输出电流只与电阻阻值有关，所以非常稳定，也就是说，电流反馈稳定输出电流。

对输入电阻的影响如下。

因为是串联反馈，所以反馈时的输入电阻 R_{if} 是无反馈时的 $(1+A_gF_r)$ 倍，这里 A_g 是基本放大器的互导增益。

对输出电阻的影响如下。

设运放的输出电阻为 R_o，令反馈放大器的输入 $u_i=0$，去掉负载电阻 R_L，然后在放大器的输出端接一个实验电流源 I，如图 4-38 所示。

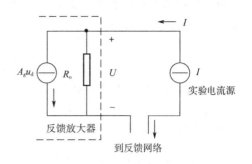

图 4-38 输出电阻计算等效电路

由图 4-38 可知，有 $u_d=-u_f=-F_r i_o=-F_r I$，所以：

$$U=(I-A_g u_d)R_o=(I+A_g F_r I)R_o=I(1+A_g F_r)R_o \qquad (4-29)$$

这里 A_g 是基本放大器的互导增益。

最后得到：

$$R_{of}=\frac{U}{I}=(1+A_g F_r)R_o \qquad (4-30)$$

所以，电流反馈使输出电阻增大 $A_g F_r$ 倍。

③ 电压并联负反馈。首先判断图 4-39（a）所示电路的反馈组态，将负载 R_L 短路，就相当于输出端接地，这时 $u_o=0$，反馈的原因不存在，所以是电压反馈，从输入端来看，输入信号 i_i 与反馈信号 i_f 并联在一起，净输入电流信号 i_d 等于输入电流信号 i_i 与反馈电流信号 i_f 之差，所以该电路的反馈组态是电压并联反馈。使用瞬时极性法判断正负反馈，各瞬时极性和瞬时电流方向如图 4-39（a）所示，可见 i_f 瞬时流向是对 i_i 分流，使 i_d 减小，净输入信号 i_d 小于输入信号 i_i，故是负反馈。对于图 4-39（b）所示电路，同理可判断是电压并联负反馈。

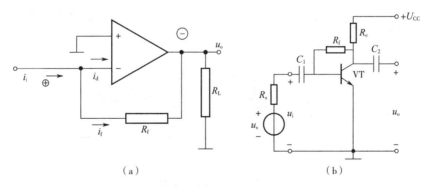

图 4-39 电压并联负反馈电路

输出电压的计算：

由图 4-39（a）可得反馈系数 F_g 为：

$$F_g=\frac{i_f}{u_o}\approx -\frac{u_o}{R_f u_o}=-\frac{1}{R_f} \qquad (4-31)$$

由于运放的电压放大倍数非常大,在输入端 $u_p \approx u_N$,故有 $i_d = i_i - i_f \approx 0$,从而得到 $i_i = i_f$,所以输出电压为:

$$u_o = \frac{i_i}{F_g} = -R_f i_i \tag{4-32}$$

从式(4-32)可以看出,输出电压只与电阻的参数有关,可见十分稳定,所以电压反馈使输出电压稳定。

对输入电阻的影响如下。

设运放的输入电阻为 R_{ia},电压放大倍数为 A_v,当无反馈时,$R_i = \frac{u_i}{i_i} = \frac{u_i}{i_d}$,而有反馈时,则:

$$R_{if} = \frac{u_i}{i_i} = \frac{u_i}{i_d + i_f}$$

由于 $i_d + i_f = i_d + i_d A_r F_g = i_d(1 + A_r F_g)$,其中 A_r 是基本放大器的互阻增益,所以最后得到:

$$R_{if} = \frac{R_i}{1 + A_r F_g} \tag{4-33}$$

也就是说,并联反馈时的输入电阻 R_{if} 是无反馈时的 $1/(1+A_r F_g)$ 倍。

对输出电阻的影响如下。

该电压反馈电路的输出电阻是无反馈时输出电阻的 $1/(1+A_r F_g)$ 倍。

④ 电流并联负反馈。首先判断图 4-40(a)所示电路的反馈组态,将负载 R_L 短路,这时仍有电流流过 R_1 电阻,产生反馈电流 i_f,所以是电流反馈,从输入端来看,输入信号 i_i 与反馈信号 i_f 并联在一起,净输入电流信号 i_d 等于输入电流信号 i_i 与反馈电流信号 i_f 之差,所以该电路的反馈组态是电流并联反馈。使用瞬时极性法判断正负反馈,各瞬时极性和瞬时电流方向如图 4-40(a)所示,可见 i_f 瞬时流向是对 i_i 分流,使 i_d 减小,净输入信号 i_d 小于输入信号 i_i,故是负反馈。对于图 4-40(b)所示电路,同理可判断是电流并联负反馈电路。

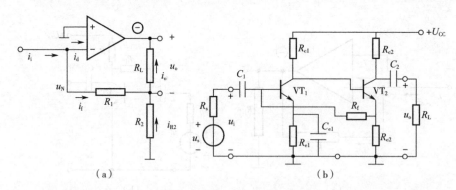

图 4-40 电流并联负反馈电路

输出电流的计算如下。

由图 4-40(a)可得反馈系数 F_i 为:

$$F_i = \frac{i_f}{i_o} = \frac{-i_o \frac{R_2}{R_1 + R_2}}{i_o} = -\frac{R_2}{R_1 + R_2} \tag{4-34}$$

由于运放的电压放大倍数非常大,在输入端 $u_P \approx u_N$,故有 $i_d = i_i - i_f \approx 0$,从而得到 $i_i = i_f$,所以

$$i_o = -(1 + \frac{R_1}{R_2})i_i \tag{4-35}$$

输入电阻:由于是并联反馈,所以该电路反馈时的输入电阻 R_{if},比无反馈时的 R_i 小 $(1+A_iF_i)$ 倍,这里 A_i 是基本放大器的电流放大系数。

输出电阻:由于是电流反馈,所以该电路反馈时的输出电阻,是无反馈时的输出电阻的 $(1+A_iF_i)$ 倍。

3) 负反馈对放大电路的影响

(1) 负反馈对放大倍数的影响

负反馈对增益的影响包括两方面,即负反馈对增益大小的影响和负反馈对增益稳定性的影响。根据负反馈基本方程,不论何种负反馈,都可使反馈放大倍数下降 $|1+AF|$ 倍。对电压串联负反馈为:

$$A_f = \frac{\dot{X}_o}{\dot{X}_i} = \frac{\dot{U}_o}{\dot{U}_i} = \frac{A}{1+AF} \tag{4-36}$$

当环路增益 $|AF| \gg 1$ 时,即深度负反馈时,闭环放大倍数为:

$$A_f = \frac{A}{1+AF} \approx \frac{1}{F} \tag{4-37}$$

也就是说,在深度负反馈条件下,闭环放大倍数近似等于反馈系数的倒数,与三极管等有源器件的参数基本无关。

(2) 负反馈对增益稳定性的影响

在负反馈条件下,增益的稳定性也得到了提高,这里增益应该与反馈组态相对应,即:

$$dA_f = \frac{(1+AF)dA - AFdA}{(1+AF)^2} = \frac{dA}{(1+AF)^2}$$

$$\frac{dA_f}{A_f} = \frac{1}{1+AF} \times \frac{dA}{A} \tag{4-38}$$

有反馈时,增益的稳定性比无反馈时提高了 $(1+AF)$ 倍。要注意,对电压负反馈,使电压增益的稳定性提高;对电流负反馈,使电流增益的稳定性提高。不同的反馈组态对相应组态的增益的稳定性有所提高。

在深度负反馈条件下,对增益的稳定性也可以这样理解:深度负反馈条件下,增益近似等于反馈系数的倒数,一般反馈网络是由电阻、电容等无源元件构成的,其稳定性优于有源器件,因此深度负反馈时的放大倍数比较稳定。

(3) 负反馈对输入和输出电阻的影响

负反馈对输入电阻的影响与反馈加入的方式有关,即与串联负反馈或并联负反馈有关,而与电压负反馈或电流负反馈无关。对输入电阻的影响如下。

① 当是串联负反馈时,反馈电压与输入电压加在放大电路输入回路的两个点,且极性相同,所以净输入电压减小,输入电流减小,这相当输入电阻增加。理论推导可以证明,串联负反馈可以使输入电阻增加为 $(1+AF)$ 倍。

② 在并联负反馈放大电路的输入端,输入信号与反馈信号加在同一个点,由于反馈极性为负,反馈电路将分流一部分输入电流,使输入电流增大,相当于输入电阻减小。理论推

导可以证明,并联负反馈可以使输入电阻减少为 $1/(1+AF)$ 倍。

负反馈对输出电阻的影响与反馈的类型有关,即与电压负反馈或电流负反馈有关,而与串联负反馈或并联负反馈无关。对输出电阻的影响如下。

① 电压负反馈使输出电阻减小。电压负反馈可以稳定输出电压,使放大电路接近电压源,输出电压稳定,也就是放大电路带负载能力强,相当于输出电阻减小。输出电阻小,输出电压在内阻上的电压降就小,输出电压稳定性就好,这与电压负反馈可使输出电压稳定的因果关系是一致的。理论推导可以证明,电压负反馈可以使输出电阻减少为 $1/(1+AF)$ 倍。

② 电流负反馈使输出电阻增加。电流负反馈可以使输出电阻增加,这与电流负反馈可以稳定输出电流有关。输出电流稳定,使放大电路接近电流源,因此放大电路的输出电阻,即内阻增加,电流负反馈使输出电流稳定与输出电阻增大的因果关系是一致的。理论推导可以证明,电流负反馈可以使输出电阻增加为 $(1+AF)$ 倍。

(4) 负反馈对通频带的影响

放大电路加入负反馈后,增益下降,但通频带却加宽了。有反馈时的通频带为无反馈时的通频带的 $(1+AF)$ 倍。负反馈放大电路扩展通频带有一个重要的特性,即增益与通频带之积为常数。

(5) 负反馈对非线性失真的影响

负反馈可以改善放大电路的非线性失真,但是只能改善反馈环内产生的非线性失真。因加入负反馈,放大电路的输出幅度下降,不好对比,因此必须要加大输入信号,使加入负反馈以后的输出幅度,基本达到原来有失真时的输出幅度才有意义。

(6) 负反馈对噪声、干扰和温漂的影响

负反馈只对反馈环内的噪声和干扰有抑制作用,且必须加大输入信号后才使抑制作用有效。

任务4　安装与调试集成功放电路

1) 原理分析

由集成功率放大器芯片 IC（TDA2030）,以及外围元件组成的 OTL 音频集成功率放大电路如图 4-1 所示。IC 输出功率大于 10W,频率响应为 10Hz～140kHz,输出电流峰值最大可达 3.5A。其内部电路包含输入级、中间级和输出级,且有短路保护和过热保护,可确保电路工作安全可靠。该集成电路具有体积小、外围元件少、稳定性高、频响范围宽、输出功率大、谐波失真和交越失真小等特点,并设有短路和过热保护电路等,多用于高级收录机及高传真立体声扩音装置。为了保证 IC 良好的散热效果,特别附加了散热片,安装时用螺钉固定 IC 及散热片。

本电路所需电源为 12V 直流电源,U_{CC} 是此电路的电源输入正极。u_i 输入是把音乐电信号经过功率放大时的输入点。

IC 的第 1 脚为同相输入端,第 2 脚为反向输入端;C_1 为输入耦合电容,去除输入信号中的直流部分;C_7 为输出耦合电容;R_1、R_2、R_3 组成 IC 的同相输入端分压式偏置电路,使同相输入端的静态电位为 $2U_{CC}/3$;C_3 起隔直流作用,以使电路直流为 100% 负反馈,静态工作点稳定性好,防止芯片输入失调电压被放大,并在输出端产生直流电压而破坏芯片内部偏置状态,同时此电容对交流相当于短路,可使交流增益由 R_4、R_5 确定;R_4 和 C_3 对信号有一个滤波作用；R_4、R_5 和 C_3 构成 IC 的交流电压串联负反馈电路，以提升音质和调整输出电平（输出音量），该电路闭环增益为 $(R_4+R_5)/R_4 = (4.7+150)/4.7 = 33$ 倍；C_2 不是耦合电容，是去耦电容器，起滤波作用，使得电源经 3 个电阻分压后，给 IC 的 1 脚提供静态工作点；C_4、C_5 为电源高频旁路电容，防止电路产生自激振荡；R_6、C_6 组成高频移相消振电路，以抑制电路可能出现的高频自激振荡；R_6 和扬声器内阻称为茹贝网络，用以在电路接有感性负载扬声器时，保证高频稳定性；VD_1、VD_2 组成过电压保护电路，以释放感性负载上的自感电压，避免集成芯片受输出电压峰值冲击而损坏；第 4 脚为输出端，负载可接 4～8Ω 的纸盆扬声器，以获得高音柔美细腻、低音丰满圆润的效果。

2）清点并检测元器件

按照表 4-1 元器件清单清点元器件并检测元器件。

表 4-1　集成功放电路的元器件清单表

序号	名称	型号与规格	单位	数量	检测情况
1	电阻	150kΩ	个	1	
2	电阻	4.7kΩ	个	1	
3	电阻	10kΩ	个	3	
4	电阻	10Ω	个	1	
5	扬声器	4～16Ω，5～10W	个	1	
6	电解电容	10μF/25V	个	1	
7	电解电容	22μF/25V	个	1	
8	电解电容	100μF/25V	个	2	
9	电解电容	470μF/25V	个	1	
10	瓷片电容	0.1μF	个	2	
11	二极管	1N4007	个	2	
12	集成功放	TDA2030	个	1	
13	排针	11mm	根	12	
14	印制电路板		块	1	
15	焊锡	φ0.8mm	m	1.5	

（1）检测喇叭

用数字式万用表的 200Ω 挡，测量喇叭的电阻值是否在 4～16Ω。如图 4-41 所示，将喇叭的正负极各焊接一根带夹子的导线，便于把喇叭接在输出端进行测试。

（2）检测集成功放芯片

如图 4-42 所示，让芯片的字对着自己，引脚向下，左边是 1 脚，功能是音频输入（同相输入端），2 脚是反馈输入（反相输入端），3 脚是负电源输入端，4 脚是功率输出

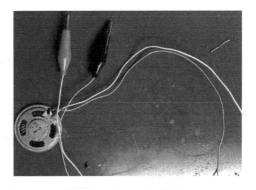

图 4-41　喇叭的连接导线

端,5脚是正电源输入端。引脚是分开双排的,但引脚根部是单排,对着根部数就行了。

一般情况下,引脚 5 与 3 之间的电阻值 $R_{5,3}=1.573\text{k}\Omega$,4 脚与 3 脚之间的电阻值 $R_{4,3}=19.19\text{k}\Omega$。

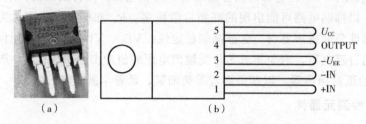

图 4-42 集成功放芯片 TDA2030 的实物及各脚功能

3)设计布局图

集成功放电路的布局图如图 4-43 所示。

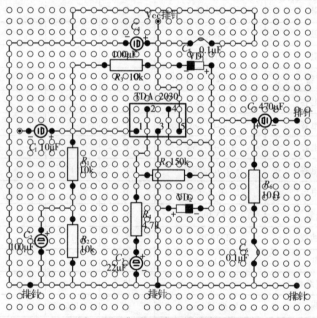

图 4-43 集成功放电路的布局图

4)装调准备

选择装调工具、仪器设备并列写清单,填入表 4-2。

表 4-2 集成功放器电路的装调工具、仪器设备清单表

序号	名称	型号/规格	数量	备注
1	直流稳压电源	XJ17232/2A,0~30V(双电源)	1	
2	数字示波器	DS5022M	1	
3	低频信号源	SFG1003	1	

续表

序号	名称	型号/规格	数量	备注
4	万用表	VC890D	1	
5	电烙铁	25～30W	1	
6	烙铁架		1	
7	斜口钳	130mm	1	
8	测试导线		若干	
9	镊子		1	
10	松香		1	

5）电路安装与调试

（1）电路装配

在提供的万能板或PCB板上装配电路，且装配工艺应符合IPC-A-610D标准的二级产品等级要求。装配图中的5个排针作为电路接线端子。集成功放万能板实物图如图4-44所示。

（a）万能板正面图

（b）万能板背面图

（c）PCB板正面图

图4-44 集成功放万能板实物图

（2）电路调试

装配完成后，通电调试电路。

① 电路板接入12V直流电源，输入端接地，绘制电路静态测试连线示意图，如图4-45所示。

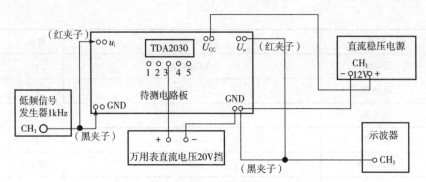

图 4-45　集成功放电路的测试连线示意图

② 参数测试。

a. 静态调试：电源端接入 12V 直流电源，$u_i=0$，利用提供的数字式万用电表，测量功放芯片引脚的对地电压，如图 4-46 所示，并填入表 4-3。

图 4-46　集成功放电路的静态测试图

表 4-3　集成功放器电路的静态参数测试表

测试点	引脚 1	引脚 2	引脚 3	引脚 4	引脚 5
电压测试值/V	8.0	8.0	0	8.02	12

b. 动态调试：电源端接入 12V 直流电源，输入端接入 1kHz 正弦波信号，利用提供的示波器调出输出波形，如图 4-47 所示，并将波形绘制填入表 4-4。

（a）动态测试图　　　　　（b）电路板动态测试接线图

图 4-47　集成功放电路的动态测试图

表 4-4 集成功放器电路的动态测试输出波形

输出波形图	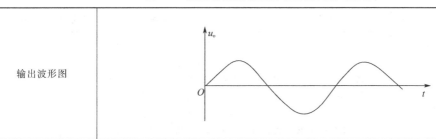

c. 音乐播放调试：电源端接入 12V 直流电源，输入端接入手机输出的音乐，利用喇叭播放出音乐，如图 4-48 所示。

图 4-48 集成功放电路音乐播放的测试图

③ 调试结束后，请将标签写上自己的组员名，贴在电路板正面空白处。

4.3 项目考评

项目考评见表 4-5。

表 4-5 集成功放电路的安装与调试项目考评表

评价项目	内容	配分	评价点	评分细则	得分	备注
职业素养与操作规范（20分）	工作前准备	10	清点器件、仪表、焊接工具，并摆放整齐，穿戴好防静电防护用品	① 未按要求穿戴好防静电防护用品，扣3分 ② 未清点工具、仪表等每项扣1分 ③ 工具摆放不整齐，扣3分		① 学生没有操作项目，此小项记0分 ② 出现明显失误造成工具、仪表或设备损坏等安全事故；严重违反实训纪律，造成恶劣影响的，本大项记0分
	6S规范	10	操作过程中及作业完成后，保持工具、仪表、元器件、设备等摆放整齐。具有安全用电意识，操作符合规范要求。作业完成后清理、清扫工作现场	① 操作过程中乱摆放工具、仪表，乱丢杂物等，扣5分 ② 完成任务后不清理工位，扣5分 ③ 出现人员受伤设备损坏事故，考试成绩为0分		

续表

评价项目	内容	配分	评价点	评分细则	得分	备注
作品（80分）	工艺	25	电路板作品要求符合IPC-A-610标准中各项可接受条件的要求（1级）： ① 元器件的参数和极性插装正确 ② 合理选择设备或工具对元器件进行成型和插装 ③ 元器件引脚和焊盘浸润良好，无虚焊、空洞或堆焊现象 ④ 焊点圆润、有光泽、大小均匀 ⑤ 插座插针垂直整齐，插孔式元器件引脚长度2～3mm，且剪切整齐	① 虚焊、桥接、漏焊、半边焊、毛刺、焊锡过量或过少、助焊剂过量等，每焊点扣1分 ② 焊盘翘起、脱落（含未装元器件处），每处扣2分 ③ 损坏元器件，每只扣1分 ④ 烫伤导线、塑料件、外壳，每处扣2分 ⑤ 连接线焊接处应牢固工整，导线线头加工及浸锡合理规范，线头不外露，否则每处扣1分 ⑥ 插座插针垂直整齐，否则每个扣0.5分 ⑦ 插孔式元器件引脚长度2～3mm，且剪切整齐，否则酌情扣1分 ⑧ 整板焊接点未进行清洁处理扣1分		
	调试	25	① 合理选择仪器仪表，正确操作仪器设备对电路进行调试 ② 电路调试接线图绘制正确 ③ 通电调试操作规范	① 不能正确使用万用表、毫伏表、示波器等仪器仪表每次扣3分 ② 不能按正确流程进行测试并及时记录装调数据，每错一处扣1分 ③ 调试过程中出现元件、电路板烧毁、冒烟、爆裂等异常情况，扣5分/个（处）		
	功能指标	30	① 电路通电工作正常，功能缺失按比例扣分 ② 测试参数正确，即各项技术参数指标测量值的上下限不超出要求的10% ③ 测试报告文件填写正确	① 不能正确填写测试报告文件，每错一处扣1分 ② 未达到指标，每项扣2分 ③ 开机电源正常但作品不能工作，扣10分		
异常情况		扣分		① 安装调试过程中出现元件、电路板烧毁、冒烟、爆裂等异常情况，扣5分/个（处） ② 安装调试过程中出现仪表、工具烧毁等异常情况，扣10分/个（处） ③ 安装调试过程中出现破坏性严重安全事故，总分计0分		

项目小结

本章主要讲述了集成运算放大器的结构特点、电路组成、主要性能参数、基本分析方法及实际运用。同时对放大电路中反馈的基本概念、反馈的判别方法和类型,以及反馈对放大电路的影响做了阐述。

(1) 射极输出器常用作多级放大电路的输入级、输出级或中间隔离级。

(2) 实用的放大电路都是由多个单级放大电路组成的多级放大电路。多级放大电路中级与级之间的耦合方式有三种:阻容耦合、变压器耦合和直接耦合。多级放大电路中,后级放大电路的输入电阻是前级放大电路的负载电阻。总的电压放大倍数为各级电压放大倍数的乘积;总的输入电阻是第一级放大电路的输入电阻;总的输出电阻是最后一级放大电路的输出电阻。

(3) 直接耦合放大电路的主要问题是零漂问题,解决零漂最有效的方法是采用差动放大电路。

(4) 集成运放是利用半导体工艺将整个电路中的元器件制作在同一块基片上的器件,它是模拟集成电路中使用最广泛的集成电路之一。

(5) 集成运放实质上是一个高增益的直接耦合多级放大电路。它一般由高电阻输入级、中间电压放大级、低电阻输出级和偏置电路等组成。高电阻输入级一般由具有电流源的差分放大电路组成。中间级一般采用有电流源负载的共射放大电路。低电阻输出级大多采用甲乙互补对称功率放大电路,主要用于提高集成运放的带负载能力,减少大信号作用下的非线性失真。偏置电路一般由各种电流源组成。

(6) 分析集成运放电路时,常常将集成运放作为理想运放。理想运放的特点是:开环差模电压放大倍数 A_{ud} 趋近于无穷大,开环差模输入电阻 R_{id} 趋近于无穷大,开环差模输出电阻 R_{od} 趋近于零,共模抑制比 K_{CMR} 趋近于无穷大。

(7) 在分析由运放构成的各种基本运算电路时,一定要抓住不同的输入方式(同相或反相)和负反馈这两个基本点,灵活运用集成运放中"虚短"和"虚断"这两个重要特点对电路进行分析计算。

(8) 在电子电路中,将输出量(输出电压或输出电流)的一部分或全部,通过一定的电路形式作用到输入回路,用来影响其输入量(输入电压或输入电流)的措施称为反馈。若反馈的结构使输出量的变化减小,则称之为负反馈,反之则称为正反馈。若反馈存在于直流通路,则称为直流反馈;若存在交流通路,则称为交流反馈。

(9) 反馈有四种基本组态:电压串联负反馈、电流串联负反馈、电压并联负反馈、电流并联负反馈。若反馈量取自输出电压则称之为电压反馈;若反馈取自输出电流则称之为电流反馈。输入量 X_i、反馈量 X_f、净输入量 X_d、输出量 X_o,以电压形式相叠加,即 $u_i = u_f + u_d$,称为串联反馈;以电流形式相加,即 $i_d = i_i + i_f$,称为并联反馈。反馈组态不同,X_i、X_d、X_f、X_o 的量纲也就不同。

(10) 在分析反馈放大电路时,"有无反馈"取决于输出回路与输入回路是否存在反馈通路;"正负反馈"的判断可采用瞬时极性判断法,反馈的结果使净输入量减小的为负反馈,使净输入量增大的为正反馈。为判断反馈放大电路引入的是电压反馈还是电流反馈,可令输出电压为零,若反馈量为零,则为电压反馈;若反馈量依然存在,则为电流反馈。

(11) 电路中引入反馈后可以改善放大电路多方面的性能，可以提高放大倍数的稳定性，改变输入电阻和输出电阻，展宽频带，减小非线性失真等。在实际电路中，应根据需要引入合适的反馈。

思考与练习

4-1 放大电路级与级之间的连接方式有哪几种？

4-2 两级阻容耦合放大电路中，已知 $A_{u1}=-25$，$A_{u2}=-75$，$r_{i1}=1.2\text{k}\Omega$，$r_{i2}=0.95\text{k}\Omega$，$r_{o1}=3\text{k}\Omega$，$r_{o2}=2\text{k}\Omega$，求总的电压放大倍数 A_u、输入电阻 r_i、输出电阻 r_o。

4-3 集成运算放大器是一种采用_____耦合方式的放大电路，因此低频性能_____，最常见的问题是_____。

4-4 通用型集成运算放大器的输入级大多采用_____电路，输出级大多采用_____电路。

4-5 集成运算放大器的两个输入端分别为_____输入端和_____输入端，前者的极性与输出端_____，后者的极性与输出端_____。

4-6 理想运算放大器的放大倍数 $A_d=$_____，输入电阻 $R_{id}=$_____，输出电阻 $R_o=$_____。

4-7 选择正确答案填空。

(1) 集成运放电路采用直接耦合方式是因为_____。
  a. 可获得很大的放大倍数　b. 可使温漂小　c. 集成工艺难于制造大容量电容

(2) 为增大电压放大倍数，集成运放中间级多采用_____。
  a. 共射放大电路　b. 共集放大电路　c. 共基放大电路

(3) 构成反馈通路的元器件_____。
  a. 只能是电阻、电感或电容等无源元件　b. 只能是晶体管、集成运放等有源器件
  c. 既可以是无源元件，也可以是有源器件

(4) 直流负反馈是指_____。
  a. 反馈网络从放大电路输出回路中取出的信号　b. 直流通路中的负反馈
  c. 放大直流信号时才有的负反馈

(5) 交流负反馈是指_____。
  a. 只存在于阻容耦合及变压器耦合中的负反馈　b. 交流通路中的负反馈
  c. 放大正弦信号时才有的负反馈

4-8 负反馈对放大电路的增益有何影响？对增益的稳定性有何影响？

4-9 负反馈对放大电路的输入电阻和输出电阻有何影响？

4-10 同相输入加法电路如图 4-49 所示，求输出电压 U_o，并与反相加法器进行比较；又当 $R_1=R_2=R_3=R_f$ 时，$U_o=$？

4-11 电路如图 4-50 所示，是加减运算电路，求输出电压 U_o 的表达式。

4-12 电路如图 4-51 所示，设运放是理想的，试求 U_{o1}、U_{o2} 及 U_o 的值。

4-13 电路如图 4-52 所示，A_1、A_2 为理想运放，电容的初始电压 $U_c(0)=0$。(1) 写出 U_o 的表达式；(2) 当 $R_1=R_2=R_3=R_4=R_5=R_6=R$ 时，写出输出电压 U_o 的表达式。

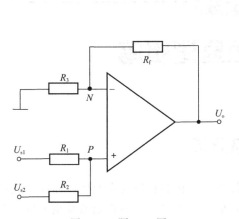

图 4-49 题 4-10 图

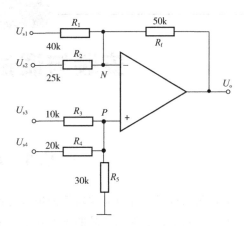

图 4-50 题 4-11 图

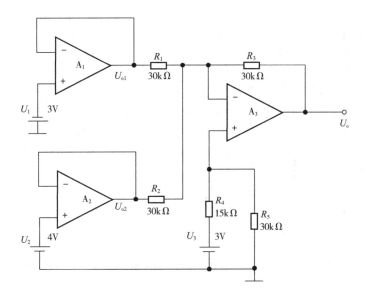

图 4-51 题 4-12 图

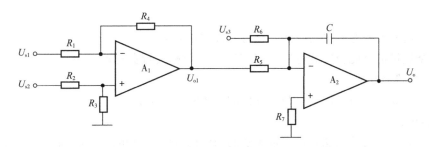

图 4-52 题 4-13 图

项目5

安装与调试数显逻辑笔

5.1 项目分析

某企业承接了一批数显逻辑笔的组装与调试任务，请按照相应的企业生产标准完成该产品的组装与调试，实现该产品的基本功能，满足相应的技术指标，并正确填写相关技术文件或测试报告。其原理图如图5-1所示。

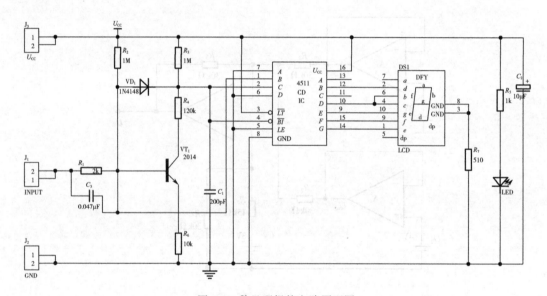

图 5-1 数显逻辑笔电路原理图

要求：
① 装接前先要检查器件的好坏，核对元件数量和规格；
② 根据提供的万能板安装电路，安装工艺符合相关行业标准，不损坏电气元件，安装前应对元器件进行检测；
③ 装配完成后，通电测试，利用提供的仪表测试本电路。

学习目标：
① 了解数字电路的概念，掌握常用数制与编码的特点及相互之间的转换方法；
② 熟悉逻辑代数的基本公式和定律，掌握逻辑函数的化简；
③ 了解基本逻辑门电路的工作原理，掌握常用门电路逻辑符号、逻辑功能及逻辑表达式；
④ 掌握组合逻辑电路的分析；
⑤ 掌握组合逻辑电路的设计；

⑥ 掌握常用组合逻辑功能器件的工作原理、特点；
⑦ 安装与调试数显逻辑笔电路。

5.2 项目实施

任务1 掌握数制及编码

数字电路是近代电子技术的重要基础，数字化已成为当今电子技术的发展潮流。数字技术广泛应用于计算机、通信技术、测量仪表、自动控制，以及家用电器等各个领域，掌握数字电路的基本理论及其分析方法，对我们是非常必要的。

1）数字电路概述

（1）数字电路

人们把传输、控制、存储、处理数字信号的电路称为数字电路。所谓数字信号是指在时间上和数值上都是断续、离散的信号。如生产中记录零件个数的计数信号，在计算机和数字系统中的各种数学、文字符号等。

（2）数字电路的特点

数字信号采用二值信息表示脉冲信号的有、无（或电平的高、低）。它有下述特点。

① 由于数字电路是以二值数字逻辑为基础，它用 0 和 1 两个数字表示脉冲信号的有、无（或电平的高、低），易于用二极管、三极管的导通与截止这两个对立的状态来表示，便于实现。

② 数字电路对构成电路的元器件的精度要求不高，只要能可靠区分"0"和"1"即可。电路结构简单，抗干扰能力强，易于集成化生产，成本低，使用方便。

③ 数字电路能够对数字信号进行各种逻辑运算和算术运算，由于数字电路有逻辑判断能力，在控制系统、智能仪表中得到了广泛的应用。

④ 数字信息易于长期保存，如可将数字信息存入磁盘、光盘等。

⑤ 保密性好。数字信息可以采用各种编码技术，容易进行加密处理，不易被窃取。

（3）数字电路的分类

① 按集成度分类，数字电路可分为：小规模（SSI，每片数十个器件）、中规模（MSI，每片数百个器件）、大规模（LSI，每片数千个器件）和超大规模（VLSI，每片器件数目大于1万个）数字集成电路。

② 按电路所用器件的不同，数字电路可分为：双极型和单极型两类。其中双极型的有TTL、DTL、ECL、HTL 等，单极型的有 NMOS、PMOS、CMOS 等。

③ 按照电路的结构和工作原理的不同，数字电路可分为：组合逻辑电路和时序逻辑电路两类。

2）数制

数制是一种计数方法。表示数时，仅用一位数码往往不够，必须用进位计数的方法组成多位数码。多位数码每一位的构成以及从低位到高位的进位规则称为进位计数制，简称进位制。在实践中人们常采用不同基数作为计数体制。如日常生活中人们习惯用十进制数，即以10为基数的计数体制，而用来计时的有六十进制、七进制等，则基数分别为60、7等。这里先介绍两个概念。

基数：也称进位基数，在一个数位上，规定使用的数码符号的个数。

位权：数位的权值，在某一数位上数码为1时所表征的数值，常简称为"权"。

(1) 十进制

十进制的特点如下。

① 规定使用十个基本数码：0，1，2，…，9，基数是10。

② 计数规则是"逢十进一"，即9+1=10。

任意一个十进制数都可以表示为各个数位上的数码与其对应的权的乘积之和。如：$(2009)_{10}=2\times10^3+0\times10^2+0\times10^1+9\times10^0$。

又如：$(263.18)_{10}=2\times10^2+6\times10^1+3\times10^0+1\times10^{-1}+8\times10^{-2}$。

十进制是人们最熟悉的计数方式。

(2) 二进制

二进制的特点如下。

① 规定使用两个基本数码数：0、1，基数是2。

② 计数规则是"逢二进一"，即1+1=10。

二进制数的权展开式，如：

$$(1101.01)_2=1\times2^3+1\times2^2+0\times2^1+1\times2^0+0\times2^{-1}+1\times2^{-2}$$

由于二进制数只有两个数码，只需要两个状态，故很容易用机器实现。

(3) 八进制

八进制的特点如下。

① 规定使用八个基本数码数：0，1，2，…，7，基数是8。

② 计数规则是"逢八进一"，即7+1=10。

八进制数的权展开式，如：

$$(512.01)_8=5\times8^2+1\times8^1+2\times8^0+0\times8^{-1}+1\times8^{-2}$$

(4) 十六进制

十六进制的特点如下。

① 规定使用十六个基本数码符号：0，1，2，…，9，A，B，…E，F，基数是16。

② 计数规则是"逢十六进一"。即F+1=10。

十六进制数的权展开式，如：

$$(B2.6)_{16}=11\times16^1+2\times16^0+6\times16^{-1}$$

(5) 数制间的转换

人们习惯用十进制计数，而数字系统中常用二进制（或八进制、十六进制），所以往往需要把二进位制的数转换成十进位制或将十进位制的数转换成二进位制。

① 二进制数转换为十进制数。要把一个二进制数转化为等值的十进制数，只要将它按权展开，即数码和位权值相乘，然后再相加即可。如：

$$(110101)_2=1\times2^5+1\times2^4+0\times2^3+1\times2^2+0\times2^1+1\times2^0=(53)_{10}$$

② 十进制数转换为二进制数。整数和小数转换方法不同，在这里我们只介绍整数的转换。

将十进制数转换为等值的二进制数，可采用"除二取余法"。具体方法如下。

a. 将十进制数除以2，并依次记下余数，一直除到商数为零。

b. 把全部余数按相反的次序排列（先得到的余数为低位，后得到的余数为高位），即得所求二进制数。如：将十进制数 44 转换为二进制数，可按以下方式来做。

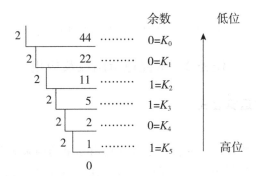

所以：$(44)_{10} = (101100)_2$。

3) 编码

用一定位数的二进制数来表示十进制数、字母或符号等称为编码。此二进制数码称为代码。

用四位二进制数表示一位十进制数称为二-十进制编码，简称 BCD 码。

(1) 8421BCD 码

在 8421BCD 码中，选取四位自然二进制数的前十种组合，表示一位十进制数 0~9，它是恒权码，从高位到低位权值分别为 8、4、2、1。

(2) 2421 码及 5421 码

2421 码的权值依次为 2、4、2、1，5421 码的权值依次为 5、4、2、1，它们都是有权码。

(3) 余 3 码

余 3 码由 8421 码加 0011 得到。它是一种无权码。

(4) 格雷码

格雷码也叫循环码，是按照"相邻性"编码的，即相邻两码之间只有一位数字不同。它也是一种无权码。常用 BCD 码编码如表 5-1 所示。

表 5-1 常用 BCD 码编码

十进制数	8421 码	2421 码	5421 码	余 3 码	格雷码
0	0000	0000	0000	0011	0000
1	0001	0001	0001	0100	0001
2	0010	0010	0010	0101	0011
3	0011	0011	0011	0110	0010
4	0100	0100	0100	0111	0110
5	0101	1011	1000	1000	0111
6	0110	1100	1001	1001	0101
7	0111	1101	1010	1010	0100
8	1000	1110	1011	1011	1100
9	1001	1111	1100	1100	1101
权	8421	2421	5421		

(5) 用 BCD 码表示十进制数

举例：

$$(4.79)_{10} = (0100.01111001)_{8421BCD}$$

任务 2　掌握逻辑函数及应用

1）逻辑代数及基本运算公式

(1) 逻辑代数

逻辑代数也称布尔代数，它研究输入条件和输出结果的因果关系。逻辑代数用代数的方法去研究逻辑问题，采用二值函数进行逻辑运算，使一些用语言描述较为复杂的逻辑命题，通过使用数学语言变成了简单的代数式。

(2) 逻辑代数基本公式和定律

① 常量之间的逻辑关系。

逻辑与：$0 \cdot 0 = 0$；　　　　$0 \cdot 1 = 0$；　　　　$1 \cdot 0 = 0$；　　　　$1 \cdot 1 = 1$

逻辑或：$0 + 0 = 0$；　　　　$0 + 1 = 1$；　　　　$1 + 0 = 1$；　　　　$1 + 1 = 1$

逻辑非：$\overline{0} = 1$；　　　　　$\overline{1} = 0$

② 变量与常量之间的逻辑关系。

逻辑与：$0 \cdot A = 0$；　　　　$1 \cdot A = A$

逻辑或：$0 + A = A$；　　　　$1 + A = 1$

逻辑非：$\overline{\overline{A}} = A$

③ 逻辑代数基本定律如表 5-2 所示。

表 5-2　逻辑代数基本定律

名称	公式	
重叠律	$A + A = A$	$A \cdot A = A$
互补律	$A + \overline{A} = 1$	$A \cdot \overline{A} = 0$
交换律	$A + B = B + A$	$A \cdot B = B \cdot A$
结合律	$(A + B) + C = A + (B + C)$	$(A \cdot B) \cdot C = A \cdot (B \cdot C)$
分配律	$A \cdot (B + C) = A \cdot B + A \cdot C$	$A + B \cdot C = (A + B)(A + C)$
反演律（摩根定律）	$\overline{A \cdot B} = \overline{A} + \overline{B}$	$\overline{A + B} = \overline{A} \cdot \overline{B}$

④ 常用公式：

$$A + AB = A$$
$$A + \overline{A}B = A + B$$
$$AB + A\overline{B} = A$$
$$AB + \overline{A}C + BC = AB + \overline{A}C$$

2）逻辑函数的化简

在数字电路中设计逻辑电路时，往往要对所得到的逻辑函数式进行化简。因为逻辑函数式越简单，实现它的电路就越简单，不仅成本越低，而且工作越稳定可靠。用逻辑代数的基本公式和定律可以对逻辑函数式化简。

(1) 化简方法

在运用代数法化简时，常采用以下方法。

① 并项法。利用 $A+\bar{A}=1$，将两项合并为一项，消去一个变量。如：
$$ABC+\bar{A}BC=(A+\bar{A})BC=BC$$

② 吸收法。利用公式 $A+AB=A$ 吸收多余项。如：
$$\overline{AB}+\overline{AB}CD=\overline{AB}$$

③ 消去法。利用公式 $A+\bar{A}B=A+B$ 消去多余因子。如：
$$AB+\overline{AB}C=AB+C$$

④ 配项法。利用公式 $A+\bar{A}=1$ 为某项配上合适的项，以便于函数式的化简。如：
$$AB+\bar{A}C+BCD=AB+\bar{A}C+(A+\bar{A})BCD$$
$$=AB+\bar{A}C+ABCD+\bar{A}BCD$$
$$=AB(1+CD)+\bar{A}C(1+BD)$$
$$=AB+\bar{A}C$$

(2) 化简举例

[例 5-1] 化简 $Y=AB+A\bar{B}+\bar{A}\bar{B}+\bar{A}B$。

解：
$$Y=AB+A\bar{B}+\bar{A}\bar{B}+\bar{A}B$$
$$=A(B+\bar{B})+\bar{A}(\bar{B}+B)$$
$$=A+\bar{A}=1$$

[例 5-2] 化简 $Y=AB+\bar{A}\bar{C}+B\bar{C}$。

解：
$$Y=AB+\bar{A}\bar{C}+B\bar{C}$$
$$=AB+\bar{A}\bar{C}+(A+\bar{A})B\bar{C}$$
$$=AB+\bar{A}\bar{C}+AB\bar{C}+\bar{A}B\bar{C}$$
$$=(AB+AB\bar{C})+(\bar{A}\bar{C}+\bar{A}B\bar{C})$$
$$=AB+\bar{A}\bar{C}$$

[例 5-3] 化简 $Y=ABC+A\bar{B}C+\bar{A}BC$。

解：
$$Y=ABC+A\bar{B}C+\bar{A}BC$$
$$=ABC+A\bar{B}C+\bar{A}BC+ABC$$
$$=AC(B+\bar{B})+BC(\bar{A}+A)$$
$$=AC+BC$$

[例 5-4] 化简 $Y=AD+A\bar{D}+AB+\bar{A}C+BD+ACEF+\bar{B}E+DEF$。

解：
$$Y=A(D+\bar{D})+AB+\bar{A}C+BD+ACEF+\bar{B}E+DEF$$
$$=A+AB+\bar{A}C+BD+ACEF+\bar{B}E+DEF$$
$$=A(1+B+CEF)+\bar{A}C+BD+\bar{B}E+DEF$$
$$=A+\bar{A}C+BD+\bar{B}E+DEF$$
$$=A+C+BD+\bar{B}E+DEF$$
$$=A+C+BD+\bar{B}E$$

任务 3　掌握常用逻辑门电路的逻辑功能

逻辑门电路是数字电路的基本单元电路。这种单元电路的输入与输出之间存在着一定的逻辑关系，故称为逻辑门电路，它能用来实现基本和常用的逻辑运算。常见的逻辑门电路有与门、或门、非门、与非门、或非门、异或门等。

1）基本逻辑门电路

基本逻辑门电路有与门、或门、非门。

（1）与门电路

① 与逻辑。当决定事件（Y）发生的所有条件（A、B、C、…）都满足时，事件（Y）才会发生。这种因果关系称为与逻辑。如图 5-2 所示，开关 A、B 串联控制灯泡 Y，只有当两个开关同时闭合时，灯泡才亮，只要有一个开关没闭合，灯泡都不会亮。

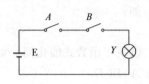

图 5-2　开关 A、B 串联控制灯泡 Y

② 与门电路。实现与逻辑关系的电路称为与门电路。图 5-3（a）所示为具有二输入端的二极管与门电路。图 5-3（b）所示为与门的逻辑符号，图 5-3（c）所示为与门的波形图。

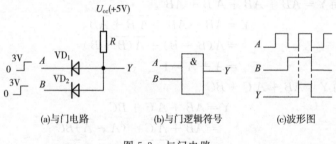

(a) 与门电路　　(b) 与门逻辑符号　　(c) 波形图

图 5-3　与门电路

假设 A、B 输入端低电平为 0V，高电平为 3V，Y 为信号输出端，则有：

a. 若输入端 A、B 均为低电平 0V 时，VD_1、VD_2 同时导通，输出 $Y=0V$，为低电平（忽略二极管的正向压降，下同）；

b. 若输入端 A 为 0V，B 为 3V，VD_1 优先导通，Y 点电位被钳制在 0V，此时，VD_2 反偏截止，输出 $Y=0V$；

c. 若输入端 A 为 3V，B 为 0V，VD_2 优先导通，Y 点电位被钳制在 0V，此时，VD_1 反偏截止，输出 $Y=0V$；

d. 若输入端 A、B 都为高电平 3V，这时 VD_1、VD_2 都导通，所以输出端 $Y=3V$，输出为高电平 1。

综合上述分析，可知电路满足"与逻辑"。只有当所有输入端都是高电平时，输出才是高电平，只要输入有一个低电平，输出就是低电平，这是与门电路。将该电路输入与输出关系列成表格，且低电平用"0"表示，高电平用"1"表示，可得与门真值表（表 5-3）。

逻辑功能可归纳为："有 0 出 0，全 1 出 1"。

与逻辑的表达式为：$Y=A\cdot B$

（2）或门电路

① 或逻辑。在决定事件（Y）发生的各种条件（A、B、C、…）中，只要有一个或多

个条件具备，事件（Y）就发生。这种因果关系称为或逻辑。在图 5-4 中，开关 A、B 并联控制灯泡 Y，只要两个开关有一个闭合，灯泡就亮；两个开关都闭合，灯泡当然也会亮。

表 5-3 与门真值表

输	入	输　出
A	B	Y
0	0	0
0	1	0
1	0	0
1	1	1

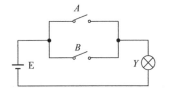

图 5-4 开关 A、B 并联控制灯泡 Y

② 或门电路。实现或逻辑关系的电路称为或门电路。

图 5-5（a）为具有二输入端的二极管或门电路。图 5-5（b）为或门的逻辑符号，图 5-5（c）为或门的波形图。

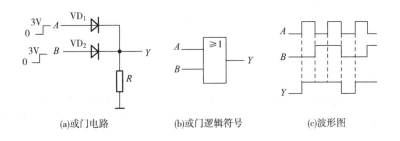

(a)或门电路　　(b)或门逻辑符号　　(c)波形图

图 5-5 或门电路

假设 A、B 输入端低电平为 0V，高电平为 3V，Y 为信号输出端，则有：

a. 若输入端 A、B 均为低电平 0V，则 VD_1、VD_2 都截止，输出 Y＝0V，为低电平 0；

b. 若输入端 A 为 0V，B 为 3V，则 VD_2 导通，VD_1 截止，输出 Y＝3V，为高电平 1；

c. 若输入端 A 为 3V，B 为 0V，则 VD_1 导通，VD_2 截止，输出 Y＝3V，为高电平 1；

d. 若输入端 A、B 都为高电平 3V，则 VD_1、VD_2 都导通，输出端 Y＝3V，为高电平 1。

综合上述分析，可知电路满足"或逻辑"。只要输入端有高电平，输出就是高电平；输入都是低电平时，输出才是低电平，所以这是一种或门电路。或门真值表见表 5-4。

逻辑功能可归纳为："有 1 出 1，全 0 出 0"。

或逻辑的表达式为：$Y=A+B$。

(3) 非门电路

① 非逻辑。非逻辑指的是逻辑的否定。决定事件的条件只有一个，当决定事件（Y）发生的条件（A）满足时，事件不发生；条件不满足，事件反而发生。如图 5-6 所示，开关控制灯泡的电路，开关断开，灯亮；开关闭合，灯灭。

② 非门电路。实现非逻辑关系的电路称为非门电路。图 5-7（a）为三极管构成的非门电路，图 5-7（b）为其逻辑符号，图 5-7（c）为非门电路的输入与输出波形图。

表 5-4 或门真值表

输入		输出
A	B	Y
0	0	0
0	1	1
1	0	1
1	1	1

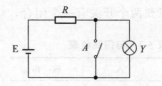

图 5-6 开关 A 并联控制灯泡 Y

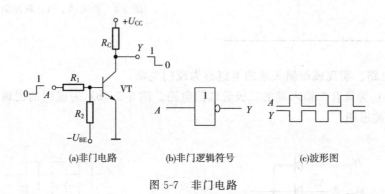

(a)非门电路　　(b)非门逻辑符号　　(c)波形图

图 5-7 非门电路

a. 当输入 A 为低电平 0 时，$-U_{BE}$ 经 R_1、R_2 分压，使 $U_{BE}<0V$，三极管 VT 截止，输出 Y 为高电平 1；

b. 当输入 A 为高电平 1 时，合理选择 R_1 和 R_2，使三极管工作在饱和状态，输出 Y 为低电平 0。

表 5-5 非门真值表

输入	输出
A	Y
0	1
1	0

分析可知，电路的输入为低电平时，输出为高电平；输入为高电平时，输出为低电平。输出与输入之间满足非逻辑关系。非门真值表如表 5-5 所示。

非门的逻辑功能为："有 0 出 1，有 1 出 0"。

非门的逻辑表达式为：$Y=\overline{A}$。

2）复合门电路

将与门、或门、非门组合起来，可以构成复合门。

（1）与非门

将一个与门和一个非门连接起来，就构成了一个与非门。图 5-8（a）、(b) 分别为与非门的逻辑结构和逻辑符号。与非门的逻辑关系式为：$Y=\overline{A \cdot B}$。

根据与非门的逻辑函数式，可得出与非门的真值表，见表 5-6。

与非门的逻辑功能为："有 0 出 1，全 1 出 0"。

（2）或非门

在或门后面接一个非门就构成了或非门。图 5-9（a）、(b) 分别为或非门的逻辑结构和逻辑符号。

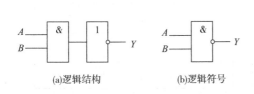

图 5-8 与非门的逻辑结构和逻辑符号

表 5-6 与非门真值表

输	入	输 出
A	B	Y
0	0	1
0	1	1
1	0	1
1	1	0

或非门的真值表见表 5-7。

或非门的逻辑关系式为：$Y = \overline{A + B}$

或非门的逻辑功能为："有 1 出 0，全 0 出 1"。

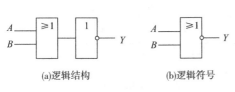

图 5-9 或非门的逻辑结构和逻辑符号

表 5-7 或非门真值表

输	入	输 出
A	B	Y
0	0	1
0	1	0
1	0	0
1	1	0

（3）异或门

异或是一种二变量逻辑运算，当两个变量取值相同时，逻辑函数值为 0；当两个变量取值不同时，逻辑函数值为 1。图 5-10 为异或门逻辑符号。异或门的真值表见表 5-8。

异或门的逻辑表达式为：

$$Y = A \oplus B = \overline{A}B + A\overline{B}$$

异或门的逻辑功能为："相异出 1，相同出 0"。

在数字电路中，门电路的使用非常广泛，常常制成集成电路。数字集成电路从器件特性来分，有 TTL 型、MOS 型两大类型。TTL 数字集成电路有 74 系列和 54 系列，它的电源电压标准是 5V，标准高电平是 3.6V，标准低电平是 0.3V；CMOS 数字集成电路是 MOS 电路中应用最广泛的集成电路，COMS 有 4000 系列和高速系列，它的电源电压范围较宽，在 3~18V 之间，标准高电平为电源电压，标准低电平为 0V，功耗较低。图 5-11（a）为 74LS08 集成与门实物图，图 5-11（b）为 74LS08 引脚排列图。

一般集成门外形差不多，大都采用双列直插式封装，集成块的表面上标有型号类别，不同集成块引脚功能大多不

表 5-8 异或门真值表

输	入	输 出
A	B	Y
0	0	0
0	1	1
1	0	1
1	1	0

图 5-10 异或门逻辑符号

同,要注意区分。图 5-12 是常用集成门引脚排列图。

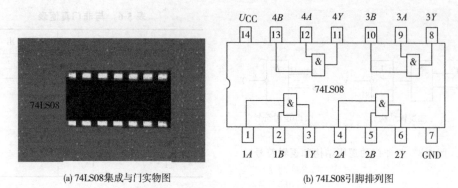

图 5-11　74LS08 实物图与引脚排列图

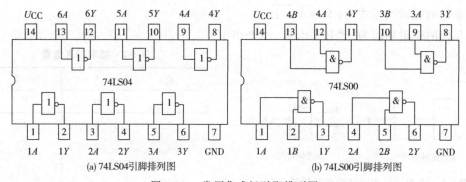

图 5-12　常用集成门引脚排列图

任务 4　分析和设计组合逻辑电路

1）组合逻辑电路的分析

（1）组合逻辑电路分析步骤

组合逻辑电路分析是为了明确组合逻辑电路的逻辑功能和应用。具体分析步骤如下：

① 根据已给组合电路逻辑图，逐级写出输出函数的逻辑表达式；
② 化简所得逻辑表达式；
③ 列出真值表；
④ 根据真值表和逻辑表达式确定电路的逻辑功能。

（2）组合逻辑电路分析举例

[例 5-5] 组合逻辑电路如图 5-13 所示，试分析该电路的功能。

解：① 由逻辑图逐级写出逻辑表达式。

$Y_1 = \overline{A \cdot B}$；　　　$Y_2 = \overline{A \cdot Y_1}$；

$Y_3 = \overline{B \cdot Y_1}$；

$Y = \overline{Y_2 \cdot Y_3} = \overline{\overline{A \cdot Y_1} \cdot \overline{B \cdot Y_1}}$

$= \overline{\overline{A \cdot \overline{AB}} \cdot \overline{B \cdot \overline{AB}}}$

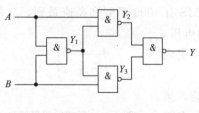

图 5-13　例 5-5 图

② 化简与变换，写出最简表达式。

$$Y = A \cdot \overline{AB} + B \cdot \overline{AB} = A(\overline{A} + \overline{B}) + B(\overline{A} + \overline{B})$$
$$= \overline{A}B + A\overline{B} = A \oplus B$$

③ 由表达式列出真值表，如表 5-9 所示。

④ 由真值表可知，Y 与 A、B 是异或关系。这种电路可用 1 个异或门来实现，如图 5-14 所示。

表 5-9　例 5-5 真值表

输入		输出
A	B	Y
0	0	0
0	1	1
1	0	1
1	1	0

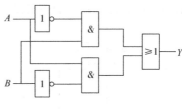

图 5-14　[例 5-5] 异或门逻辑图

2）组合逻辑电路的设计

组合逻辑电路的设计是：根据所给定的具体逻辑问题设计出能实现这一逻辑功能的最简单的逻辑电路，并将其用最合理的逻辑电路实现。

（1）组合逻辑电路的设计步骤

① 分析设计要求，定义输入变量和输出变量。

② 根据所要实现的逻辑功能列出真值表。

③ 由真值表求出逻辑函数表达式。

④ 化简逻辑函数。

⑤ 根据最简（或最合理）表达式，画出相应的逻辑图。

（2）组合逻辑电路的设计举例

[例 5-6] 设计一个举重裁判表决电路，若比赛有 3 个裁判，一个主裁判，两个副裁判，比赛成功与否，由裁判按下自己面前的按钮来确定。只有当两个或两个以上裁判判明成功，并且其中有一个为主裁判时，表明成功的灯才亮。

解：① 分析设计要求，列出真值表如表 5-10 所示。

设主裁判为变量 A，副裁判分别为 B 和 C，三个裁判分别判定成功为 1，不成功为 0；输出结果为 Y，最后成功为 1，灯亮；最后不成功为 0，灯不亮。

表 5-10　例 5-6 真值表

A	B	C	Y	A	B	C	Y
0	0	0	0	1	0	0	0
0	0	1	0	1	0	1	1
0	1	0	0	1	1	0	1
0	1	1	0	1	1	1	1

② 由真值表写出表达式。
$$Y = A\bar{B}C + AB\bar{C} + ABC$$

③ 化简逻辑函数。
$$Y = (A\bar{B}C + ABC) + (AB\bar{C} + ABC) = AB + AC$$

④ 画出逻辑图。根据逻辑表达式可画出逻辑图，如图 5-15 所示。

此时，电路功能是能实现，但要用两个集成块。在实际应用中，经常采用同一种门简化电路，且现成产品大多数为与非门、或非门、与或非门，因此在组合电路设计时，还可对最简表达式进行变换。在本题中，常用与非门实现该逻辑电路，转换表达式的形式：$Y = AB + AC = \overline{\overline{AB} \cdot \overline{AC}}$，画出相应的逻辑图如图 5-16 所示，一个集成 74LS00 电路设计即可完成。

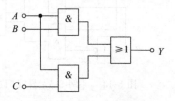
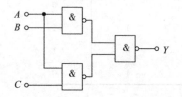

图 5-15 例 5-6 逻辑图　　　图 5-16 例 5-6 与非门实现的逻辑图

3）中规模组合逻辑部件

常用的中规模组合逻辑部件有编码器、译码器、加法器等。

（1）编码器

实现编码的电路称为编码器。所谓编码就是将数字、字符等信息转换成相应二进制代码的过程。常用的编码器主要有二进制编码器、二-十进制编码器、优先编码器等。

① 二进制编码器。三位二进制编码器有 8 个输入端，3 个输出端，常称为 8 线-3 线编码器，其功能表见表 5-11。

由功能表写出输出的逻辑表达式为：

表 5-11　8 线-3 线编码器功能表

输入	输出		
	Y_2	Y_1	Y_0
只有 $I_0=1$	0	0	0
只有 $I_1=1$	0	0	1
只有 $I_2=1$	0	1	0
只有 $I_3=1$	0	1	1
只有 $I_4=1$	1	0	0
只有 $I_5=1$	1	0	1
只有 $I_6=1$	1	1	0
只有 $I_7=1$	1	1	1

$$Y_2 = I_4 + I_5 + I_6 + I_7 = \overline{\overline{I_4}\,\overline{I_5}\,\overline{I_6}\,\overline{I_7}}$$
$$Y_1 = I_2 + I_3 + I_6 + I_7 = \overline{\overline{I_2}\,\overline{I_3}\,\overline{I_6}\,\overline{I_7}}$$
$$Y_0 = I_1 + I_3 + I_5 + I_7 = \overline{\overline{I_1}\,\overline{I_3}\,\overline{I_5}\,\overline{I_7}}$$

用门电路实现逻辑电路如图 5-17 所示。

② 二-十进制编码器。把十进制的十个数 0～9 转换成二进制代码的电路，称为二-十进制编码器。对十个数进行编码，四位二进制代码有十六种组合，可以任选其中十个状态表示这十个数，因此，有多种编码方式，其中最常用的是 8421BCD 码。

表 5-12 列出了 8421BCD 码的真值表。

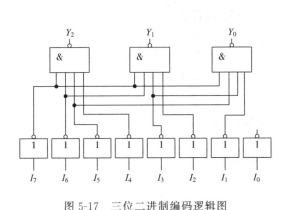

图 5-17 三位二进制编码逻辑图

表 5-12　8421BCD 码的真值表

输入	8421BCD 码			
（十进制数）	Y_3	Y_2	Y_1	Y_0
0（I_0）	0	0	0	0
1（I_1）	0	0	0	1
2（I_2）	0	0	1	0
3（I_3）	0	0	1	1
4（I_4）	0	1	0	0
5（I_5）	0	1	0	1
6（I_6）	0	1	1	0
7（I_7）	0	1	1	1
8（I_8）	1	0	0	0
9（I_9）	1	0	0	1

由功能表 5-12 可得逻辑表达式：

$$Y_3 = I_8 + I_9 = \overline{\overline{I_8}\,\overline{I_9}}$$

$$Y_2 = I_4 + I_5 + I_6 + I_7 = \overline{\overline{I_4}\,\overline{I_5}\,\overline{I_6}\,\overline{I_7}}$$

$$Y_1 = I_2 + I_3 + I_6 + I_7 = \overline{\overline{I_2}\,\overline{I_3}\,\overline{I_6}\,\overline{I_7}}$$

$$Y_0 = I_1 + I_3 + I_5 + I_7 + I_9 = \overline{\overline{I_1}\,\overline{I_3}\,\overline{I_5}\,\overline{I_7}\,\overline{I_9}}$$

由表达式可得逻辑图（图 5-18）。

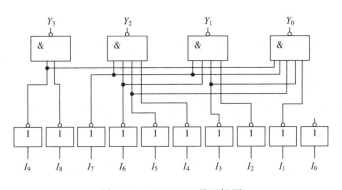

图 5-18　8421BCD 码逻辑图

③ 优先编码器。上面所述的编码器，输入信号是相互排斥的。只允许输入一个信号，否则就会发生混乱。

优先编码器可以同时输入两个以上编码信号，但只对其中一个优先级别最高的信号进行编码。集成优先编码器 74LS148（8 线-3 线）逻辑符号与引脚排列分别如图 5-19（a）、（b）所示。

$\overline{E_1}$ 为使能输入端（低电平有效），E_O 为输出使能端（高电平有效），$\overline{G_s}$ 为优先编码工作标志（低电平有效）。

由表 5-13 可看出，当 $\overline{E_1}=0$ 时允许编码输入，I_7 优先级最高，I_0 最低。当 $\overline{I_7}=0$ 时，不管其他输入端有无信号，输出端只给出 $\overline{I_7}$ 的编码 000（反码）。输入、输出均为低电平有效。

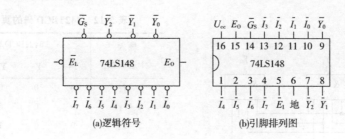

(a)逻辑符号　　　　　　　　(b)引脚排列图

图 5-19　8 线-3 线编码器 74LS148

表 5-13　74LS148 功能表

输入										输出				
$\overline{E_L}$	$\overline{I_0}$	$\overline{I_1}$	$\overline{I_2}$	$\overline{I_3}$	$\overline{I_4}$	$\overline{I_5}$	$\overline{I_6}$	$\overline{I_7}$		$\overline{Y_2}$	$\overline{Y_1}$	$\overline{Y_0}$	$\overline{G_s}$	E_O
1	×	×	×	×	×	×	×	×		1	1	1	1	1
0	1	1	1	1	1	1	1	1		1	1	1	1	0
0	×	×	×	×	×	×	×	0		0	0	0	0	1
0	×	×	×	×	×	×	0	1		0	0	1	0	1
0	×	×	×	×	×	0	1	1		0	1	0	0	1
0	×	×	×	×	0	1	1	1		0	1	1	0	1
0	×	×	×	0	1	1	1	1		1	0	0	0	1
0	×	×	0	1	1	1	1	1		1	0	1	0	1
0	×	0	1	1	1	1	1	1		1	1	0	0	1
0	0	1	1	1	1	1	1	1		1	1	1	0	1

（2）译码器

将特定意义的二进制代码转换成相应信号输出的过程称为译码，是编码的逆过程。若译码器输入为 n，则其输出端 $N \leqslant 2^n$。若 $N = 2^n$ 称完全译码，若 $N < 2^n$ 称部分译码。常用的译码器有二进制译码器、二-十进制译码器等。

① 二进制译码器。常用的二进制译码器有 3 线-8 线译码器。3 线-8 线译码器的功能如表 5-14 所示。

表 5-14　3 线-8 线译码器的功能表

输入			输出							
A_2	A_1	A_0	Y_0	Y_0	Y_1	Y_2	Y_3	Y_4	Y_5	Y_6	Y_7
0	0	0	1	1	0	0	0	0	0	0	0
0	0	1	0	0	1	0	0	0	0	0	0
0	1	0	0	0	0	1	0	0	0	0	0
0	1	1	0	0	0	0	1	0	0	0	0
1	0	0	0	0	0	0	0	1	0	0	0
1	0	1	0	0	0	0	0	0	1	0	0
1	1	0	0	0	0	0	0	0	0	1	0
1	1	1	0	0	0	0	0	0	0	0	1

各输出函数表达式为：

$Y_0=\overline{A}_2\overline{A}_1\overline{A}_0;\quad Y_1=\overline{A}_2\overline{A}_1A_0;\quad Y_2=\overline{A}_2A_1\overline{A}_0;\quad Y_3=\overline{A}_2A_1A_0;$

$Y_4=A_2\overline{A}_1\overline{A}_0;\quad Y_5=A_2\overline{A}_1A_0;\quad Y_6=A_2A_1\overline{A}_0;\quad Y_7=A_2A_1A_0。$

由表达式得到的逻辑图如图 5-20 所示。

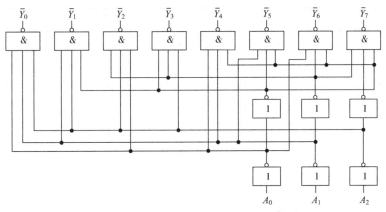

图 5-20　3 线-8 线译码器 74LS138 逻辑图

常用的集成 3 线-8 线译码器称为 74LS138，逻辑符号与引脚排列分别如图 5-21（a）、(b) 所示。其功能如表 5-15 所示。

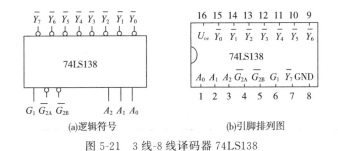

(a)逻辑符号　　　　　　　　(b)引脚排列图

图 5-21　3 线-8 线译码器 74LS138

表 5-15　集成 74LS138 译码器功能表

输入						输出							
G_1	$\overline{G}_{2A}$	$\overline{G}_{2B}$	A_2	A_1	A_0	$\overline{Y}_0$	$\overline{Y}_1$	$\overline{Y}_2$	$\overline{Y}_3$	$\overline{Y}_4$	$\overline{Y}_5$	$\overline{Y}_6$	$\overline{Y}_7$
×	1	×	×	×	×	1	1	1	1	1	1	1	1
×	×	1	×	×	×	1	1	1	1	1	1	1	1
0	×	×	×	×	×	1	1	1	1	1	1	1	1
1	0	0	0	0	0	0	1	1	1	1	1	1	1
1	0	0	0	0	1	1	0	1	1	1	1	1	1
1	0	0	0	1	0	1	1	0	1	1	1	1	1
1	0	0	0	1	1	1	1	1	0	1	1	1	1
1	0	0	1	0	0	1	1	1	1	0	1	1	1
1	0	0	1	0	1	1	1	1	1	1	0	1	1
1	0	0	1	1	0	1	1	1	1	1	1	0	1
1	0	0	1	1	1	1	1	1	1	1	1	1	0

② 二-十进制译码器。将四位二-十进制代码按其原意翻译成 10 个十进制数信号的逻辑电路，称为二-十进制译码器。这种译码器有 4 个输入端，输入四位二进制代码，有 10 个信

号输出端，与 10 个十进制数相对应，故常称为 4 线-10 线译码器。

表 5-16 为二-十进制 74LS42 译码器功能表，图 5-22 为二-十进制 74LS42 译码器逻辑图。

表 5-16 74LS42 译码器功能表

序号		输 入							输 出					
		A_3	A_2	A_1	A_0	$\overline{Y_0}$	$\overline{Y_1}$	$\overline{Y_2}$	$\overline{Y_3}$	$\overline{Y_4}$	$\overline{Y_5}$	$\overline{Y_6}$	$\overline{Y_7}$	$\overline{Y_8}$	$\overline{Y_9}$
0		0	0	0	0	0	1	1	1	1	1	1	1	1	1
1		0	0	0	1	1	0	1	1	1	1	1	1	1	1
2		0	0	1	0	1	1	0	1	1	1	1	1	1	1
3		0	0	1	1	1	1	1	0	1	1	1	1	1	1
4		0	1	0	0	1	1	1	1	0	1	1	1	1	1
5		0	1	0	1	1	1	1	1	1	0	1	1	1	1
6		0	1	1	0	1	1	1	1	1	1	0	1	1	1
7		0	1	1	1	1	1	1	1	1	1	1	0	1	1
8		1	0	0	0	1	1	1	1	1	1	1	1	0	1
9		1	0	0	1	1	1	1	1	1	1	1	1	1	0
伪码	10	1	0	1	0	1	1	1	1	1	1	1	1	1	1
	11	1	0	1	1	1	1	1	1	1	1	1	1	1	1
	12	1	1	0	0	1	1	1	1	1	1	1	1	1	1
	13	1	1	0	1	1	1	1	1	1	1	1	1	1	1
	14	1	1	1	0	1	1	1	1	1	1	1	1	1	1
	15	1	1	1	1	1	1	1	1	1	1	1	1	1	1

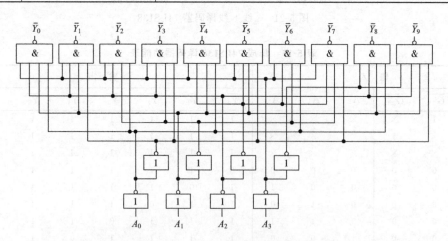

图 5-22 74LS42 译码器逻辑图

各输出函数表达式为：

$$\overline{Y_0} = \overline{\overline{A_3} \cdot \overline{A_2} \cdot \overline{A_1} \cdot \overline{A_0}}$$

$$\overline{Y_1} = \overline{\overline{A_3} \cdot \overline{A_2} \cdot \overline{A_1} \cdot A_0}$$

$$\overline{Y_2} = \overline{\overline{A_3} \cdot \overline{A_2} A_1 \overline{A_0}}$$

$$\overline{Y_3} = \overline{\overline{A_3} \cdot \overline{A_2} A_1 A_0}$$

$$\overline{Y_4} = \overline{\overline{A_3} A_2 \overline{A_1} \overline{A_0}}$$

$$\overline{Y_5} = \overline{\overline{A_3} A_2 \overline{A_1} A_0}$$

$$\overline{Y_6} = \overline{\overline{A_3} A_2 A_1 \overline{A_0}}$$

$$\overline{Y_7} = \overline{\overline{A_3} \cdot A_2 A_1 A_0}$$

$$\overline{Y_8} = \overline{A_3 \overline{A_2} \overline{A_1} \overline{A_0}}$$

$$\overline{Y_9} = \overline{A_3 \overline{A_2} \overline{A_1} A_0}$$

（3）加法器

加法器是最基本的运算器。

① 半加器：用来完成两个一位二进制数求和的逻辑电路，只考虑本位数相加，而不考虑低位来的进位。

两个一位二进制数相加，运算式如下：

进位　　和

0＋0＝　　0　——本位和为 0，进位 0；

0＋1＝　　1　——本位和为 1，进位 0；

1＋0＝　　1　——本位和为 1，进位 0；

1＋1＝1　0　——本位和为 0，进位 1。

按照上面的运算可列出如表 5-17 所示的功能表。

可以看出：半加器相加的数有 A 和 B，相加的结果有两个：本位和 S 和进位 C。

由功能表可写出表达式：

$$S = \overline{A}B + A\overline{B} = A \oplus B$$
$$C = AB$$

可得逻辑电路图如图 5-23 所示。

表 5-17　半加器的功能表

输入		输出	
A	B	S	C
0	0	0	0
0	1	1	0
1	0	1	0
1	1	0	1

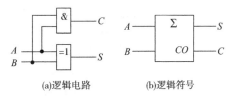

图 5-23　半加器的逻辑电路

② 全加器：在将两个多位二进制数相加时，除了进行本位数相加外，还要考虑和相邻低位的进位位相加的运算电路称为全加器。

两个四位二进制数相加，$A=1101$，$B=0101$，运算式如下：

```
  1 1 0 1      Aᵢ
+ 0 1 0 1      Bᵢ
  1 0 1 0      低位的进位 Cᵢ₋₁
1 0 0 1 0      本位的和 Sᵢ
```

由上式可知：全加器相加的数有三个：A_i、B_i、C_{i-1}，结果有两个：本位和 S_i 与进位 C_i。全加器的功能表如表 5-18 所示。

表 5-18 全加器的功能表

输入			输出	
A_i	B_i	C_{i-1}	S_i	C_i
0	0	0	0	0
0	0	1	1	0
0	1	0	1	0
0	1	1	0	1
1	0	0	1	0
1	0	1	0	1
1	1	0	0	1
1	1	1	1	1

由功能表写出逻辑表达式化简得：

$$S_i = \overline{A_i}\,\overline{B_i}C_{i-1} + \overline{A_i}B_i\,\overline{C_{i-1}} + A_i\,\overline{B_i}\,\overline{C_{i-1}} + A_iB_iC_{i-1}$$
$$= \overline{(A_i \oplus B_i)}C_{i-1} + (A_i \oplus B_i)\overline{C_{i-1}}$$
$$= A_i \oplus B_i \oplus C_{i-1}$$
$$C_i = \overline{A_i}B_iC_{i-1} + A_i\,\overline{B_i}C_{i-1} + A_iB_i\,\overline{C_{i-1}} + A_iB_iC_{i-1}$$
$$= A_iB_i + (A_i \oplus B_i)C_{i-1}$$

根据逻辑表达式，可以画出全加器的逻辑电路图如图 5-24 所示。

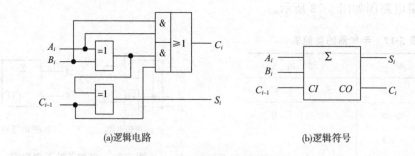

(a) 逻辑电路　　　　　　　　(b) 逻辑符号

图 5-24 全加器的逻辑电路及符号

任务 5　安装与调试数显逻辑笔电路

1) 原理分析

原理图如图 5-1 所示。数显逻辑笔是由 CD4511 及外围的电阻、电容、二极管、三极管、数码管等组成。它能够检测 INPUT 输入电压的逻辑电平高低，并以数码管显示"L"和"H"表示。

CD4511 是 BCD 码锁存、7 段译码器、驱动器，用于驱动共阴极 LED（数码管）显示器。

CD4511 功能真值表如表 5-19 所示。

表 5-19　CD4511 功能真值表

输　入							输　出							显示
LE	$\overline{BI}$	$\overline{LT}$	D	C	B	A	a	b	c	d	e	f	g	
×	×	0	×	×	×	×	1	1	1	1	1	1	1	8
×	0	1	×	×	×	×	0	0	0	0	0	0	0	
0	1	1	0	0	0	0	1	1	1	1	1	1	0	0
0	1	1	0	0	0	1	0	1	1	0	0	0	0	1
0	1	1	0	0	1	0	1	1	0	1	1	0	1	2
0	1	1	0	0	1	1	1	1	1	1	0	0	1	3
0	1	1	0	1	0	0	0	1	1	0	0	1	1	4
0	1	1	0	1	0	1	1	0	1	1	0	1	1	5
0	1	1	0	1	1	0	0	0	1	1	1	1	1	6
0	1	1	0	1	1	1	1	1	1	0	0	0	0	7
0	1	1	1	0	0	0	1	1	1	1	1	1	1	8
0	1	1	1	0	0	1	1	1	1	0	0	1	1	9
0	1	1	1	0	1	0	0	0	0	0	0	0	0	
0	1	1	1	0	1	1	0	0	0	0	0	0	0	
0	1	1	1	1	0	0	0	0	0	0	0	0	0	
0	1	1	1	1	0	1	0	0	0	0	0	0	0	
0	1	1	1	1	1	0	0	0	0	0	0	0	0	
0	1	1	1	1	1	1	0	0	0	0	0	0	0	
1	1	1	×	×	×	×								

CD4511 引脚功能如下。

U_{CC}：16 脚接电源正极；GND：8 脚接地；D、C、B、A：输入端，D 是最高位；$a \sim g$：7 段译码输出端，输出为高电平 1 有效，可驱动共阴极 LED 数码管。

$\overline{BI}$：4 脚是消隐输入控制端，当 $\overline{BI}=0$ 时，不管 $DCBA$ 输入端状态是怎么样的，其输出 $abcdefg$ 皆为 0，即七段显示完全不亮，都会处于消隐。正常显示时 $\overline{BI}$ 应加高电平。

LE：锁定控制端，当 $LE=0$ 时，允许译码输出。$LE=1$ 时译码器锁定保持状态，译码器输出被保持在 $LE=0$ 时的数值。正常显示时应加低电平。

$\overline{LT}$：3 脚是灯测试端，当 $\overline{BI}=1$，$\overline{LT}=0$ 时，译码输出全为 1，不管输入 $DCBA$ 状态如何，七段均发亮，显示数码"8"。它主要用来检测 7 段数码管是否有物理损坏。正常显示时应加高电平。

数据栓锁致能控制：当 $LE=0$ 时（$\overline{LT}=1$，且 $\overline{BI}=1$），$DCBA$ 数据会被送入 IC 的缓存器中保存，以供译码器译码；当 $LE=1$ 时，不论 $DCBA$ 的输入数据为何数字，皆不影响其输出，其输出 $abcdefg$ 仍保留原来在 LE 由 0 转为 1 以前的数据。正常显示时，LE 端应加低电平。

电路结构：B 点接至 CD4511 的 B 脚，C 点接至 4511 的 C 和 $\overline{BI}$。其他如图 5-1 所示。7 脚和 6 脚接地，为低电平。$\overline{LT}=1$，$LE=0$。CD4511 的里面有上拉电阻，输出可直接（或者接一个电阻）与七段数码管接口。数码管 a 端未连信号，b、c 同电平。

（1）INPUT 端没有输入电压即悬空时，由于电阻分压的关系，三极管的基极电位高于集电极电位，三极管 VT_1 工作在饱和导通状态，可以计算出静态工作点 $U_B=0.8V$，二极管截止，C、B 电位为低电平。则 IC 的"4"脚 $\overline{BI}$ 为低电平，CD4511 消隐，其输出端 $A \sim G$ 全部为 0，数码管输入 $abcdefg$ 全为 0，数码管不显示。

（2）INPUT 端输入低电平时（0~0.47V），输入低电平加到三极管基极，B 点电位为"低"，三极管 VT_1 截止，其集电极输出高电平，C 点电位为"高"，二极管 VD_1 截止。IC 的 BCD 码输入 $DCBA=0100$，4511 译码，输出显示为"4"的状态（看功能表），输出 $ABCDEFG$ 为 0110011，数码管输入 $abcdefg$ 为 0001110，驱动数码管显示"L"，表示逻辑低电平，同时指示灯 LED_1 点亮。

（3）INPUT 端输入高电平时（3.13~5V），输入高电平加到三极管基极，B 点电位为"高"，使得三极管 VT_1 更加饱和导通，且高电位加到二极管的阳极，二极管导通，C 点电位为"高"。IC 的 BCD 码输入 $DCBA=0110$，4511 译码，输出显示为"6"的状态（看功能表），输出 $ABCDEFG$ 为 0011111，数码管输入 $abcdefg$ 为 0110111，驱动数码管显示"H"，表示逻辑高电平，同时指示灯 LED_1 点亮。

2）清点并检测元器件

按照表 5-20 元器件清单清点元器件，并检测元器件。

表 5-20 数显逻辑笔电路的元器件清单表

序号	名称	型号与规格	数量	检测情况
1	电阻	10k/0.25	1	
2	电阻	2k/0.25	1	
3	电阻	1M/0.25	2	
4	电阻	120k/0.25	1	
5	电阻	1k/0.25	1	
6	电阻	510/0.25	1	
7	电容	瓷片 473	1	
8	电容	10μ	1	
9	电容	200p	1	
10	二极管	1N4148	1	
11	发光二极管	红 3	1	
12	三极管	9014	1	
13	集成电路	CD4511	1	
14	数码管	0.5in 1 位共阴	1	
15	排针		8	
16	PCB 板		1	
17	焊锡		1	

数码管实物如图 5-25（a）所示。引脚排列如图 5-25（b）所示。数码管的检测如图 5-25（c）所示。用万用表的二极管挡，黑表笔接 3 号脚或 8 号脚，红表笔分别接其他脚，看对应的笔段是否发光，发光就是正常的，若不亮，该笔段已经损坏。

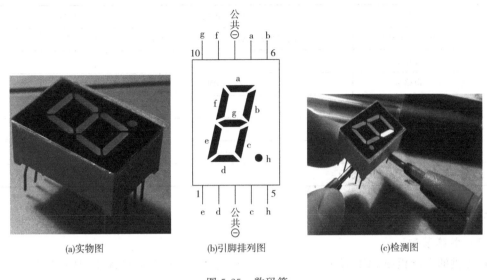

图 5-25　数码管

3）设计布局图

设计布局图如图 5-26 所示。

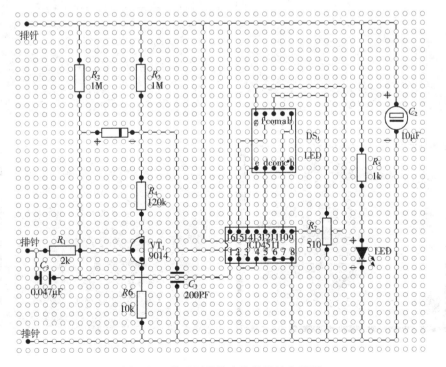

图 5-26　数显逻辑笔电路的设计布局图

4）装调准备

选择装调工具、仪器设备并列写清单（表 5-21）。

表 5-21 数显逻辑笔电路的工具设备清单表

序号	名称	型号/规格	数量	备注
1	直流稳压电源	XJ17232/2A，0～30V（双电源）	1	
2	万用表	VC890D	1	
3	电烙铁	25～30W	1	
4	烙铁架		1	
5	镊子		1	
6	斜口钳	130mm	1	
7	测试导线		若干	

5）电路安装与调试

（1）电路装配

在提供的万能板或 PCB 板上装配电路，且装配工艺应符合 IPC-A-610D 标准的二级产品等级要求。装配图中 J_1、J_2、J_3 为排针，作为电路接线端子。如图 5-27 所示为数显逻辑笔万能板实物图。

(a)万能板正面图

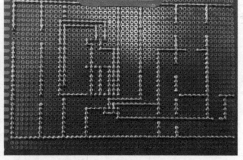

(b)万能板背面图

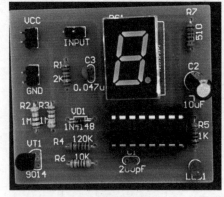

(c)PCB板正面图

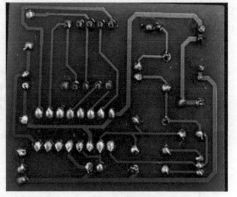

(d)PCB板背面图

图 5-27 数显逻辑笔万能板实物图

(2) 电路调试

装配完成后，通电调试。

① 接入 5V 直流电源。请绘制电路输入端悬空状态下的测试连线示意图，如图 5-28 所示。

② 参数测试。如图 5-29 所示，根据输入信号的不同状态，测量相应点的电压，并对照表 5-22，将测量电压数据填到表中。

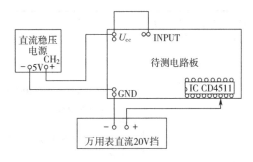

图 5-28 数显逻辑笔电路的测试连线示意图

(a) 输入端接高电位时

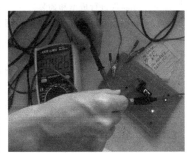
(b) 输入端接低电位时

图 5-29 数显逻辑笔电路的参数测试图

表 5-22 数显逻辑笔电路的参数测试表

INPUT（输入）	U_{1-7}/V	U_{1-1}/V	U_{1-2}/V	U_{1-6}/V	U_{1-4}/V	输出状态
悬空	0	0.6	0.62	0	0.67	不显示
5V	0	4.3	4.0	0	4.4	H
0V	0	0.02	4.5	0	5.0	L

③ 调试结束后，请将标签写上自己的组员名，贴在电路板正面空白处。

5.3 项目考评

项目考评见表 5-23。

表 5-23 数显逻辑笔电路的项目考评表

评价项目	内容	配分	评价点	评分细则	得分	备注
职业素养与操作规范（20 分）	工作前准备	10	清点器件、仪表、焊接工具，并摆放整齐，穿戴好防静电防护用品	① 未按要求穿戴好防静电防护用品，扣 3 分 ② 未清点工具、仪表等每项扣 1 分 ③ 工具摆放不整齐，扣 3 分		① 学生没有操作项目，此小项记 0 分 ② 出现明显失误造成工具、仪表或设备损坏等安全事故；严重违反实训纪律，造成恶劣影响的，本大项记 0 分
	6S 规范	10	操作过程中及作业完成后，保持工具、仪表、元器件、设备等摆放整齐。具有安全用电意识，操作符合规范要求。作业完成后清理、清扫工作现场	① 操作过程中乱摆放工具、仪表，乱丢杂物等，扣 5 分 ② 完成任务后不清理工位，扣 5 分 ③ 出现人员受伤设备损坏事故，考试成绩为 0 分		

续表

评价项目	内容	配分	评价点	评分细则	得分	备注
作品（80分）	工艺	25	电路板作品要求符合IPC-A-610标准中各项可接受条件的要求（1级）： ① 元器件的参数和极性插装正确 ② 合理选择设备或工具对元器件进行成型和插装 ③ 元器件引脚和焊盘浸润良好，无虚焊、空洞或堆焊现象 ④ 焊点圆润、有光泽、大小均匀 ⑤ 插座插针垂直整齐，插孔式元器件引脚长度2~3mm，且剪切整齐	① 虚焊、桥接、漏焊、半边焊、毛刺、焊锡过量或过少、助焊剂过量等，每焊点扣1分 ② 焊盘翘起、脱落（含未装元器件处），每处扣2分 ③ 损坏元器件，每只扣1分 ④ 烫伤导线、塑料件、外壳，每处扣2分 ⑤ 连接线焊接处应牢固工整，导线线头加工及浸锡合理规范，线头不外露，否则每处扣1分 ⑥ 插座插针垂直整齐，否则每个扣0.5分 ⑦ 插孔式元器件引脚长度2~3mm，且剪切整齐，否则酌情扣1分 ⑧ 整板焊接点未进行清洁处理扣1分		
	调试	25	① 合理选择仪器仪表，正确操作仪器设备对电路进行调试 ② 电路调试接线图绘制正确 ③ 通电调试操作规范	① 不能正确使用万用表、毫伏表、示波器等仪器仪表每次扣3分 ② 不能按正确流程进行测试并及时记录装调数据，每错一处扣1分 ③ 调试过程中出现元件、电路板烧毁、冒烟、爆裂等异常情况，扣5分/个（处）		
	功能指标	30	① 电路通电工作正常，功能缺失按比例扣分 ② 测试参数正确，即各技术参数指标测量值的上下限不超出要求的10% ③ 测试报告文件填写正确	① 不能正确填写测试报告文件，每错一处扣1分 ② 未达到指标，每项扣2分 ③ 开机电源正常但作品不能工作，扣10分		
异常情况		扣分		① 安装调试过程中出现元件、电路板烧毁、冒烟、爆裂等异常情况，扣5分/个（处） ② 安装调试过程中出现仪表、工具烧毁等异常情况，扣10分/个（处） ③ 安装调试过程中出现破坏性严重安全事故，总分计0分		

项目小结

（1）数字电路是对数字信号进行传输、控制、存储、处理的电路。数字电路的输入变量和输出变量之间的关系可以用逻辑代数来描述。

（2）数制是一种计数方法，它是计数进位制的总称。人们习惯用十进制数，而数字系统在进行数字的运算和处理时常采用二进制数、八进制数、十六进制数。

（3）逻辑代数的基本公式与规律是逻辑函数的化简及转换的根本，要熟练掌握逻辑代数的基本公式与规律，还要掌握一定的运算技巧。

（4）基本的逻辑关系是与、或、非。常见的基本逻辑门电路有与门、或门、非门，复合门有与非门、或非门、异或门等。

（5）组合逻辑电路的特点是：电路任一时刻的输出状态只决定于该时刻各输入状态的组合，而与电路的原状态无关。组合电路是由门电路组合而成，电路中没有记忆单元，没有反馈通路。

（6）组合逻辑电路的分析步骤为：写出各输出端的逻辑表达式→化简和变换逻辑表达式→列出真值表→确定功能。

（7）组合逻辑电路的设计步骤为：根据设计要求列出真值表→写出逻辑表达式→逻辑化简和变换→画出逻辑图。

（8）常用的中规模组合逻辑器件包括编码器、译码器、加法器等。由于这些逻辑电路使用频繁，便把它们制成标准化的中规模的集成电路。多数集成电路中会增加一些控制端，合理地运用这些控制端扩展电路功能，使用起来更加灵活。

（9）实现编码的电路称为编码器，编码器能将输入的电平信号编成二进制代码。常用的编码器主要有二进制编码器、二-十进制编码器、优先编码器等。

（10）译码器的功能和编码器正好相反，它将输入的二进制代码译成相应的电平信号。常用的译码器有二进制译码器、二-十进制译码器、显示译码器等。

（11）加法器是最基本的运算器。加法器有半加器和全加器。

思考与练习

5-1 将下列十进制数转换为二进制数。
（1）36　　　（2）111

5-2 将下列二进制数转换为十进制数。
（1）$(11010)_2$　　　（2）$(1011)_2$

5-3 写出下列 BCD 代码的十进制数。
（1）$(100001100101)_{8421BCD}$　　　（2）$(010110010001)_{余3码}$

5-4 实现下列编码的转换。
（1）$(0111.0011)_{8421BCD} = ($ 　　　$)_{2421BCD}$
（2）$(1001.0001)_{5421BCD} = ($ 　　　$)_{余3码}$

5-5 化简下列逻辑函数。

(1) 化简函数 $Y = ABC + A\overline{B}C + \overline{A}BC$；

(2) 化简函数 $Y = \overline{A}\,\overline{B} + \overline{B}\,\overline{C} + BC + AB$；

(3) $Y = (A+B)(A\overline{B})$；

(4) $Y = A\overline{B} + BD + CDE + \overline{A}D$。

5-6　画出 74LS00 集成门的引脚排列图，并说明每只脚的功能。

5-7　分析图 5-30 所示电路的逻辑功能。

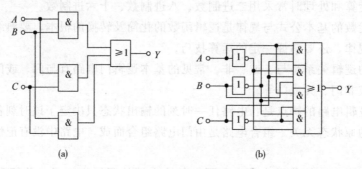

图 5-30　题 5-7 图

5-8　有一水塔由三台水泵供水，用红、黄、绿三个指示灯表示三台水泵的工作情况，绿灯亮表示三台水泵都正常，黄灯亮表示一台水泵故障，红灯亮表示两台水泵故障，红黄灯都亮表示三台水泵都有故障。试设计控制三个指示灯的组合逻辑电路。

5-9　有 A、B、C 三个变量，当变量组合中出现偶数个 1 时，$Y=1$，否则 $Y=0$。试设计一个奇偶校验电路。

5-10　什么是全加器？什么是半加器？它们有什么区别？

5-11　画出集成优先编码器 74LS148（3 线-8 线）引脚排列图，并说明各引脚的功能。

5-12　若在编码器中有 31 个编码对象，则要求输出的二进制代码有多少位？

5-13　用两片 3 线-8 线译码器 74LS138，扩展为 4 线-16 线译码器。

项目 6

安装与调试数码计数器

6.1 项目分析

某企业承接了一批数码计数器的组装与调试任务,请按照相应的企业生产标准完成该产品的组装与调试,实现该产品的基本功能、满足相应的技术指标,并正确填写相关技术文件或测试报告。其原理图如图 6-1 所示。

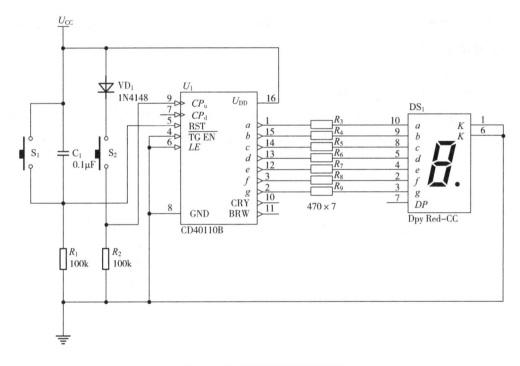

图 6-1 数码计数器电路原理图

要求:

① 装接前先要检查器件的好坏,核对元件数量和规格;

② 根据提供的万能板安装电路,安装工艺符合相关行业标准,不损坏电气元件,安装前应对元器件进行检测;

③ 装配完成后,通电测试,利用提供的仪表测试本电路。

学习目标:

① 了解双稳态触发器的逻辑功能及特点;

② 掌握时序逻辑电路的分析方法;

③ 了解寄存器的基本概念及逻辑功能；
④ 掌握计数器电路结构、工作原理及功能分析；
⑤ 能够正确分析数码计数器电路工作原理；
⑥ 能够正确安装与调试数码计数器电路；
⑦ 能够完成数码计数器电路故障诊断与排除。

6.2 项目实施

任务 1 掌握双稳态触发器的逻辑功能

触发器是数字逻辑电路的基本单元电路，它由两个稳态输出（双稳态触发器），具有记忆功能，可用于存储二进制数据、记忆信息等。触发器的输出有两种状态，即 0 态和 1 态，触发器的这两种状态都为相对稳定状态，只有在一定的外加信号触发作用下，才可从一种稳态转变到另一种稳态。

根据逻辑功能的不同，可将触发器分为 RS 触发器、D 触发器、JK 触发器和 T 触发器。

1) 基本 RS 触发器

（1）电路组成

基本 RS 触发器逻辑电路如图 6-2（a）所示，图 6-2（b）是它的逻辑符号。它由与非门 G_1、G_2 交叉耦合构成。其中 $\overline{S}$、$\overline{R}$ 是信号输入端，字母上的横线表示低电平时有信号，高电平时无信号；Q、$\overline{Q}$ 是两个互补的信号输出端。它具有两个稳定状态，即 $Q=1$、$\overline{Q}=0$ 或 $Q=0$、$\overline{Q}=1$。

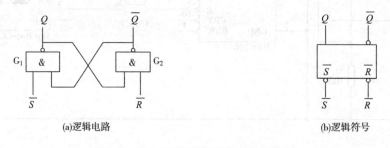

(a)逻辑电路　　　　　　　　　　(b)逻辑符号

图 6-2　基本 RS 触发器逻辑电路及符号

（2）逻辑功能

当 $\overline{S}=1$、$\overline{R}=0$，即在 $\overline{R}$ 端加负脉冲时，假设触发器的原状态为 $Q=0$、$\overline{Q}=1$，对 G_2 门由于 $\overline{R}=0$，根据与非门逻辑功能，则 $\overline{Q}=1$。由于存在 G_2 门对 G_1 门的反馈线，G_1 门两输入均为"1"，其输出端 $Q=0$。若触发器的原状态为 $Q=1$、$\overline{Q}=0$，则加在 G_2 门的 $\overline{R}=0$，将使 $Q=1$，G_1 门输出 Q 由"1"翻转为"0"。可见，无论原状态是 $Q=0$ 或 $Q=1$，只要输入信号 $\overline{S}=1$、$\overline{R}=0$，触发器的状态一定是 $Q=0$、$\overline{Q}=1$。这时称触发器处于置"0"状态，也称复位态，这是触发器的一个稳态。

当 $\overline{S}=0$、$\overline{R}=1$，即在 $\overline{S}$ 端加负脉冲时，采用与上述相同的方法和步骤分析可知，触发器终了状态为 $Q=1$、$\overline{Q}=0$，称此时触发器处于置"1"状态，或置位态，这是触发器的另一个稳态。

当 $\overline{S}=1$、$\overline{R}=1$ 时,假设触发器的原状态为 $Q=0$、$\overline{Q}=1$,对于 G_1 门有 $\overline{S}=1$,对于 G_2 门有 $\overline{R}=1$,根据与非门逻辑功能,则 $Q=0$、$\overline{Q}=1$;若触发器的原状态为 $Q=1$、$\overline{Q}=0$,同样,与非门的作用使 $Q=1$、$\overline{Q}=0$。可见,当负脉冲撤除后(即此时 $\overline{S}=1$、$\overline{R}=1$),触发器能保持信号作用前的输出状态,这种特性称为具有保持功能或记忆功能。

当 $\overline{S}=0$、$\overline{R}=0$ 时,不论触发器的原状态如何,此时两个与非门的输出都为"1",即 $\overline{Q}=Q=1$,这破坏了触发器的逻辑关系。一旦撤去低电平,Q 与 $\overline{Q}$ 的状态取决于将撤销的信号;如果信号同时撤销,则 Q 与 $\overline{Q}$ 的状态不确定,使触发器的工作变得不可靠。因此,触发器工作时,$\overline{S}=0$、$\overline{R}=0$ 的情况是不允许的。

(3) 功能表

根据前面的工作原理,可以很容易得到基本 RS 触发器的功能表(表 6-1)。

表 6-1 基本 RS 触发器功能表

$\overline{R}$	$\overline{S}$	Q^{n+1}	功能
1	1	Q^n	保持
1	0	1	置"1"
0	1	0	置"0"
0	0	$Q^{n+1}=1,\overline{Q}^{n+1}=1$	不允许

(4) 特征方程和波形图

触发器的特征方程就是触发器次态 Q^{n+1} 与输入级现态 Q^n 之间的逻辑关系式。从表 6-1 列出的特性表可以看出,Q^{n+1} 与 Q^n、S、R 都有关,在 Q^n、S、R 这 3 个变量的 8 种取值中,正常情况下,100、000 两种取值是不会出现的。也就是说,这是约束项。其对应的特征方程为:

$$\begin{cases} Q^{n+1}=S+\overline{R}Q^n \\ \overline{R}+\overline{S}=1 \end{cases} \tag{6-1}$$

基本 RS 触发器的波形图如图 6-3 所示。

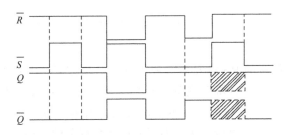

图 6-3 基本 RS 触发器波形图

2) 同步 RS 触发器

(1) 电路组成

同步 RS 触发器的逻辑电路如图 6-4 (a) 所示。它是在基本 RS 触发器的基础上,增加

了两个与非门 G_3、G_4 及一个时钟脉冲端 CP。其逻辑符号如图 6-4（b）所示。

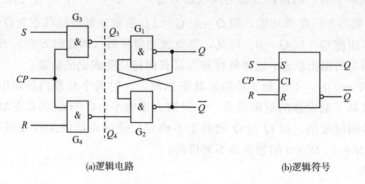

(a)逻辑电路   (b)逻辑符号

图 6-4   同步 RS 触发器逻辑电路及符号

（2）逻辑功能

当 $CP=0$ 时，无论 R、S 为何值，与非门 G_3、G_4 被封锁，基本 RS 触发器保持原态。

当 $CP=1$ 时，R、S 信号进入电路的输入端。触发器的状态取决于 R、S 的电平。其输出状态随 R、S 的变化而变化，如表 6-2 所示。

经化简得特征方程为：

$$\begin{cases} Q^{n+1} = S + \overline{R}Q^n \\ RS = 0 \end{cases} \tag{6-2}$$

表 6-2   同步 RS 触发器的功能表

CP	R	S	Q^{n+1}	$\overline{Q}^{n+1}$	功能
0	×	×	Q^n	$\overline{Q}^n$	保持
1	0	0	Q^n	$\overline{Q}^n$	保持
1	0	1	1	0	置"1"
1	1	0	0	1	置"0"
1	1	1	1	1	不允许

注意：不允许出现 R 和 S 同时为 1 的情况，否则会使触发器处于不确定的状态。

3）主从 JK 触发器

基本 RS 触发器和同步的 RS 触发器都采用电位触发方式。电位触发方式的 RS 触发器有一个严重的问题——存在"空翻"现象。所谓空翻，就是指：在 $CP=1$ 期间，若输入 RS 的状态发生多次变化，输出 Q 将随之发生多次变化。为确保数字系统能可靠工作，要求触发器在一个 CP 脉冲期间至多翻转一次，即不允许空翻现象的出现。为此，人们研制出了能够抑制空翻现象的主从式触发器的 JK 触发器。

（1）电路组成

主从 JK 触发器的逻辑电路及符号如图 6-5 所示。

（2）逻辑功能

接收输入信号的过程如下。

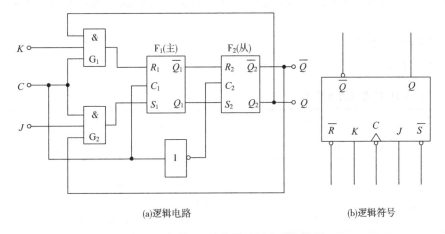

(a)逻辑电路　　　　　　　(b)逻辑符号

图 6-5　主从 JK 触发器逻辑电路及符号

$CP=1$ 时，主触发器被打开，可以接收输入信号 J、K，其输出状态由输入信号的状态决定；但由于 $CP=0$，从触发器被封锁，无论主触发器的输出状态如何变化，对从触发器均无影响，即触发器的输出状态保持不变。

输出信号变化的过程如下。

当 CP 下降沿到来时，即 CP 由 1 变为 0 时，主触发器被封锁，无论输入信号如何变化，对主触发器均无影响，即在 $CP=1$ 期间接收的内容被主触发器存储起来。同时，由于 CP 由 0 变为 1，从触发器被打开，可以接收由主触发器送来的信号，触发器的输出状态由主触发器的输出状态决定。在 $CP=0$ 期间，由于主触发器保持状态不变，因此受其控制的从触发器的状态，即 Q、$\overline{Q}$ 的值，当然也不可能改变。

这种触发器不会出现"空翻"现象，因为 $CP=1$ 期间从触发器的状态不会改变；而等到 $CP=0$ 时，从触发器或翻转或保持原态，但主触发器的状态又不会改变，所以不会出现"空翻"的情况。

故其逻辑功能如下。

① $J=0$、$K=0$。设触发器的初始状态为 0，此时主触发器的 $R_1=KQ=0$，$S_1=J\overline{Q}=0$，在 $CP=1$ 时，主触发器状态保持 0 状态不变；当 CP 从 1 变 0 时，由于从触发器的 $R_2=1$、$S_2=0$，也保持为 0 状态不变。如果触发器的初始状态为 1，当 CP 从 1 变 0 时，触发器则保持 1 状态不变。可见不论触发器原来的状态如何，当 $J=K=0$ 时，触发器的状态均保持不变，即 $Q^{n+1}=Q^n$。

② $J=0$、$K=1$。不论触发器原来的状态如何，输入 CP 脉冲后，触发器的状态均为 0 状态，即 $Q^{n+1}=0$。

③ $J=1$、$K=0$。不论触发器原来的状态如何，输入 CP 脉冲后，触发器的状态均为 1 状态，即 $Q^{n+1}=1$。

④ $J=1$、$K=1$。设触发器的初始状态为 0，此时主触发器的 $R_1=0$、$S_1=1$，在 $CP=1$ 时主触发器翻转为 1 状态；当 CP 从 1 变 0 时，由于从触发器的 $R_2=0$、$S_2=1$，故从触发器也翻转为 1 状态。如果触发器的初始状态为 1，则由于 $R_1=1$、$S_1=0$，在 $CP=1$ 时将主触发器翻转为 0 状态；当 CP 从 1 变 0 时，由于从触发器的 $R_2=1$、$S_2=0$，故从触发器也翻转为 0 状态。可见当 $J=K=1$ 时，输入 CP 脉冲后，触发器状态必定与原来的状态相反，即

$Q^{n+1} = \overline{Q^n}$。由于每来一个 CP 脉冲,触发器状态都会翻转一次,故这种情况下触发器具有计数功能。

(3) 功能表和波形图

其功能表见表 6-3,图 6-6 是其时序波形图。

表 6-3 主从 JK 触发器的功能表

J	K	Q^{n+1}	功能
0	0	Q^n	保持
0	1	0	置"0"
1	0	1	置"1"
1	1	$\overline{Q^n}$	翻转

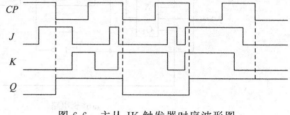

图 6-6 主从 JK 触发器时序波形图

4) D 触发器

图 6-7 是 D 触发器的逻辑符号。它的输入和输出之间的功能表见表 6-4。它的逻辑功能是:当 $D=0$ 时,在时钟脉冲 CP 的下降沿到来后,输出端的状态将变成 $Q^{n+1}=0$;而当 $D=1$ 时,则在 CP 的下降沿到来后,输出端的状态将变成 $Q^{n+1}=1$,即:

$$Q^{n+1} = D \tag{6-3}$$

表 6-4 D 触发器的功能表

D	Q^{n+1}	功能
0	0	置"0"
1	1	置"1"

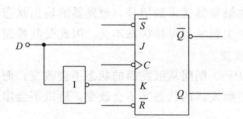

图 6-7 D 触发器逻辑符号

5) T 触发器

T 触发器逻辑电路如图 6-8 (a) 所示,当 $T=J=K$ 时,JK 触发器就变成了 T 触发器,其逻辑符号如图 6-8 (b) 所示。

其逻辑功能表见表 6-5,当 $T=0$ 时,输出 Q^{n+1} 将保持不变;当 $T=1$ 时,T 触发器将处于翻转状态,即 CP 每来 1 个脉冲,输出 Q 翻转一次。

表 6-5 T 触发器的功能表

T	Q^{n+1}	功能
0	Q^n	保持
1	$\overline{Q^n}$	翻转

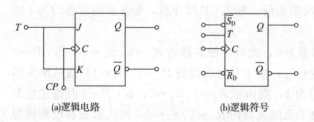

(a) 逻辑电路　　　　(b) 逻辑符号

图 6-8 T 触发器逻辑电路及逻辑符号

任务 2　分析时序逻辑电路

1）时序逻辑电路的基本分析方法

时序逻辑电路的分析，是根据已知的时序逻辑电路图，写出它的方程，列出状态转换真值表，画出状态转换图和时序图，然后分析出它的功能。

（1）根据逻辑图写方程式

① 输出方程。时序逻辑电路的输出逻辑表达式，通常是现态的函数。

② 驱动方程。是指各触发器输入端的逻辑表达式。如 JK 触发器 J 和 K 端的逻辑表达式，D 触发器 D 端的逻辑表达式等。

③ 状态方程。将驱动方程代入相应触发器的特性方程中，以便得到该触发器的次态方程。时序逻辑电路的状态方程由各触发器次态的逻辑表达式组成。

（2）列状态转换真值表

将电路现态的各种取值代入状态方程和输出方程，求出相应的次态和输出值，填入状态转换真值表。如果现态的起始值已给定时，则从给定值开始计算。若没有给定时，则可设定一个现态起始值依次进行计算。

（3）电路逻辑功能的说明

根据状态转换真值表来分析和说明电路的逻辑功能。

（4）画状态转换图和时序图

状态转换图——电路由现态转换到次态的示意图。时序图——在 CP 作用下，各触发器状态变化的波形图。

2）时序电路的分析举例

试分析图 6-9 所示电路的逻辑功能，并画出状态转换图和时序图。

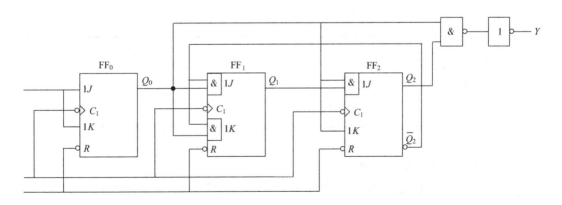

图 6-9　时序逻辑电路图

（1）方程式

① 输出方程。

$$Y = Q_2^n Q_0^n$$

② 驱动方程。

$$\begin{cases} J_0 = 1, \ K_0 = 1 \\ J_1 = \overline{Q_2^n} Q_0^n, \ K_1 = \overline{Q_2^n} Q_0^n \\ J_2 = Q_1^n Q_0^n, \ K_2 = Q_0^n \end{cases}$$

③ 状态方程。将驱动方程代入 JK 触发器的特性方程，即可得到电路的状态方程。

$$Q^{n+1} = J\overline{Q^n} + \overline{K}Q^n$$

$$\begin{cases} Q_0^{n+1} = J_0 \ \overline{Q_0^n} + \overline{K_0} Q_0^n = 1 \ \overline{Q_0^n} + \overline{1} Q_0^n = \overline{Q_0^n} \\ Q_1^{n+1} = J_1 \ \overline{Q_1^n} + \overline{K_1} Q_1^n = \overline{Q_2^n} Q_0^n \ \overline{Q_1^n} + \overline{\overline{Q_2^n} Q_0^n} Q_1^n \\ Q_2^{n+1} = J_2 \ \overline{Q_2^n} + \overline{K_2} Q_2^n = Q_1^n Q_0^n \ \overline{Q_2^n} + \overline{Q_0^n} Q_2^n \end{cases}$$

（2）列状态转换真值表

设电路的初始状态（现态）为 $Q_2^n Q_1^n Q_0^n = 000$，代入输出方程和状态方程中，即可得到次态和输出值，由此可列出状态转换真值表（表 6-6）。

表 6-6 状态转换真值表

CP	现态（下降沿之前）			次态（下降沿之后）			输 出
	Q_2^n	Q_1^n	Q_0^n	Q_2^{n+1}	Q_1^{n+1}	Q_0^{n+1}	Y
1	0	0	0	0	0	1	0
2	0	0	1	0	1	0	0
3	0	1	0	0	1	1	0
4	0	1	1	1	0	0	0
5	1	0	0	1	0	1	0
6	1	0	1	0	0	0	1
1	0	0	0	0	1	1	1
2	1	1	1	0	1	0	1

（3）逻辑功能说明

由真值表可知，在时钟 CP 的作用下，电路状态的变化规律为：

$$000 \rightarrow 001 \rightarrow 010 \rightarrow 011 \rightarrow 100 \rightarrow 101 \rightarrow 000$$

电路共有 6 个状态，这 6 个状态是按递增的规律变化的，因此，该电路是一个同步六进制加法计数器。

（4）画状态转换图和时序图

根据真值表可画出状态转换图（状态图）如图 6-10 所示，以及时序图（波形图）如图 6-11 所示。

（5）检查电路能否自启动

电路应有 $2^3 = 8$ 个工作状态，由状态图可看出，它只有 6 个有效状态，而 110 和 111 为无效状态。将无效状态 110 代入状态方程中进行计算，得 $Q_2^{n+1} Q_1^{n+1} Q_0^{n+1} = 111$，再将 111 代入状态方程后，得 $Q_2^{n+1} Q_1^{n+1} Q_0^{n+1} = 010$，为有效状态，继续输入 CP，则进入有效循环。可见，如果由于某种原因电路进入无效状态工作时，只要继续输入计数脉冲 CP，电路便会自动返回到有效状态工作，所以，该电路能够自启动。

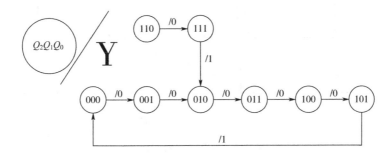

图 6-10　时序逻辑状态图

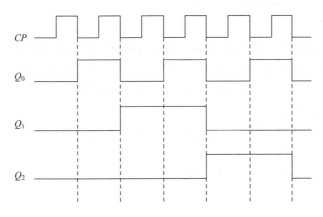

图 6-11　时序逻辑波形图

任务 3　理解寄存器

寄存器是由具有存储功能的触发器组合起来构成的。一个触发器可以存储 1 位二进制代码，存放 n 位二进制代码的寄存器，需用 n 个触发器来构成。

寄存器存放数码的方式有并行和串行两种。并行方式就是数码各位从各对应输入端同时输入到寄存器中，串行方式就是数码从一个串入端逐位输入到寄存器中。从寄存器中取出数码的方式也分并行和串行两种。

寄存器常分为数码寄存器和移位寄存器两大类。数码寄存器只能并行送入数据，需要时也只能并行输出。移位寄存器中的数据可以在移位脉冲作用下依次逐位右移或左移，数据既可以并行输入、并行输出，也可以串行输入、串行输出，还可以并行输入、串行输出，或者串行输入、并行输出，十分灵活，用途也很广。

1）数码寄存器

数码寄存器只有寄存数码的功能，如图 6-12 所示为一四位数码寄存器的原理图，设输入的二进制数为 1100。在"寄存指令"（时钟脉冲 CP 的上升沿）来到之前，Q_0、Q_1、Q_2、Q_3 的数据保持不变的。只要"寄存指令"到来，加在并行数据输入端的数据 $D_0 \sim D_3$，就立即被送入寄存器中，即有：

$$Q_3^{n+1}Q_2^{n+1}Q_1^{n+1}Q_0^{n+1} = D_3D_2D_1D_0 \tag{6-4}$$

各寄存的数据在 Q_0、Q_1、Q_2、Q_3 端取出，在新数据寄存前，时钟脉冲 CP 将保持不

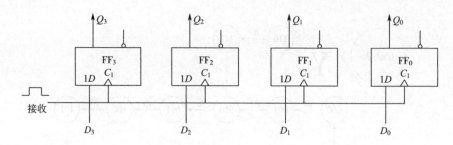

图 6-12 数码寄存器原理图

变,直到新数据来临。上述寄存器是并行输入,并行输出。

2）移位寄存器

移位寄存器是不仅有存放数码的功能,而且有移位功能。所谓移位,就是每当移位脉冲（时钟脉冲）到来时,触发器的状态便向右或向左移位,也就是说,寄存的数码可以在移位脉冲的控制下依次进行移位。移位寄存器在计算机中广泛使用。

（1）单向移位寄存器

图 6-13 是一个由 D 触发器组成的四位单向右移位寄存器。D_i 为串行数据的输入端；CP 为时钟脉冲（或称移位脉冲输入端）；在此是高电平有效；$\overline{CR}$ 为清零信号,它可使各寄存器清 0；D_o 为串行数据输出端；$Q_3 \sim Q_0$ 为并行数据输出端。

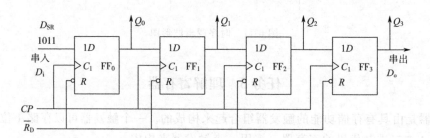

图 6-13 四位单向右移位寄存器

如果要传送数据 $D_i=1101$,在传送前,应先确定各触发器所代表的高位、低位关系,依此确定数据输入的顺序。在图 6-13 所示电路中,数据的输入顺序为 1、0、1、1。根据 D 触发器的逻辑功能,从表 6-7 中可以看出,在经过 4 个时钟脉冲之后,数据 1101 将分别被寄存在 $FF_0 \sim FF_3$ 四个触发器上,此时可从 $Q_0 \sim Q_3$ 上并行读出数据。再经过 4 个时钟脉冲,可从 D_o 端得到串行输出的数据,同时,所有寄存器处于 0 态。各触发器的移位波形图如图 6-14 所示。

表 6-7 移位寄存器数码移位状况表

CP	D_i	Q_3	Q_2	Q_1	Q_0	D_o
0	1	0	0	0	0	0
1	0	0	0	0	1	0
2	1	0	0	1	0	0

续表

CP	D_i	Q_3	Q_2	Q_1	Q_0	D_0
3	1	1	0	1	0	0
4	0	1	1	0	1	1
5	0	0	1	1	0	0
6	0	0	0	1	1	1
7	0	0	0	0	1	1
8	0	0	0	0	0	0

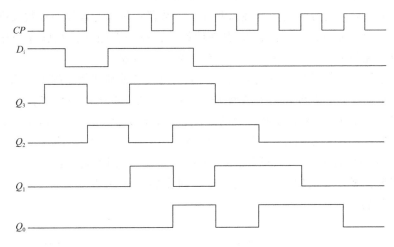

图 6-14 四位右移位寄存器移位波形图

（2）双向移位寄存器

双向移位寄存器是具有既能实现左移，又能实现右移功能的移位寄存器，图 6-15 是一

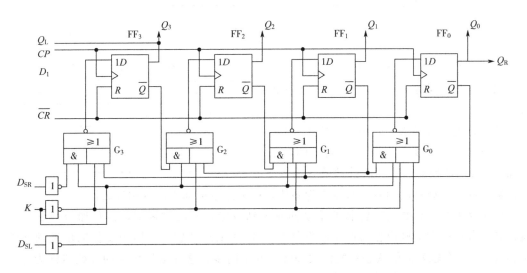

图 6-15 双向移位寄存器

个由 D 触发器构成的双向移位寄存器。D_{SR} 为右移串行数据输入端，D_{SL} 为左移串行数据输入端，K 为工作方式控制端，Q_R 为右移串行数据输出端，Q_L 为左移串行数据输出端，$Q_3 \sim Q_0$ 为并行数据输出端。

当 K 为 1 时，它使所有与或非门的右边与门关闭，而将左边与门打开，因而左移数据无法加入，电路可看成一个右移寄存器。而当 K 为 0 时，上述过程刚好相反，电路可看成一个左移寄存器。所以，该电路可通过赋予 K 端不同值，实现双向移位功能。

任务 4 分析计数器的逻辑功能

1）二进制计数器

用来记录时钟脉冲个数的电路叫计数器。计数器的种类很多，按照计数器中各个触发器状态更新情况的不同，可分为同步计数器和异步计数器；按照计数器的计数长度（或计数容量）不同，可分为二进制、十进制、N 进制计数器；按照在输入计数脉冲操作下，计数器中数值增、减情况的不同，可分为加法、减法、可逆计数器。

下面通过结构简单的异步二进制加法计数器，说明二进制计数器的工作原理。

异步二进制加法计数器可以由主从型 JK 触发器或维持阻塞型 D 触发器组成，常用的都是集成计数器。由主从型 JK 触发器构成的三位二进制计数器如图 6-16 所示。其工作原理是 $J=K=1$，此时三个触发器都处于翻转功能。R_D 是清零端，CP 是计数脉冲输入端。最低位触发器 F_0 每来一个时钟脉冲的下降沿（即 CP 由 1 变 0）时翻转一次，而其他两个触发器都是在其相邻低位触发器的输出端 Q 由 1 变 0 时翻转，即 F_1 在 Q_0 由 1 变 0 时翻转，F_2 在 Q_1 由 1 变 0 时翻转。

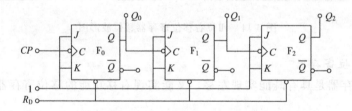

图 6-16 异步二进制加法计数器

表 6-8 给出了计数脉冲个数与各触发器输出状态之间的关系。图 6-17 是它的工作波形图。

从状态表或波形图可以看出，从状态 000 开始，每来一个计数脉冲，计数器中的数值便加 1，故该计数器属于加法计数器。输入 8

表 6-8 状态转换真值表

计数脉冲	Q_2	Q_1	Q_0
0	0	0	0
1	0	0	1
2	0	1	0

个计数脉冲时，就计满归零，所以作为整体，该电路也可称为八进制计数器。

由于这种结构计数器时钟脉冲不是同时加到各触发器的时钟端，而只加至最低位触发器，其他各位触发器则由相邻低位触发器的输出 Q 来触发翻转，即用低位输出推动相邻高位触发器，3 个触发器的状态只能依次翻转，并不同步，这种结构特点的计数器称为异步计数器。异步计数器结构简单，但计数速度较慢。

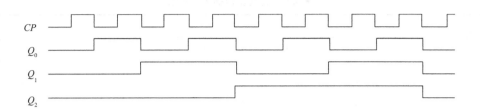

图 6-17　三位二进制异步加法计数器的波形图

2）十进制计数器

二进制计数器具有电路结构简单、运算方便等特点，但是日常生活中我们所接触的大部分都是十进制数，特别是当二进制数的位数较多时，阅读非常困难，所以还有必要讨论十进制计数器。在十进制计数体制中，每位数都可能是 0，1，2，…，9 十个数码中的任意一个，且 "逢十进一"。根据计数器的构成原理，必须由四个触发器的状态来表示一位十进制数的四位二进制编码，而四位编码总共有十六个状态，所以必须去掉其中的六个状态，至于去掉哪六个状态，可以有不同的选择。

与二进制类似，十进制计数器也有同步十进制计数器、异步十进制计数器，加法十进制计数器、减法十进制计数器之分，下面我们以异步十进制加法计数器为例，来分析十进制计数器的工作原理。

如图 6-18 所示为由四个 JK 触发器构成的异步十进制加法计数器，R_D 是清零端，CP 是计数脉冲输入端，接最低位触发器 F_0 的脉冲输入端，而 F_0 的 J、K 端接高电平 1；$F_1 \sim F_3$ 的 K 端也接高电平 1，J 端如图 6-18 所示。

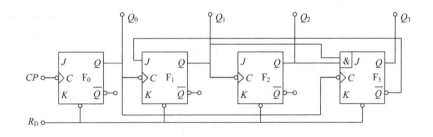

图 6-18　异步十进制加法计数器

工作过程为：设计数器初始状态为 0000，在触发器 F_3 翻转之前，即从 0000 起到 0111 为止，$\overline{Q_3}=1$，F_0、F_1、F_2 的翻转情况与 3 位异步二进制加法计数器相同。第 7 个计数脉冲到来后，计数器状态变为 061，$Q_2=Q_1=1$，使 $J_3=Q_2Q_1=1$，而 $K_3=1$，为 F_3 由 0 变 1 准备了条件。第 8 个计数脉冲到来后，4 个触发器全部翻转，计数器状态变为 1000。第 9 个计数脉冲到来后，计数器状态变为 1001。这两种情况下 $\overline{Q_3}$ 均为 0，使 $J_1=0$，而 $K_1=1$。所以第 10 个计数脉冲到来后，Q_0 由 1 变为 0，但 F_1 的状态将保持为 0 不变，而 Q_0 能直接触发 F_3，使 Q_3 由 1 变为 0，从而使计数器回复到初始状态 0000。各触发器输出状态如表 6-9 所示。

表 6-9　各触发器输出状态表

计数脉冲	8421 编码				十进制数
	Q_3	Q_2	Q_1	Q_0	
0	0	0	0	0	0
1	0	0	0	1	1
2	0	0	1	0	2
3	0	0	1	1	3
4	0	1	0	0	4
5	0	1	0	1	5
6	0	1	1	0	6
7	0	1	1	1	7
8	1	0	0	0	8
9	1	0	0	1	9
10	0	0	0	0	0

3）集成计数器

前面讲的计数器都是采用触发器来构成的，那么在设计数字系统时，如果用到计数器，是否也要必须用触发器来设计呢？其实，一些常用的计数器早已做成标准的集成电路。下面我们介绍几种常见的集成计数器芯片。

（1）二-五-十进制计数芯片 74LS290

74LS290 是二-五-十进制异步计数器，它的引脚排列如图 6-19 所示，功能表见表 6-10。

其中：$S_{9(1)}$、$S_{9(2)}$ 是直接置 9 端，$S_9 = S_{9(1)} \cdot S_{9(2)} = 1$ 时，计数器输出 $Q_3 Q_2 Q_1 Q_0$ 为 1001；$R_{0(1)}$、$R_{0(2)}$ 是直接置 0 端，在 $R_0 = R_{0(1)} \cdot R_{0(2)} = 1$ 和 $S_9 = 0$ 时，计数器置 0。整个计数器由两部分组成：第一部分是 1 位二进制计数器，CP_0 和 Q_0 是它的计数输入端和输出端；第二部分是一个五进制计数器，CP_1 是它的计数输入端，Q_3、Q_2、Q_1 是输出端。如果将 Q_0 与 CP_1 相连接，计数脉冲从 CP_0 输入，即成为 8421 码十进制计数器，计数器的输出码序是 $Q_3 Q_2 Q_1 Q_0$；将 Q_3 与 CP_0 相连接，计数脉冲从 CP_1 输入，便成为 5421 码十进制计数器，它的输出码序是 $Q_0 Q_3 Q_2 Q_1$。

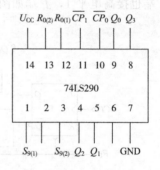

图 6-19　74LS290 引脚图

表 6-10　74LS290 功能表

$R_0 = R_{0(1)} \cdot R_{0(2)}$	$S_9 = S_{9(1)} \cdot S_{9(2)}$	CP_0	CP_1	Q_3	Q_2	Q_1	Q_0
1	0	×	×	0	0	0	0
×	1	×	×	1	0	0	1
0	0	↓	Q_0	8421 码十进制计数			

(2) 四位二进制计数芯片 74LS161

74LS161 是四位二进制同步计数器,该计数器能同步并行预置数,异步清零,具有清零、置数、计数和保持四种功能,且具有进位信号输出端,可串接计数使用。它的引脚图和逻辑功能表分别如图 6-20 和表 6-11 所示。

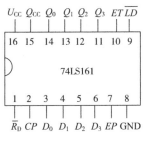

图 6-20 74LS161 引脚图

表 6-11 74LS161 逻辑功能表

$\overline{R_D}$	$\overline{LD}$	EP	ET	CP	功能
0	×	×	×	×	清零
1	0	×	×	↑	预置数
1	1	1	1	↑	计数
1	1	0	×	×	保持
1	1	×	0	×	保持 $Q_{CC}=0$

74LS161 有以下四个功能。

① 异步清零。当 $\overline{R_D}=0$ 时,$Q_3Q_2Q_1Q_0=0000$。注意清零不受计数脉冲的影响。

② 同步置数。当 $\overline{R_D}=1$,$\overline{LD}=0$ 时,在计数脉冲 CP 上升沿来到后计数器置数,使 $Q_3Q_2Q_1Q_0=D_3D_2D_1D_0$。

③ 同步计数。当 $\overline{R_D}=1$,$\overline{LD}=1$,$EP=ET=1$ 前提下,在计数脉冲 CP 上升沿来到后,计数器实现按 8421 码递增规律同步计数,Q_{CC} 是进位输出端。

④ 当 $\overline{R_D}=1$,$\overline{LD}=1$,EP、ET 不全为 1 时,计数器保持原状态不变。

(3) 十进制计数译码芯片 CD40110

CD40110 能完成十进制的加法、减法、进位、借位等计数功能,并能直接驱动小型七段 LED 数码管,其引脚排列如图 6-21 所示。

① CR (5 脚):清零端,$R=1$ 时,计数器异步清零。

② CP:时钟端,CP_u (9 脚) 为加法计数时钟,CP_d (7 脚) 为减法计数时钟。

③ CO (10 脚):加计数进位输出。

④ BO (11 脚):减计数借位输出。

⑤ CT (4 脚):为触发器使能端,$CT=0$ 时,计数器工作;$CT=1$ 时,计数器处于禁止状态,即不计数。

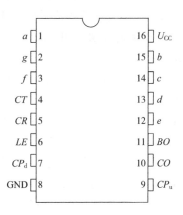

图 6-21 CD40110 引脚排列图

⑥ LE (6 脚):为锁存控制端,$LE=1$ 时,显示数据保持不变,但它的内部计数器仍正常工作。

a、b、c、d、e、f、g (1、15、14、13、12、3、2 脚) 为信号输出端,与七段显示器连接。CD40110 具体的功能见表 6-12。

表 6-12 CD40110 功能表

CP_u	CP_d	LE	CT	R	计数器功能	显示
↑	×	0	0	0	加 1 计数	随计数器显示
×	↑	0	0	0	减 1 计数	随计数器显示
↓	↓	0	0	0	保持	保持
×	×	×	×	1	清零	0
×	×	×	1	0	禁止	不变
↑	×	1	0	0	加 1 计数	不变
×	↑	1	0	0	减 1 计数	不变

4）集成计数器应用

（1）组成 N 进制计数器

N 进制计数器可用时钟触发器与门电路组合而成，也可由集成计数器构成，在此主要介绍如何用集成计数器构成 N 进制计数器。

用现有的 M 进制的集成计数器去构成 N 进制的计数器时（设 $M>N$），则必须使电路跳越（$M-N$）个状态。常用反馈清零和反馈置位的方法来实现。有些集成计数器提供的是同步置零。即当 $\overline{CR}=0$ 时，它要等到下一个计数脉冲到来后才改变状态，因此，对这一类计数器设置反馈清零的输出代码应是 $N-1$。例如，若要构成一个七进制计数器。采用同步置零计数器，则它的反馈清零输出代码为 100。而对于异步置零的计数来说，用于反馈的输出状态只存在极短的时间，它一出现就立即反馈到置数控制端，则此状态不能计算在计数器的循环状态个数内，可认为不出现，但此状态又必不可少，因此，用异步置零的计数器构成的 N 进制计数器的反馈清零输出代码应为 N。例如，若要用异步置零计数器构成一个五进制计数器，则它的反馈清零输出代码为 1001。

① 反馈清零法。用 74LS290 构成七进制计数器。

其电路如图 6-22 所示，CP 与 Q_0 相连，并使 $R_{9(1)}=R_{9(2)}=0$，构成一个 8421BCD 码十进制，由于需跳过三个无效状态 0111～1001，则当计数到 0110 时，其下一状态为 0111，74LS290 为异步置 0 计数器，因此，输出码为 $Q_2 Q_1 Q_0=111$，将此信号反馈到 $R_{0(1)}$、$R_{0(2)}$，使其置 0。所以，十进制状态为 0000～0110。

② 反馈置位法。反馈置位法使用于具有预置数功能的集成计数器。对于同步预置数

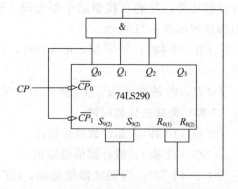

图 6-22 反馈清零法构成的十进制计数器电路图

功能的计数器而言，在其计数过程中，可以根据它输出的任何一个状态得到一个置数控制信号，再将它反馈到置数控制端，在下一个 CP 脉冲到来后，计数器就会把预置数输入端的状态送到输出端。预置数控制信号消失后，计数器就从被置入的状态开始重新计数，实现跳越无效状态的作用。

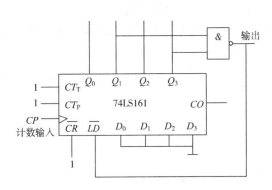

采用反馈置数法，用 74LS161 构成 11 进制计数器。其电路如图 6-23 所示，由于 74LS161 是二进制计数器，它具有同步置数功能，因此，11 进制的置数控制输出码应为 1010。由于 $\overline{LD}$ 是低电平有效，所以要采用与非门输出控制信号。同时，将 $D_0 \sim D_3$ 预置为 0，从而实现 11 进制计数功能。

（2）集成计数器的级联

当现有的 M 进制集成计数器小于构成 N 进制计数器时，就需要用多片集成

图 6-23 反馈置数法构成的 11 进制计数器电路图

块，通过级联方式，组成较大容量的 N 进制计数器。

利用两片 74LS290 组成 N 为 57 的五十七进制计数器，电路如图 6-24 所示。将两片 74LS290 的 Q_0 都接在 CP_1 端。并使 $R_{9A}=R_{9B}=0$，构成 BCD 码十进制计数器。并由个位 Q_3 的下降沿作为十位的计数脉冲（即当个位的计数由 1001 转为 0000 时，向十位的 CP_0 送出一个负脉冲）。由于 74LS290 是异步置位，所以其反馈输出代码设为 01110101。即当个位的 Q_2、Q_1、Q_0 及十位的 Q_2、Q_0 同时为 1 时产生清零信号，同时送给个位和十位的置 0 控制端，使个位、十位同时置 0。

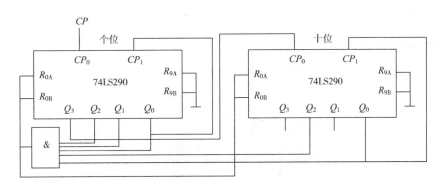

图 6-24 级联构成的五十七进制计数器电路图

任务 5　安装与调试数码计数器电路

1）原理分析

数码计数器电路原理图如图 6-1 所示。

① 复位电路。电阻 R_1、电容 C_1 及按键 S_1 组成复位电路，在电路板通电瞬间，复位引脚输入高电平，复位功能有效，随着电容 C_1 充电完成，复位引脚变为低电平，数码计数器开始正常计数显示。在工作过程中，按下复位按键 S_1，则复位引脚又输入高电平，重新复位。

② 脉冲产生电路。开关二极管 1N4148、按键 S_2 及电阻组成脉冲信号产生电路。当按键 S_2 没有按下时，开关二极管 1N4148 截止，集成计数译码芯片 CD40110B 的 9 脚输入为低电平；当按键 S_2 按下时，1N4148 导通，9 脚输入变为高电平，变化瞬间相当于输入了一个

有效的上升沿信号。按键每闭合一次，相当于输入一个有效的脉冲信号。

③ 计数显示电路。集成计数译码芯片 CD40110B、数码管及限流电路 R3～R9 构成计数显示电路。因为集成计数译码芯片 CD40110B 的 LE 脚、TE 脚输入为低电平，CP_u 脚每接收一个脉冲信号，计数器加 1，然后通过内部的译码功能将计数值转成字形码后驱动数码管发光显示。

2）清点并检测元器件

按照表 6-13 所示元器件清单清点元器件并检测元器件。

表 6-13　数码计数器电路的元器件清单表

名称	型号与规格	数量	检测数据
开关二极管	1N4148	1	$U_D=$ _____ V，$U_R=$ _____ V
电阻	470Ω	7	$R=$ _____ Ω
电阻	100kΩ	2	$R=$ _____ Ω
电阻	0.1μF	1	$R=$ _____ Ω
按键	6×6×4.5（mm）	2	按下时 $R=$ _____ Ω，松开时 $R=$ _____ Ω
数码管	共阴极	1	
IC 座	16P	1	
计数芯片	CD40110B	1	

3）设计布局图

遵循设计原则，绘制设计布局图如图 6-25 所示。

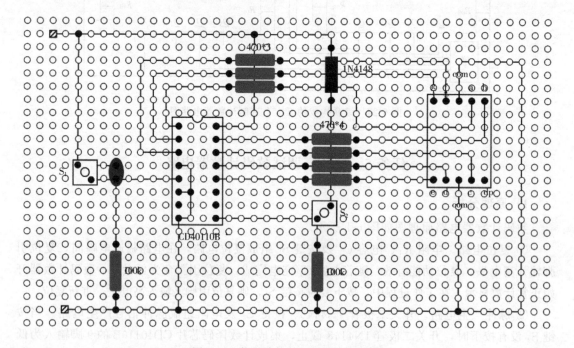

图 6-25　数码计数器电路设计布局图

4）装调准备

① 按照元器件清单清点元器件。

② 选择装调工具、仪器设备并列写清单（表 6-14）。

表 6-14 数码计数器电路的工具设备清单表

序号	名称	型号/规格	数量	备注
1	直流稳压电源	MS-605D	1	
2	电烙铁	220V/25W	1	
3	数字式万用表	MF47	1	
4	指针式万用表	VC890D	1	
5	斜口钳	JL-A15	1	
6	尖嘴钳	HB-73106	1	
7	镊子	1045-0Y	1	
8	锉刀	W0086DA-DD	1	

5）电路安装与调试

（1）电路装配

在提供的万能板上装配电路，且装配工艺应符合 IPC-A-610D 标准的二级产品等级要求。数码计数器万能板实物图如图 6-26 所示。

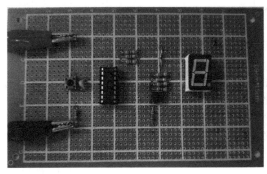
(a)万能板正面图

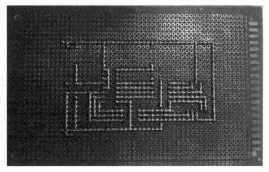
(b)万能板背面图

图 6-26 数码计数器万能板实物图

（2）电路调试

装配完成后，通电调试。

① 电路板接入 6V 直流电源，绘制电路测试连线示意图，如图 6-27 所示。

② 电路调试。按下按键 S_2，数码管能显示按键闭合次数（0~9）。按下复位按键 S_1，数码管从 0 开始重新显示按键闭合次数。如图 6-28 所示。

图 6-27 数码计数器电路的测试连线示意图

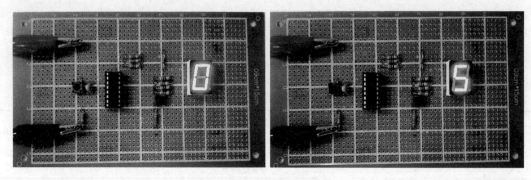

图 6-28 电路调试过程

③ 调试结束后，请在标签贴上写上作品名称、班级及组员姓名，贴在电路板正面空白处。

6.3 项目考评

项目考评见表 6-15。

表 6-15 数码计数器电路的项目考评表

评价项目	内容	配分	评价点	评分细则	得分	备注
职业素养与操作规范（20分）	工作前准备	10	清点器件、仪表、焊接工具，并摆放整齐，穿戴好防静电防护用品	① 未按要求穿戴好防静电防护用品，扣3分 ② 未清点工具、仪表等每项扣1分 ③ 工具摆放不整齐，扣3分		① 学生没有操作项目，此小项记0分 ② 出现明显失误造成工具、仪表或设备损坏等安全事故；严重违反实训纪律，造成恶劣影响的，本大项记0分
	6S规范	10	操作过程中及作业完成后，保持工具、仪表、元器件、设备等摆放整齐。具有安全用电意识，操作符合规范要求。作业完成后清理、清扫工作现场	① 操作过程中乱摆放工具、仪表，乱丢杂物等，扣5分 ② 完成任务后不清理工位，扣5分 ③ 出现人员受伤设备损坏事故，考试成绩为0分		
作品（80分）	工艺	25	电路板作品要求符合 IPC-A-610 标准中各项可接受条件的要求（1级）： ① 元器件的参数和极性插装正确 ② 合理选择设备或工具对元器件进行成型和插装 ③ 元器件引脚和焊盘浸润良好，无虚焊、空洞或堆焊现象 ④ 焊点圆润、有光泽、大小均匀	① 虚焊、桥接、漏焊、半边焊、毛刺、焊锡过量或过少、助焊剂过量等，每焊点扣1分 ② 焊盘翘起、脱落（含未装元器件处），每处扣2分 ③ 损坏元器件，每只扣1分 ④ 烫伤导线、塑料件、外壳，每处扣2分 ⑤ 连接线焊接处应牢固工整，导线线头加工及浸锡合理规范，线头不外露，否则每处扣1分		

续表

评价项目	内容	配分	评价点	评分细则	得分	备注
作品（80分）	工艺	25	⑤ 插座插针垂直整齐，插孔式元器件引脚长度 2～3mm，且剪切整齐	⑥ 插座插针垂直整齐，否则每个扣0.5分 ⑦ 插孔式元器件引脚长度 2～3mm，且剪切整齐，否则酌情扣1分 ⑧ 整板焊接点未进行清洁处理扣1分		
作品（80分）	调试	25	① 合理选择仪器仪表，正确操作仪器设备对电路进行调试 ② 电路调试接线图绘制正确 ③ 通电调试操作规范	① 不能正确使用万用表、毫伏表、示波器等仪器仪表每次扣3分 ② 不能按正确流程进行测试并及时记录装调数据，每错一处扣1分 ③ 调试过程中出现元件、电路板烧毁、冒烟、爆裂等异常情况，扣5分/个（处）		
作品（80分）	功能指标	30	① 电路通电工作正常，功能缺失按比例扣分 ② 测试参数正确，即各项技术参数指标测量值的上下限不超出要求的10% ③ 测试报告文件填写正确	① 不能正确填写测试报告文件，每错一处扣1分 ② 未达到指标，每项扣2分 ③ 开机电源正常但作品不能工作，扣10分		
异常情况		扣分		① 安装调试过程中出现元件、电路板烧毁、冒烟、爆裂等异常情况，扣5分/个（处） ② 安装调试过程中出现仪表、工具烧毁等异常情况，扣10分/个（处） ③ 安装调试过程中出现破坏性严重安全事故，总分计0分		

项目小结

（1）时序电路具有记忆功能，它的输出状态不仅与输入状态有关，而且还与前一时刻的状态有关。因此，它以具有记忆功能的触发器作为基本单元电路，时序电路的逻辑功能可以采用状态方程、输出方程、状态转换真值表、状态转换图及时序图等方法来描述。这几种方法各有特点，相互补充，对于一个具体的电路应选择适当的方法来描述它的逻辑功能。

（2）寄存器分为数码寄存器和移位寄存器，移位寄存器又有单向移位与双向移位之分。

（3）计数器的功能是记录 CP 脉冲的个数。按照组成计数器的各个触发器触发脉冲的来源，分为异步计数器和同步计数器，异步计数触发脉冲来源不同，同步计数触发脉冲则来源于同一计数脉冲。按计数中数值的增减分为加法计数器和减法计数器，按计数长度可分为二进制计数器、十进制计数器和 N 进制计数器。

（4）集成十进制计数器的产品很多，要通过阅读功能表来了解各计数器的功能。

（5）N 进制计数器可以将二进制、十进制集成计数器作为基本器件，采用复位法、置数法、进位输出置最小数法、级联法等多种方法来实现。

思考与练习

6-1 时序逻辑电路与组合逻辑电路的根本区别是什么？同步时序逻辑电路与异步时序电路的根本区别是什么？

6-2 利用主从 JK 触发器构成四位二进制加法计数器电路和四位二进制减法计数器电路，两者连接规律有何不同？

6-3 利用 74LS161 芯片分别构成 24 进制计数器和 60 进制计数器。

6-4 采用直接清零法构成任意 N 进制计数器时，使用 74LS290 芯片和 74LS161 芯片有什么不同？请画出 $N=6$ 时两者的接线图。

6-5 画出图 6-29 所示电路的状态表、状态图和时序波形图，并简述其功能。

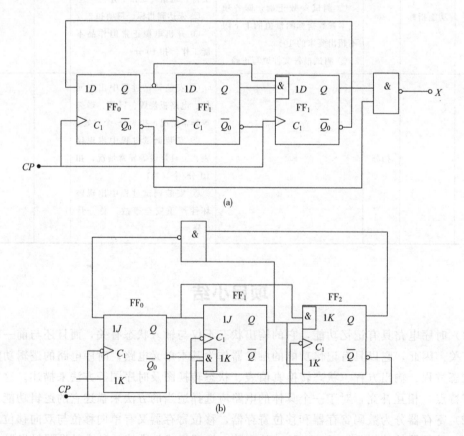

图 6-29 题 6-5 图

6-6 已知计数器的输出端 $Q_2Q_1Q_0$ 的输出波形图如图 6-30 所示,试画出其对应的状态转换图,并判断该计数器为几进制计数器。

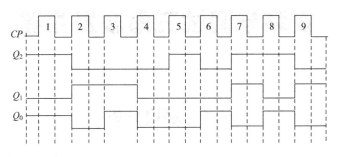

图 6-30 题 6-6 图

6-7 试分析图 6-31 所示 74LS161 集成芯片构成的计数器,设初态为 0000,请列出其状态转换表,分析该电路采用何种方式构成几进制的计数器。

6-8 采用直接清零法,将集成计数器 74LS161 构成 9 进制计数器,画出逻辑电路图。

6-9 采用预置复位法,将集成计数器 74LS161 构成七进制计数器,画出逻辑电路图。

6-10 采用进位输出置最小数法,将集成计数器 74LS161 构成六进制计数器,画出逻辑电路图。

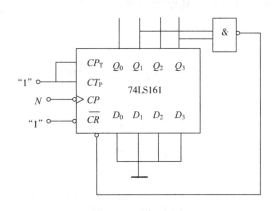

图 6-31 题 6-7 图

6-11 采用级联法,将集成计数器 74LS161 构成 108 进制计数器,画出逻辑电路图。

6-12 采用直接清零法,将集成计数器 74LS290 构成十进制和五进制的计数器,分别画出逻辑电路图。

6-13 采用级联法将集成计数器 74LS290 构成 64 进制计数器,画出逻辑电路图。

6-14 如图 6-32 所示的两级 JK 触发器构成的加法计数器,请分析是几进制计数器。若要改接成三进制加法计数器,该怎么改接?画出逻辑电路图。

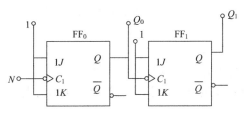

图 6-32 题 6-14 图

项目7

安装与调试三角波发生器

7.1 项目分析

某企业承接了一批三角波发生器的组装与调试任务,请按照相应的企业生产标准完成该产品的组装与调试,实现该产品的基本功能,满足相应的技术指标,并正确填写相关技术文件或测试报告。其原理图如图 7-1 所示。

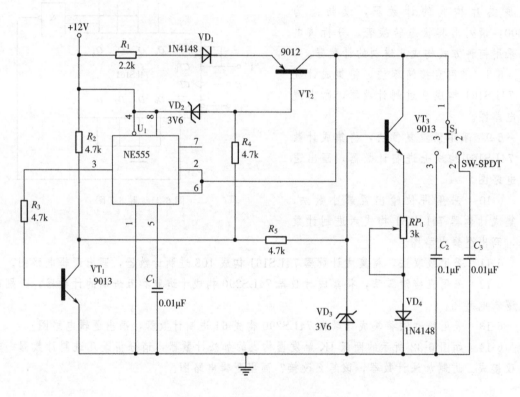

图 7-1 三角波发生器电路原理图

要求:
① 装接前先要检查器件的好坏,核对元件数量和规格;
② 根据提供的万能板安装电路,安装工艺符合相关行业标准,不损坏电气元件,安装前应对元器件进行检测;
③ 装配完成后,通电测试,利用提供的仪表测试本电路。

学习目标:
① 掌握 555 定时器的组成、工作原理、应用;

② 了解 D/A 和 A/D 转换器的基本组成、基本工作原理、主要参数和应用；
③ 安装与调试三角波发生器电路。

7.2 项目实施

任务1 掌握555定时器的原理及应用

本任务主要学习模拟、数字混合集成电路555定时器的工作原理、逻辑功能，介绍555定时器构成的施密特触发器、单稳态触发器和多谐振荡器的工作原理和典型应用。

1）555定时器的工作原理

555集成定时器是一种模拟电路和数字电路相结合的器件，其内部电路结构与引脚功能如图7-2所示。

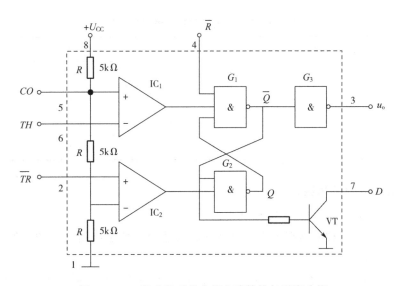

图 7-2　555集成定时器内部电路结构与引脚功能

（1）555集成定时器电路的组成

① 电阻分压器和电压比较器由三个等值的电阻 R 和两个集成运放比较器 IC_1、IC_2 构成。电源电压 U_{CC} 经分压取得比较器的输入参考电压，在 CO 端无外加控制电压时，比较器 IC_1 输入参考电压为 $2U_{CC}/3$，比较器 IC_2 输入参考电压为 $U_{CC}/3$；CO 端如有外加控制电压，则可改变参考电压值。

② 基本 RS 触发器由两个比较器输出电位控制其状态。$\overline{R}$ 为触发器复位端，当 $\overline{R}=0$ 时，触发器反相输出 $\overline{Q}=1$，使定时器输出 $u_o=0$，同时使 VT 导通，$U_7=0$。

③ 输出缓冲和开关管由反相放大器和集电极开路的三极管 VT 构成，反相放大器用以提高负载能力并起到隔离作用。VT 的集电极电流可达 500 mA，能驱动较大的灌电流负载。

555集成定时器可在较宽的电源电压范围（4.5～18V）内正常工作，但各输入端的信号电压不可超过电源电压值。

（2）555 集成定时器的基本工作原理

当 CO 端无外接控制电压时，555 集成定时器的工作状态取决于置位端 $\overline{R}$、TH 和 $\overline{TR}$ 的状态。

① 当 $\overline{R}=0$ 时，$\overline{Q}=1$，$u_o=0$，VT 饱和导通，$U_7=0$。

② 当 $\overline{R}=1$，且 $U_{TH}>2U_{CC}/3$、$U_{\overline{TR}}>U_{CC}/3$ 时，IC_1 输出为 0、IC_2 输出为 1，$\overline{Q}=1$，$Q=0$，$u_o=0$，VT 饱和导通，$U_7=0$。

③ 当 $\overline{R}=1$，且 $U_{TH}<2U_{CC}/3$、$U_{\overline{TR}}>U_{CC}/3$ 时，IC_1 输出为 1、IC_2 输出为 1，$\overline{Q}$、Q 不变，u_o 不变，VT 状态不变，U_7 不变。

④ 当 $\overline{R}=1$，且 $U_{TH}<2U_{CC}/3$、$U_{\overline{TR}}<U_{CC}/3$ 时，IC_1 输出为 1、IC_2 输出为 0，$\overline{Q}=0$，$Q=1$，VT 截止，$u_o=1$，$U_7=1$。

综上得到 555 集成定时器的逻辑功能表，见表 7-1。

表 7-1 555 集成定时器的逻辑功能表

U_{TH}（6 号脚）	$U_{\overline{TR}}$（2 号脚）	$\overline{R}$	u_o（Q）	VT	U_7
×	×	0	0	导通	0
$>2U_{CC}/3$	$>U_{CC}/3$	1	0	导通	0
$<2U_{CC}/3$	$>U_{CC}/3$	1	保持	保持	保持
$<2U_{CC}/3$	$<U_{CC}/3$	1	1	截止	1

2）555 定时器的应用实例

（1）555 集成定时器构成施密特触发器

施密特触发器是一种能够把输入波形整形成为适合于数字电路需要的矩形脉冲的电路，如图 7-3（a）所示。

① 当 $u_i=0$ 时，由于比较器 IC_1 输出为 1、IC_2 输出为 0，触发器置 1，即 $Q=1$、$\overline{Q}=0$，$u_{o1}=u_o=1$。u_i 升高时，在未到达 $2U_{CC}/3$ 以前，$u_{o1}=u_o=1$ 的状态不会改变。

② u_i 升高到 $2U_{CC}/3$ 时，比较器 IC_1 输出为 0、IC_2 输出为 1，触发器置 0，即 $Q=0$、$\overline{Q}=1$，$u_{o1}=u_o=0$。此后，u_i 上升到 U_{CC}，然后再降低，但在未到达 $U_{CC}/3$ 以前，$u_{o1}=u_o=0$ 的状态不会改变。

③ 当 u_i 下降到 $U_{CC}/3$ 时，比较器 IC_1 输出为 1、IC_2 输出为 0，触发器置 1，即 $Q=1$、$\overline{Q}=0$，$u_{o1}=u_o=1$。此后，u_i 继续下降到 0，但 $u_{o1}=u_o=1$ 的状态不会改变。其工作波形如图 7-3（b）所示。

显然，改变控制电压 U_{CO} 的大小，就可以改变下限阈值电压 U_{T-} 和上限阈值电压 U_{T+} 的大小。

回差电压（滞后电压）：$\Delta U_T=U_{T+}-U_{T-}$。

由于回差电压的存在，该电路具有滞回特性，所以抗干扰能力也很强，可以实现波形变换、波形整形、幅度鉴别等电路。

（2）555 集成定时器构成单稳态触发器

单稳态触发器在数字电路中一般用于定时（产生一定宽度的矩形波）、整形（把不规则

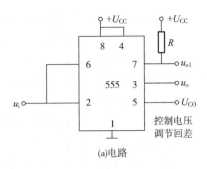 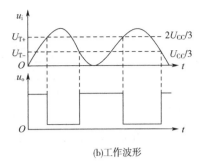

图 7-3 555 集成定时器构成施密特触发器电路及其工作波形

的波形转换成宽度、幅度都相等的波形),以及延时(把输入信号延迟一定时间后输出)等。单稳态触发器具有下列特点:

① 电路有一个稳态和一个暂稳态;
② 在外来触发脉冲作用下,电路由稳态翻转到暂稳态;
③ 暂稳态是一个不能长久保持的状态,经过一段时间后电路会自动返回到稳态,暂稳态的持续时间与触发脉冲无关,仅取决于电路本身的参数。

555 集成定时器构成单稳态触发器的电路如图 7-4(a)所示。接通 U_{CC} 后瞬间,U_{CC} 通过 R 对 C 充电,当 u_c 上升到 $2U_{CC}/3$ 时,比较器 IC_1 输出为 0,将触发器置 0,$u_o=0$。这时 $\overline{Q}=1$,放电管 VT 导通,C 通过 VT 放电,电路进入稳态。

当 u_i 到来时 ($u_i=0$),因为 $u_i<U_{CC}/3$,使 IC_2 输出为 0,触发器置 1,u_o 由 0 变为 1,电路进入暂稳态。由于此时 $\overline{Q}=0$,放电管 VT 截止,U_{CC} 经 R 对 C 充电。虽然此时触发脉冲已消失,比较器 IC_2 的输出变为 1,但充电继续进行,直到 u_c 上升到 $2U_{CC}/3$ 时,比较器 IC_1 输出为 0,将触发器置 0,电路输出 $u_o=0$,VT 导通,C 放电,电路恢复到稳定状态。此时输出脉冲宽度 $t_p \approx 1.1RC$,暂稳态的持续时间即脉冲宽度也由电路的阻容元件决定。其工作波形如图 7-4(b)所示。

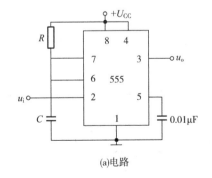 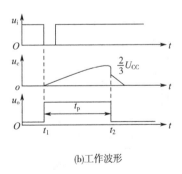

图 7-4 555 集成定时器构成单稳态触发器电路及其工作波形

单稳态触发器的特性可以用于实现脉冲整形、脉冲定时等功能。

① 脉冲整形。利用单稳态触发器能产生一定宽度的脉冲这一特性,可以将过窄的输入脉冲整形成固定宽度的脉冲输出。

② 脉冲定时。同样,利用单稳态触发器能产生一个固定宽度脉冲的特性,可以实现定

时功能。将单稳态触发器的输出 u'_o 接至与门的一个输入脚,与门的另一个输入脚输入高频脉冲序列 u_A,其电路如图 7-5(a)所示。单稳态触发器在输入负向窄脉冲到来时开始翻转,与门开启,允许高频脉冲序列通过与门从其输出端 u_o 输出。经过 t_p 定时时间后,单稳态触发器恢复稳态,与门关

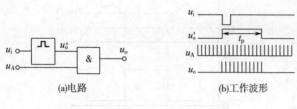

图 7-5 脉冲定时电路及工作波形

闭,禁止高频脉冲序列输出。由此实现了高频脉冲序列的定时选通功能,其工作波形图如图 7-5(b)所示。

(3) 555 集成定时器构成多谐振荡器

多谐振荡器是一种能产生矩形脉冲波的自激振荡器,所以也称为矩形波发生器。"多谐"意指矩形波中除了基波成分外,还含有丰富的高次谐波成分。多谐振荡器没有稳态,但有两个暂稳态。多谐振荡器工作时,电路的状态在这两个暂稳态之间自动地交替变换,由此产生矩形波脉冲信号。所以,多谐振荡器又称为无稳态电路。

① 由 555 集成定时器构成的多谐振荡器的电路组成。由 555 集成定时器构成的多谐振荡器电路如图 7-6(a)所示。图中电容 C、电阻 R_1 和 R_2 作为振荡器的定时元件,决定着输出矩形波正、负脉冲的宽度。定时器的触发输入端(2 脚)及阈值输入端(6 脚)与电容 C 的非接地端相连;集电极开路输出端(7 脚)接 R_1、R_2 相连处,用以控制电容 C 的充、放电;外接控制输入端不用时,通过 $0.01\mu F$ 的电容接地。

② 工作原理。多谐振荡器的工作波形图如图 7-6(b)所示。电路接通电源的瞬间,由于电容 C 来不及充电,$u_c=0V$,上限阈值电压为 U_{T+},下限阈值电压为 U_{T-},555 集成定时器状态为 I,输出 u_o 为高电位。与此同时,由于集电极开路输出端(7 脚)对地断开,电源 U_{CC} 通过 R_1、R_2 开始向电容 C 充电,电路进入暂稳态 I 状态。此后,电路按下列四个阶段周而复始地循环,从而产生周期性的输出脉冲。

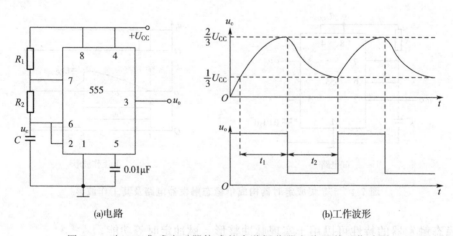

图 7-6 由 555 集成定时器构成的多谐振荡器电路及其工作波形

a. 暂稳态 I 阶段,电源 U_{CC} 通过 R_1、R_2 向电容 C 充电,u_c 按指数规律上升,在 u_c 高于上限阈值电压 U_{T+}($2U_{CC}/3$)之前,定时器暂时仍维持 I 状态,输出 u_o 为高电位。

b. 翻转Ⅰ阶段，电容 C 继续充电，当 u_c 高于上限阈值电压 U_{T+}（$2U_{CC}/3$）后，定时器翻转为 0 状态，输出 u_o 变为低电位。此时，集电极开路输出端（7 脚）由对地断开变为对地导通。

c. 暂稳态Ⅱ阶段，电容 C 开始经 R_2 对地放电，u_c 按指数规律下降，在 u_c 低于下限阈值电压 U_{T-}（$U_{CC}/3$）之前，定时器暂时仍维持 0 状态，输出 u_o 为低电位。

d. 翻转Ⅱ阶段. 电容 C 继续放电，当 u_c 低于下限阈值电压 U_{T-}（$U_{CC}/3$）后，定时器翻转为Ⅰ状态，输出 u_o 变为高电位。此时，集电极开路输出端（7 脚）由对地导通变为对地断开。此后，振荡器又回复到暂稳态Ⅰ阶段。

多谐振荡器两个暂稳态的维持时间取决于 RC 充、放电回路的参数。暂稳态Ⅰ的维持时间，即输出 u_o 的正向脉冲宽度为：

$$t_1 = 0.7(R_1 + R_2)C$$

暂稳态Ⅱ的维持时间，即输出 u_o 的负向脉冲宽度为：

$$t_2 = 0.7 R_2 C$$

因此，振荡周期为：

$$T = t_1 + t_2 = 0.7(R_1 + 2R_2)C$$

振荡频率 $f = 1/T$。正向脉冲宽度 t_1 与振荡周期 T 之比称为矩形波的占空比 D，由上述条件可得：

$$D = \frac{t_1}{t_1 + t_2} = \frac{R_1 + R_2}{R_1 + 2R_2}$$

由此可见，只要适当选取 C 的大小，即可通过调节 R_1、R_2 的值，达到调节振荡器输出信号频率及占空比的目的。若使 $R_2 \gg R_1$，则 $D = 0.5$，也即输出信号的正、负向脉冲宽度接近相等。

③ 多谐振荡器应用举例。

a. 模拟声响发生器。用两个多谐振荡器可构成模拟声响发生器，如图 7-7（a）所示。图中振荡器Ⅰ的输出 u_{o1} 接至振荡器Ⅱ的复位输入端（4 脚），振荡器Ⅱ的输出 u_{o2} 驱动扬声器发声。适当选择 R、C 的参数值，使振荡器Ⅰ的振荡频率为 1Hz，振荡器Ⅱ的振荡频率为 2kHz。在 u_{o1} 输出正向脉冲期间，u_{o2} 有 2kHz 音频信号输出，扬声器发声；在 u_{o1} 输出负向脉冲期间，振荡器Ⅱ的定时器被复位，振荡器Ⅱ停止振荡，u_{o2} 输出恒定不变的低电位，此时扬声器无音频输出。工作波形如图 7-7（b）所示。

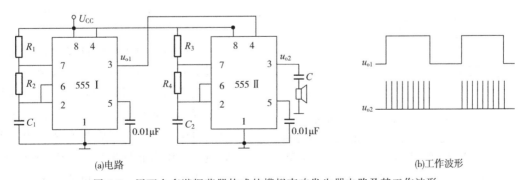

图 7-7 用两个多谐振荡器构成的模拟声响发生器电路及其工作波形

b. 电压-频率转换器。由 555 集成定时器构成的多谐振荡器中，若定时器控制输入端不经电容接地,而是外加一个可变的电压源,则通过调节该电压源的值,可以改变定时器触发电位和阈值电位的大小。外加电压越大,振荡器输出脉冲周期越大,即频率越低;外加电压越小,振荡器输出脉冲周期越小,即频率越高。这样,多谐振荡器就实现了将输入电压大小转换成输出频率高低的电压-频率转换器的功能。

任务2 设计简易闯入报警器

从电路内容来看,各种闯入报警器均比较简单,但从实际安装,尤其是涉及控制布线的连接却显得颇为复杂。

依附各自设计的闯入报警器分为两类。若用欧姆计作比较,一类不过是将电表以蜂鸣器取代。当两探头开路,没有电流从串联的电源流出,蜂鸣器不工作。但当两探头被短路电路接通时,电流流经报警器,发出报警声。

这类闯入报警系统精确地按上述模式工作。蜂鸣器和电源放置在随意的地方,测试探头的等效电路由布置在窗台或门口的导线组成,门和窗上安放着开关。该开关常规断开,但当门或窗被打开时,开关闭合,接通电路并发出报警声。

另一类闯入报警系统用常闭开关工作。因此,在该系统不启动的全部时间内电路均保持畅通。当闯入者经门或窗进入,常闭开关断开,同时检测电路感知这一情况,发出报警信号。

图7-8所示电路中,555集成块被接成无稳态多谐振荡器,其唯一功能是对可控硅整流器(SCR_1)栅极提供输出脉冲。当S_1接上时,由于常开闯入开关S_3开路,无电流流通,本系统处于临界报警状态。如果该系统一直不触发,则电池使用期接近它的储能时间。

当闯入发生,S_3闭合,电路便接通,同时脉冲馈送到SCR_1栅极,使其导通。于是,9V蜂鸣器发出报警声。一旦报警信号发出,重新断开S_3不会中止报警。实际上,SCR_1一直在等待来自555集成电路3脚的脉冲。当脉冲到来,SCR_1导通,并从此与集成块完全无关。所以,整个电路可看作电子自锁继电器。

本电路避免了早期许多报警系统遇到过的问题,即闯入者听到报警时立即关上门或窗,报警声中止,房中主人睡梦中尚未被惊醒。S_2是复位开关,按一下它可中止报警,通常把它装在蜂鸣器附近。S_1作为电源开关,一般靠近电源。当然也可省去S_1,而将电池直接接到S_2的一端。如此,本电路将整天处于预警状态。

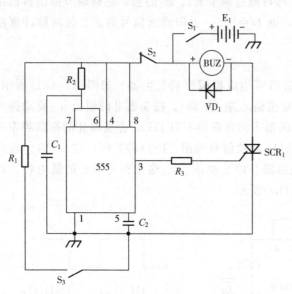

图7-8 简易闯入报警器电路

E_1—9V电池;R_1、R_2—10kΩ、1/2W碳膜电阻;BUZ—蜂鸣器;R_3—100Ω、1/2W碳膜电阻;C_1—0.01μF;S_1—拨动开关;C_2—0.01μF;S_2—常闭开关;VD_1—二极管;S_3—常开开关;SCR_1—可控硅整流器

此装置安装在约 $1in^2$（$1in=2.54cm$）的打孔电路板上，E_1、SCR_1 和蜂鸣器的极性不可反接。整个电路可装入塑料或铝壳内，并放在家中一个不易发现的地方。闯入开关形式繁多，推荐磁继电器装置，它由继电器部分和磁铁部分组成。通常继电器装在固定门框上，小磁铁则直接装在门的顶部，正好在继电器下面。继电器的开关触点都是金属的，靠外部磁铁将它们拉到一个位置。当磁铁被移开时，触点弹回并闭合电路。因此，当磁铁靠近时，常开闯入开关处于断开状态，而磁铁移开时处于闭合状态。这与我们通常的观念大相径庭，因为一般的常开开关或继电器都是在不接电源时处于断开状态，而常开闯入开关却是在接收到磁功率时处于断开。

只要启动 S_1 然后闭合远处开关的触点，蜂鸣器应立即发声。若无声，则检查电池、蜂鸣器、二极管和可控硅整流器连接的极性是否正常。SCR_1 可使用工作电流为 1A 的任何小型产品。在现行工作模式下，反峰额定值无关紧要，因为任何可控硅都能承受 9V 电压。

一旦蜂鸣器被启动，如果只是按下 S_2，其仍旧发声。而在断开 S_3 后，再按 S_2，蜂鸣器发声方能停止。

本设计仅供小范围使用，戒备通道限于一门或一窗。

任务 3　安装与调试三角波发生器电路

1）原理分析

三角波发生器电路原理图如图 7-1 所示。NE555 引脚排列图如图 7-9 所示。三角波发生器由 IC_1（NE555）及外围元件所构成，是一个具有恒流源充电和恒流源放电的变形多谐振荡器，通过对定时电容 C_2（或 C_3）的充放电，形成三角波形。

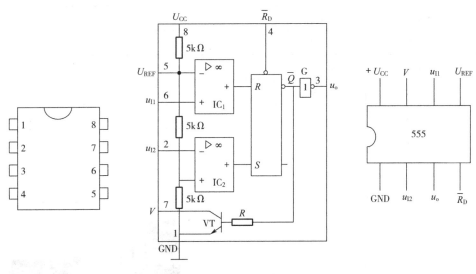

图 7-9　NE555 引脚排列图

（1）刚接通电源，S_1 接通 2 脚或 3 脚瞬间，假设电容的初始储能为 0，由于电容电压不能突变，定时电容 C_2（或 C_3）上无电压，即 IC_1 的第 2、6 脚输入为低电平，第 3 脚输出高电平，VT_1 饱和导通，它的集电极输出低电平，稳压管 VD_2 处于稳压状态，VT_2 的基极电位约为 8.4V，处于放大状态，VT_3 截止，于是 12V 电源通过 VT_2 向定时电容恒流充电，电压逐渐上升,形成三角波的上升沿。

(2)当定时电容上的电压达到阈值电压(2/3)U_{CC}时,IC_1的第3脚输出低电平,VT_1截止,VT_2截止,VT_1的集电极输出高电平,VD_3处于稳压状态,VT_3的基极电位约为3.6V,VT_3处于放大状态,定时电容通过VT_3、R_{P1}和VD_4恒流放电,电压逐渐下降,形成三角波的下降沿。

(3)当放电至定时电容上的电压降到(1/3)U_{CC}时,IC_1第3脚又输出高电平,开始第二周期的充电,重复上述过程。

(4)电容不变,调节电位器R_{P1}的阻值,可以调节放电时间,可以改变波形的周期及占空比,从而使得输出的三角波形左右对称;开关S_1可以选择不同容量的定时电容,配合调节电位器R_{P1}的阻值,可以调节充放电时间,即可调节三角波的频率。本电路频率为100kHz。

2)清点并检测元器件

按照元器件清单(表7-2)清点元器件并检测元器件。

表7-2 三角波发生器电路的元器件清单表

序号	元件名称	型号与规格	数量	检测情况
1	稳压二极管	3V6	2	
2	三极管	9013	2	
3	三极管	9012	1	
4	集成电路	NE555	1	
5	精密电位器	5kΩ	1	
6	电阻	4.7kΩ	4	
7	电阻	2.2kΩ	1	
8	电容	0.01μF	2	
9	电容	0.1μF	1	
10	二极管	1N4148	2	
11	印制电路板		1	
12	单排针		12	
13	短路帽		1	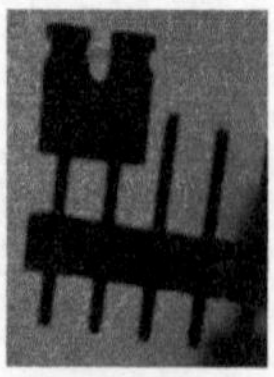 

3)设计布局图

三角波发生器电路的布局图如图7-10所示。

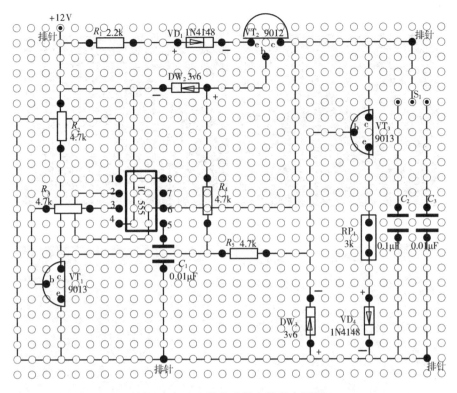

图 7-10 三角波发生器电路的布局图

4）装调准备

按照表 7-3，选择装调工具、仪器设备并列写清单。

表 7-3 三角波发生器电路的工具设备清单表

序号	名称	型号/规格	数量	备注
1	直流稳压电源	XJ17232/2A，0～30V（双电源）	1	
2	数字示波器	DS5022M	1	
3	万用表	VC890D	1	
4	电烙铁	25～30W	1	
5	烙铁架		1	
6	镊子		1	
7	斜口钳	130mm	1	
8	测试导线		若干	

5）电路安装与调试

（1）电路装配

在提供的万能板或 PCB 板上装配电路，且装配工艺应符合 IPC-A-610D 标准的二级产品等级要求。其万能板实物图如图 7-11 所示。

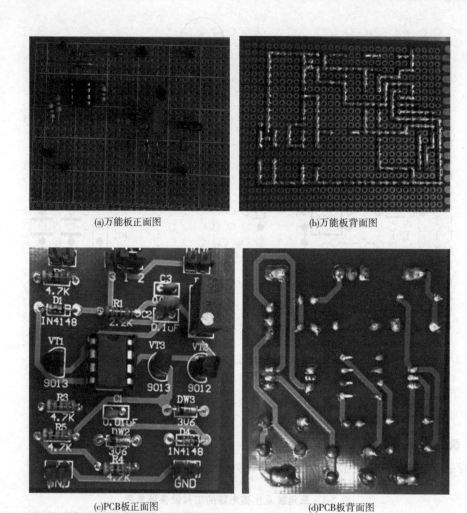

(a)万能板正面图　　　　(b)万能板背面图

(c)PCB板正面图　　　　(d)PCB板背面图

图 7-11　三角波发生器万能板实物图

（2）电路调试

装配完成后，通电调试。

① 电路接入 12V 直流电压，绘制三角波发生器电路的测试连线示意图，如图 7-12 所示。

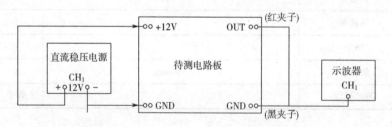

图 7-12　三角波发生器电路的测试连线示意图

② 电路调试。电路接入 12V 直流电压，调节电位器，使电路输出对称三角波，并利用示波器分别测试开关 1、3 脚连接和 1、2 脚连接时，输出三角波的周期 T 与峰峰值 U_{PP}，如图 7-13、表 7-4 所示。

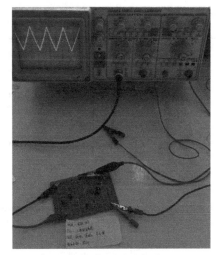

(a) 开关1、3脚连接时　　　　　　(b) 开关1、2脚连接时

图 7-13　三角波发生器的电路调试图

表 7-4　三角波发生器电路的参数测试表

名称	开关1、3脚连接	开关1、2脚连接
周期 T/ms	$500\times10^{-3}=0.5$	$50\times10^{-3}=0.05$
峰峰值 U_{PP}/V	4.0	4.0

③ 调试结束后，请将标签写上自己的组员名，贴在电路板正面空白处。

7.3　项目考评

项目考评见表 7-5。

表 7-5　三角波发生器电路的项目考评表

评价项目	内容	配分	评价点	评分细则	得分	备注
职业素养与操作规范（20分）	工作前准备	10	清点器件、仪表、焊接工具，并摆放整齐，穿戴好防静电防护用品	① 未按要求穿戴好防静电防护用品，扣3分 ② 未清点工具、仪表等每项扣1分 ③ 工具摆放不整齐，扣3分		① 学生没有操作项目，此小项记0分 ② 出现明显失误造成工具、仪表或设备损坏等安全事故；严重违反实训纪律，造成恶劣影响的，本大项记0分
	6S规范	10	操作过程中及作业完成后，保持工具、仪表、元器件、设备等摆放整齐。具有安全用电意识，操作符合规范要求。作业完成后清理、清扫工作现场	① 操作过程中乱摆放工具、仪表，乱丢杂物等，扣5分 ② 完成任务后不清理工位，扣5分 ③ 出现人员受伤设备损坏事故，考试成绩为0分		

续表

评价项目	内容	配分	评价点	评分细则	得分	备注
作品（80分）	工艺	25	电路板作品要求符合IPC-A-610标准中各项可接受条件的要求（1级）： ① 元器件的参数和极性插装正确 ② 合理选择设备或工具对元器件进行成型和插装 ③ 元器件引脚和焊盘浸润良好，无虚焊、空洞或堆焊现象 ④ 焊点圆润、有光泽、大小均匀 ⑤ 插座插针垂直整齐，插孔式元器件引脚长度2~3mm，且剪切整齐	① 虚焊、桥接、漏焊、半边焊、毛刺、焊锡过量或过少、助焊剂过量等，每焊点扣1分 ② 焊盘翘起、脱落（含未装元器件处），每处扣2分 ③ 损坏元器件，每只扣1分 ④ 烫伤导线、塑料件、外壳，每处扣2分 ⑤ 连接线焊接处应牢固工整，导线线头加工及浸锡合理规范，线头不外露，否则每处扣1分 ⑥ 插座插针垂直整齐，否则每个扣0.5分 ⑦ 插孔式元器件引脚长度2~3mm，且剪切整齐，否则酌情扣1分 ⑧ 整板焊接点未进行清洁处理扣1分		
	调试	25	① 合理选择仪器仪表，正确操作仪器设备对电路进行调试 ② 电路调试接线图绘制正确 ③ 通电调试操作规范	① 不能正确使用万用表、毫伏表、示波器等仪器仪表每次扣3分 ② 不能按正确流程进行测试并及时记录装调数据，每错一处扣1分 ③ 调试过程中出现元件、电路板烧毁、冒烟、爆裂等异常情况，扣5分/个（处）		
	功能指标	30	① 电路通电工作正常，功能缺失按比例扣分 ② 测试参数正确，即各项技术参数指标测量值的上下限不超出要求的10% ③ 测试报告文件填写正确	① 不能正确填写测试报告文件，每错一处扣1分 ② 未达到指标，每项扣2分 ③ 开机电源正常但作品不能工作，扣10分		
异常情况		扣分		① 安装调试过程中出现元件、电路板烧毁、冒烟、爆裂等异常情况，扣5分/个（处） ② 安装调试过程中出现仪表、工具烧毁等异常情况，扣10分/个（处） ③ 安装调试过程中出现破坏性严重安全事故，总分计0分		

项目小结

555 定时器是一种应用广泛的数、模混合集成器件,其内部既有运放又有触发器。通过外部电路的不同组合,如与阻容元件配合,可以方便地组成施密特触发器、多谐振荡器、单稳态触发器等各种波形发生器和多种实用电路。

思考与练习

7-1 在图 7-14 所示的由 555 定时器构成的单稳态触发器中:

(1) 要求输出脉冲宽度为 1s 时,定时电阻 $R=11\mathrm{k}\Omega$,试计算定时电容 C。

(2) 当 $C=6200\,\mathrm{pF}$ 时,要求脉冲宽度为 $150\mu\mathrm{s}$,试计算定时电阻 R。

7-2 在图 7-15 所示电路中,已知 $R_1=1\mathrm{k}\Omega$,$R_2=8.2\mathrm{k}\Omega$,$C=0.4\mu\mathrm{F}$。试求正脉冲宽度 t_w、振荡周期 T、振荡频率 f 和占空比 D。

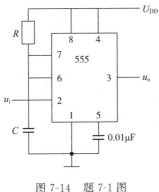

图 7-14 题 7-1 图

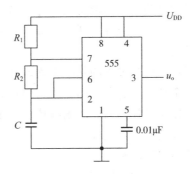

图 7-15 题 7-2 图

项目8

电子技术实训

任务1 二极管、三极管的简单测试

1）实训目的

① 练习晶体管、二极管器件手册的查阅，熟悉晶体管、二极管的类别、型号、规格、结构及主要功能。

② 掌握用万用表识别晶体管、二极管的电极，并进行简易测试。

2）实训原理

（1）半导体二极管

半导体二极管也称晶体二极管，简称二极管。二极管具有单向导电性，可用于整流、检波、稳压及混频电路中。二极管按用途不同可分为普通二极管和特殊二极管。普通二极管包括检波二极管、整流二极管、开关二极管和稳压二极管等；特殊二极管包括变容二极管、光电二极管和发光二极管等。

极性识别：常用二极管的外壳上均印有型号和标记。标记箭头所指的方向为阴极。有的二极管只有一个色点，有色点的一端为阴极。有的带定位标志，判别时，观察者面对管底，由定位销起，按顺时针方向，引出线依次为正极和负极。有的二极管管壳是透明玻璃管，则可看到连接触丝的一端为正极。

检测方法有以下两种。

① 单向导电性的检测。用万用表欧姆挡测量二极管的正、反向电阻，有以下几种情况。

a. 测得的反向电阻（几百千欧以上）和正向电阻（几千欧以下）的比值在100以上，表明二极管性能良好。

b. 反、正向电阻之比为几十倍、甚至几倍，表明二极管单向导电性不佳，不宜使用。

c. 正、反向电阻为无限大，表明二极管断路。

d. 正、反电阻均为零，表明二极管短路。测试时需注意，检测小功率二极管时应将万用表置于 $R \times 100$ 或 $R \times 1k$ 挡，检测中、大功率二极管时，方可将量程置于 $R \times 1$ 或 $R \times 10$ 挡。

② 二极管极性判断。当二极管外壳标志不清楚时，可以用万用表来判断。将万用表的两支表笔分别接触二极管的两个电极，如果测出的电阻约为几十欧、几百欧或几千欧，则黑表笔所接触的电极为二极管的正极，红表笔所接触的电极是二极管的负极，如图8-1所示。若测出来的电阻约为几十千欧至几百千欧，则黑表笔所接触的电极为二极管的负极，红表笔

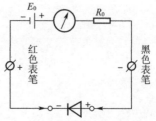

图8-1 判断二极管极性

所接触的电极为二极管的正极。

(2) 半导体三极管

半导体三极管又称晶体三极管，通常简称晶体管，或称双极型晶体管，它是一种控制电流的半导体器件，可用来对微弱信号进行放大和用作无触点开关。它具有结构牢固、寿命长、体积小和耗电省等优点，故在各个领域得到广泛应用。

三极管按材料分可分为硅三极管和锗三极管。

三极管按导电类型分可分为 PNP 型和 NPN 型。锗三极管多为 PNP 型，硅三极管多为 NPN 型。

判别方式有以下两种。

① 放大倍数与极性的识别方法。一般情况下，可以根据命名规则从三极管管壳上的符号辨别出它的型号和类型。同时还可以从管壳上的色点的颜色来判断出管子的放大系数值的大致范围。常用色点对 β 值分挡如下：

β —15～25～40～55～80～120～180～270～400～

色标　棕　红　橙　黄　绿　蓝　紫　灰　白　黑

例如，色标为橙色表明该管的 β 值在 25～40 之间。有的厂家并非按此规定，使用时要注意。当从管壳上知道它们的类型和型号以及 β 值后，还应进一步判别它们的 3 个极。对于小功率三极管来说，有金属外壳和塑料外壳封装两种。金属外壳封装的如果管壳上带有定位销，那么将管底朝上，从定位销起，按顺时针方向，3 根电极依次为 e、b、c；如果管壳上无定位销，且 3 根电极在半圆内，我们将有三根电极的半圆置于上方，按顺时针方向，3 根电极依次为 e、b、c；塑料外壳封装的，我们面对平面，3 根电极置于下方，从左到右，3 根电极依次为 e、b、c。

对于大功率三极管，外形一般分为 F 型和 G 型两种。F 型管从外形上只能看到两根电极。我们将管底朝上，两根电极置于左侧，则上为 e，下为 b，底座为 c。G 型管的 3 个电极一般在管壳的顶部，我们将管底朝下，3 根电极置于左方，从最下电极起，按顺时针方向，依次为 e、b、c。

三极管的引脚必须正确确认，否则接入电路中不但不能正常工作，还可能烧坏管子。

② 三极管的检测方法。

a. 应用万用表判别三极管引脚。

(a) 先判别基极 b 和三极管的类型。将万用表欧姆挡置于 $R\times100$ 或 $R\times1k$ 挡，先假设三极管的某极为"基极"，并将黑表笔接在假设的基极上，再将红表笔先后接到其余两个电极上，如果两次测得的电阻值都很大（或都很小），而对换表笔后测得两个电阻值都很小（或都很大），则可以确定假设的基极是正确的。如果两次测得的电阻值是一大一小，则可以确定假设的基极是错误的，这时就必须重新假设另一电极为"基极"，再重复上述的测试。

当基极确定以后，将黑表笔接基极，红表笔分别接其他两极，此时，若测得的电阻值都很小，则该三极管为 NPN 型管，反之，则为 PNP 型管。

(b) 再判别集电极 c 和发射极 e。以 NPN 型管为例，把黑表笔接到假设的集电极 c 上，红表笔接到假设的发射极 e 上，并且用手握住 b 极和 c 极（b 极和 c 极不能直接接触），通过人体，相当于在 b、c 之间接入偏置电阻。读出表所示 c、e 间的电阻值，然后将红、黑两表笔反接重测，若第一次电阻值比第二次小，说明原假设成立，即黑表笔所接的是集电极 c，红表笔接的是发射极 e。因为 c、e 间电阻值小正说明通过万用表的电流大，偏值正常。

b. 三极管性能简单测试。

（a）检查穿透电流 I_{CEO} 的大小：以 NPN 型为例，将基极 b 开路，测量 c、e 极间的电阻。万用表红表笔接发射极，黑表笔接集电极，若阻值较高（几十千欧以上），则说明穿透电流较小，管子能正常工作。若 c、e 极间电阻小，则穿透电流大，受温度影响大，工作不稳定。在技术指标要求高的电路中不能用这种管子。若测得阻值趋近于 0，表明管子已被击穿，若阻值为无穷大，则说明管子内部已断路。

（b）检查直流放大系数 β 的大小：在集电极 c 与基极 b 之间接入 100kΩ 的电阻 R_b，测量 R_b 接入前后两次发射极和集电极之间的电阻。万用表红表笔接发射极，黑表笔接集电极，电阻值相差越大，说明 β 越高。

3) 实训设备

①半导体器件手册 1 本；②不同类型、规格的晶体管、二极管若干；③万用表 1 块；④直流稳压电源 1 个。

4) 实训要求

掌握二极管、三极管的特性和检测方法。

5) 实训内容及步骤

① 观看样品，熟悉各种晶体管、二极管的外形（封装形式）、结构和标志。

② 查阅半导体器件手册，列出所给晶体管、二极管的类别、型号及主要参数。

③ 用万用表判别所给二极管的电极及质量好坏，记录所用万用表的型号、挡位及测得的二极管正、反向电阻读数值。

④ 用万用表判别所给晶体管的引脚、类型，用万用表的 h_{FE} 挡测量比较不同晶体管的电流放大系数，并将测量结果记入表 8-1 中。

表 8-1 测量记录表

被测元件	序号	型号	元件类别	封装形式	管子电极或参数	万用表型号及挡位
二极管	1					
	2					
	3					
	4					
晶体管	1					
	2					
	3					
	4					
	5					
	6					

6) 思考题

为什么在判别二极管与三极管的好坏与极性时，要求使用万用表电阻挡的 $R \times 100$ 或

$R×1k$挡来测量?

7) 实训报告要求

① 记录、整理实训数据。

② 得出实训结论,总结收获及体会。

任务 2 单管共发射极放大电路的测试

1) 实训目的

① 加深对单管共发射极放大电路工作原理的理解。

② 学习静态工作点的测量、调整,观察静态工作点对放大电路工作性能的影响。

③ 测量交流放大电路的电压放大倍数,观察负载电阻变化对电压放大倍数的影响。

④ 进一步熟悉电子仪器的使用。

2) 实训原理

单管共发射极放大电路是三种基本放大电路组态之一,基本放大电路处于线性工作状态的必要条件是设置合适的静态工作点,工作点的设置直接影响放大器的性能。放大器的动态技术指标是在有合适的静态工作点时,保证放大电路处于线性工作状态下进行测试的。共发射极放大电路具有电压增益大、输入电阻较小、输出电阻较大,并且带负载能力强等特点。

图 8-2 所示为电阻分压式静态工作点稳定放大电路,它的偏置电路采用 $R_{B1} = R_{b1} + R_P$ 和 $R_{B2}=R_{b2}$ 组成的分压电路,并在发射极中接有电阻 $R_E = R_{e2}$,用来稳定静态工作点。当在放大器输入端输入信号 u_i 后,在放大器输出端便可得到与 u_i 相位相反、被放大了的输出信号 u_o,实现了电压放大。在电路中静态工作点为:

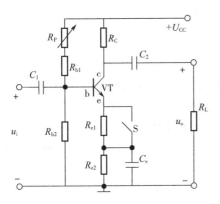

图 8-2 电阻分压式静态工作点稳定放大电路

$$U_B = \frac{R_{B2}}{R_{B1}+R_{B2}} U_{CC}$$

$$I_E = \frac{U_B - U_{BE}}{R_E} = \frac{U_E}{R_E}$$

$$U_{CE} = U_{CC} - I_C(R_C + R_E)$$

主要动态参数如下。

① 电压放大倍数为:

$$\dot{A}_u = \frac{\dot{U}_o}{\dot{U}_i} = -\beta \frac{R_C /\!/ R_L}{r_{be}}$$

其中:

$$r_{be} = 300 + (1+\beta)\frac{26\,(\text{mV})}{I_E\,(\text{mA})}$$

② 输入电阻,若开关合上,即 R_{e1} 短接。

$$R_i = R_{B1} /\!/ R_{B2} /\!/ r_{be}$$

③ 输出电阻为:

$$R_o = R_C$$

放大器输入电阻测试方法：测得 U_i 和 I_i，即可计算出 $R_i=U_i/I_i$。

输出电阻可用下式计算：

$$r_o = \left(\frac{U_o'}{U_o} - 1\right)R_L$$

其中，U_o' 为 R_L 未接入时（$R_L=\infty$）输出电压值；U_o 为接入 R_L 时输出电压值。

3）实训设备

①ST-16 型示波器 1 台；②XD2 型低频信号发生器 1 台；③GB-9B 真空管交流毫伏表（或 FD2172 晶体管毫伏表）1 台；④直流稳压电源 1 个；⑤万用表 1 块；⑥实训电路板 1 块。

4）实训要求

① 复习放大电路静态工作点的估算方法。

② 根据所给定的输入信号的大小，确定电路输出出现饱和失真以及截止失真时，静态工作点的范围。

③ 估算输出电压 U_o、输入电阻 r_i 及输出电阻 r_o 的值。

5）实训电路各元器件参数

实训电路如图 8-2 所示，电路各元件参数如下。

三极管 VT 的型号为 3DG6；$U_{CC}=9V$；$R_C=3k\Omega$；$R_{b1}=36k\Omega$；$R_{b2}=20k\Omega$；$R_{e1}=10\Omega$；$R_{e2}=2.7k\Omega$；$R_P=10k\Omega$（或 100kΩ）；$C_1=10\mu F$；$C_2=10\mu F$；$C_e=22\mu F$。

6）实训内容及步骤

(1) 测量静态工作点

① 从直流稳压电源中调出直流 9V 电压（用万用表校准），接入放大电路的电源端，将电路输入端短接，并将电路开关 S 闭合，电阻 R_{e1} 被短路，此时该电路无交流负反馈。

② 调节基极可变电阻 R_P，使三极管基极电位符合下面几种情况。

$R_P=10k\Omega$ 时，$U_B=2.7V$；$R_P=100k\Omega$ 时，$U_B=3V$。对该电路参数而言，此时的静态工作点较适当。

③ 测量晶体管各极电位 U_C、U_E、U_B，并测量电压 U_{BE}，将数据填入表 8-2 中。（思考：应该用何种仪表测量?）

计算提示：根据 U_C、R_C，求 I_{CQ}；根据 U_E、R_E，求 I_{EQ}，则可求出 I_{BQ}。

④ 根据以上数据，求表 8-2 中所列的各计算值。根据测量值和计算值，确认该电路的静态工作点是否合适（思考：静态工作点较合适时，U_{BE} 和 U_{CE} 的数值应大约为多少）。工作点较合适时，方可进行下一步操作。

表 8-2 静态工作点测量数据

测 量 值								计 算 值			电流放大倍数 β
U_{BE}/V		U_B/V		U_C/V		U_E/V		U_{CE}/V	I_{CQ}/A	I_{BQ}/A	
量程	读数	量程	读数	量程	读数	量程	读数				

(2) 测量放大电路的电压放大倍数 A，观察负载电阻 R_L 对放大倍数的影响

① 从低频信号发生器中调出 $U_i=10\text{mV}$、频率为 1kHz（用毫伏表核准）的信号电压，接到电路的输入端，将负载电阻 R_L 接入放大电路输出端。

注意：此时应为"无反馈"状态。

② 按表 8-3 的要求，改变负载电阻 R_L 的大小（$R_L=\infty$、$R_L=5.1\text{k}\Omega$），测量电路的输出电压 U_o 值，并填入表 8-3 中，计算电压放大倍数 $A=U_o/U_i$（思考：应该用何种仪表测量输出电压）。

表 8-3 测量电压放大倍数

输入 U_i	负载电阻 R_L	无反馈时（S闭合）			有反馈时（S断开）		
		测量 U_o		计 算	测量 U_o		计 算
		量 程	读 数	放大倍数 A	量 程	读 数	放大倍数 A
10mV 1kHz	$R_L=\infty$						
	$R_L=5.1\text{k}\Omega$						

③ 用示波器观察输出电压的波形，将带负载 R_L 时的输出电压接入示波器（黑表笔接电压的"地"端）。

(3) 观察负反馈对电压放大倍数的影响

将电路中的开关 S 断开，通过电阻 R_{e1} 引入交流负反馈。输入电压 U_i 保持不变。改变负载电阻 R_L 的大小（$R_L=\infty$、$R_L=5.1\text{k}\Omega$），测量输出电压 U_o 之值，填入表 8-3 中并计算电压放大倍数 A。

(4) 观察静态工作点对放大电路工作的影响

在放大电路的输入端加信号电压 $U_i=30\text{mV}$、频率为 1kHz，断开负载（$R_L=\infty$）。将基极电位器 R_P 分别调节为最大位置（使 R_P 之值最大）、居中位置和最小位置，测量各种情况下的静态工作值，观察输出电压波形，分析输出电压波形是否产生了失真。将测量和观察结果填入表 8-4 中（若各种情况下波形均未失真，则可增大输入信号的幅值，直到出现失真为止）。

表 8-4 静态工作点对放大电路工作的影响

基极电阻 R_P 值	静态工作点测量值				计算值		输出波形	失真情况	Q点位置 高低适中
	U_{BE}/V	U_B/V	U_C/V	U_E/V	U_{CE}/V	I_C/mA			
居中									
最大									
最小									

(5) 自我检测

请学生自己调节 R_P 为任意值，测量相应的静态工作点；改变输入电压的大小和频率，测量相应的电压放大倍数。

(6) 观察温度对静态工作点的影响

当电路正常工作，输出电压未出现失真时，用电吹风加热三极管（不要靠得太近，时间

不要过长),观察输出电压波形的变化,是否出现失真。

注意:

① 不要带电接、拆线路;

② 静态测试时,要将放大电路输入端短接,避免干扰信号进入放大器,影响测量结果;

③ 测量放大倍数时,各仪器的接地端应接在一起,避免干扰;

④ 各连线应避免交叉,否则会相互干扰,影响测量结果;

⑤ 注意选用合适的测量仪表。

7) 思考题

① 通过实训,说明调整放大电路静态工作点常用的方法是什么。

② 通过实训,说明放大电路负载 R_L 的大小是如何影响电压放大倍数 A_u 的。

③ 从表 8-4 中的 U_{be}、U_{ce} 或 I_c 等数据,说明电路输出波形是否出现失真,如何减小单管放大电路的输出波形失真(分别从不同的失真情况来分析)。

④ 观察实训结果,说明交流负反馈对电压放大倍数有何影响。

8) 实训报告要求

① 记录、整理实训数据和所观察到的波形,进行有关计算。

② 得出实训结论,总结收获及体会。

③ 回答思考题。

任务 3 负反馈放大电路的测试

1) 实训目的

① 初步接触负反馈放大器,通过对有负反馈和无负反馈放大器性能的比较,体会负反馈改善放大器性能的作用。

② 进一步熟悉几种常用测量仪器的使用方法。

③ 掌握放大器性能的测试方法。

2) 实训原理

图 8-3 为带有负反馈的两级阻容耦合放大电路,在电路中通过 R_f 把输出电压 U_o 引回到输入端,加在晶体管 VT_1 的发射极上,在发射极电阻 R_{F1} 上形成反馈电压 U_f。根据反馈的判断法可知,它属于电压串联负反馈。

该放大电路主要性能指标如下。

① 闭环电压放大倍数为:

$$A_{uf} = \frac{A_u}{1 + A_u F_u}$$

式中 $A_u = U_o / U_i$——基本放大器(无反馈)的电压放大倍数,即开环电压放大倍数;

$1 + A_u F_u$——反馈深度,它的大小决定了负反馈对放大器性能改善的程度。

② 反馈系数为:

$$F_u = \frac{R_{F1}}{R_f + R_{F1}}$$

③ 输入电阻为:

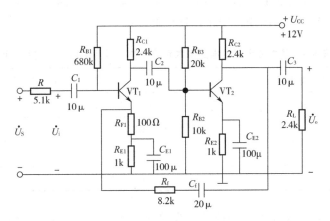

图 8-3 负反馈放大电路

$$R_{if} = (1 + A_u F_u) R_i$$

式中 R_i——基本放大器的输入电阻。

④ 输出电阻为：

$$R_{of} = \frac{R_o}{1 + A_{uo} F_u}$$

式中 R_o——基本放大器的输出电阻；

A_{uo}——基本放大器 $R_L = \infty$ 时的电压放大倍数。

3）实训设备

①电子实训板 1 块；②电阻若干；③电位器若干；④电容若干；⑤示波器 1 台；⑥万用表 1 块；⑦导线若干。

4）实训要求

① 复习书中的负反馈章节，重点预习电压串联负反馈电路，复习负反馈放大器的电压放大倍数的计算公式。

② 熟悉并巩固所使用过的仪器。

5）实训内容及步骤

① 测量电路的静态工作点。令输入信号为零，用万用表测量基极、集电极和发射极电位 U_B、U_C 和 U_E 值的大小，记录于自拟的数据表格中。调节 R_P 改变 VT 的集电极静态电流 I_C。

② 验证电压串联负反馈放大器的基本方程式 $A_{uf} = A_u / (1 + A_u F_u)$，输入 1kHz 的信号，使输出电压为 1V，分别测量两个电路的源电压和输入电压，将结果记录在表 8-5 中。

表 8-5 基本放大器与电压串联负反馈放大器放大倍数比较

基本放大器				负反馈放大器			
U_o	U_s	U_i	$A_u = U_o/U_i$	U_o	U_s	U_i	$A_{uf} = U_o/U_i$

③ 验证电压放大倍数的稳定性。将 R_{C2} 改为 4.2kΩ，重新测试反馈放大器和基本放大器的放大倍数，计算 A_u 及 A_{uf} 的相对变化，将结果记录于表 8-6 中。

表 8-6 基本放大器与电压串联负反馈放大器放大倍数稳定性比较

基本放大器					负反馈放大器				
R_{C2}	U_o	U_s	U_i	$A_u=U_o/U_i$	R_{C2}	U_o	U_s	U_i	$A_{uf}=U_o/U_i$
5kΩ					5kΩ				
4.2kΩ					4.2kΩ				
$\Delta A_u/A_u=$					$\Delta A_{uf}/A_{uf}=$				

④ 观察负反馈对非线性失真的改善。先接成基本放大器，输入 1kHz 信号，使输出电压波形出现轻度非线性失真，然后加上负反馈并增大输入信号，使输出电压波形达到基本放大器同样的幅度，观察波形的失真程度有何改善。

⑤ 验证负反馈使频带展宽 $f_{Hf}=f_H(1+A_{um}F_u)$，$f_{Lf}=f_L/(1+A_{um}F_u)$，并且将数据记录于表 8-7 中。

表 8-7 基本放大电路与负反馈放大电路带宽比较

基本放大器		负反馈放大器	
f_L	f_H	f_{Lf}	f_{Hf}

6) 思考题

如何采用正确、快速的方法来测量实训内容②、③和④？

7) 实训报告要求

① 整理数据，完成表格。
② 画出无负反馈和有负反馈两种情况下的频率响应特性曲线。
③ 根据测量、观察的结果，总结出负反馈对放大器的哪些性能有影响，各是如何影响的。

任务 4 功率放大电路的测试

1) 实训目的

① 熟悉推挽功率放大电路的结构与特点。
② 掌握推挽功率放大电路的静态工作点设置对输出波形的影响。
③ 观察和理解交越失真和功放电路的阻塞现象。
④ 观察输入信号频率和音调的关系。

2) 实训原理

功率放大实训电路如图 8-4 所示，它是一种单电源供电的互补对称的 OCL 功率放大电路。

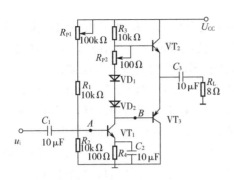

图 8-4 功率放大实训电路

（1）电路的输出功率

在理想极限（输出不失真）情况下，OCL 功率放大器的输出功率为：

$$P_{omax} = \frac{(\frac{U_{CC}}{2} - U'_{CES})^2}{2R_L} \approx \frac{U_{CC}^2}{8R_L}$$

在实际测量时，电路的最大输出功率为：

$$P_{o实} = U_o I_o = \frac{U_o U_o}{R_L} = \frac{U_o^2}{R_L}$$

式中，U_o 为负载两端电压的有效值；I_o 为流过负载电流的有效值。

（2）电源供给的平均功率

在理想极限情况下，电源供给的总平均功率为：

$$P_E = \frac{U_{CC} U_{CC}}{2\pi R_L} = \frac{U_{CC}^2}{2\pi R_L}$$

实际测量时，可把直流电流表串入供电电路中，在不失真的输出电压下，电流表指示值 I_{CO} 与供电电压 U_{CC} 的乘积即为 $P_{E实}$。

$$P_{E实} = U_{CC} I_{CO}$$

式中，I_{CO} 为电源提供的电流值。

（3）功率放大器的效率

功率放大器的效率是指放大器输出的交流信号功率与直流电源提供的平均功率之比，在理想极限情况下，OTL 功率放大器的效率为：

$$\eta = \frac{P_o}{P_E} = \frac{\pi}{4} \approx 78.5\%$$

实际测量时

$$\eta_实 = \frac{U_o U_o / R_L}{U_{CC} I_{CO}} = \frac{U_o U_o}{U_{CC} I_{CO} R_L} = \frac{U_o^2}{U_{CC} I_{CO} R_L}$$

3）实训设备

①双踪示波器 1 台；②低频信号发生器 1 台；③直流稳压电源 1 个；④电子电压表 1 块；⑤万用表 1 块；⑥三极管若干；⑦二极管若干；⑧电阻若干；⑨电容若干等。

4）实训要求

复习有关推挽功率放大电路工作原理的内容。

5）实训内容及步骤

① 选择 VT_1、VT_2 和 VT_3，用万用表进行测试后，在实训台上连接好电路。

② 调整双路直流稳压电源为 10V，接入图 8-4 所示实训电路中。

③ 测试电路的直流工作状态。在实训电路输入端加入 $f=1kHz$ 的正弦信号，逐渐增大输入电压 U_i，用示波器观察负载两端的输出信号，同时调节 R_{P1} 和 R_{P2}，直到调节到增大 U_i 时，输出信号正负半周同时出现削顶失真为止。此时再令输入信号 U_i 为零，分别测试 U_{B1}、U_{B2}、U_{B3}（U_{C1}）、U_{E1}、U_{E2}（U_{E3}）、U_{C2}、U_{C3}、I_{C1}、I_{C2}、I_{C3}、I_{RL} 的值。将数据记录于自

拟的实训数据表格中。

④ 观察电路的交越失真现象。将图 8-4 所示实训电路中 A、B 两点用导线短接,在输入端加入 $f=1$kHz 的正弦信号。调整输入信号幅度,使波形刚好不失真且最大,将输出波形绘制下来。把 A、B 两点的短接线断开,观察输出波形的变化情况,并绘制该波形。

⑤ 不同负载下最大不失真功率的测量。电路输入端加入 $f=1$kHz 的正弦信号 U_i,当负载为 8Ω 时,调节输入信号 U_i 的大小,使输出电压最大,且不出现削顶失真,用电子电压表或示波器测试负载两端的电压大小,记录 U_i、U_o 和 R_L 的值于自拟的实训数据表格中。

⑥ 测试电路的电压放大倍数。在实训电路中,加入 $U_i=200$mV,$f=1$kHz 的正弦信号,用示波器观察输出信号的波形,并测试出输出信号的大小,计算出放大倍数 A_u。

⑦ 观察电源电压对最大输出功率和电压放大倍数的影响。改变实训电路的供电电源为 8V,重复实训内容及步骤的⑥、⑦步。

6) 思考题

① 交越失真产生的原因是什么?怎样克服交越失真?
② 电路中电位器 R_{P2} 如果开路或短路,对电路工作有何影响?
③ 为了不损坏输出管,调试中应注意什么问题?

7) 实训报告要求

整理实训数据,计算该 OCL 功率放大器的主要性能指标,并且回答以下问题:
① OCL 和 OTL 电路的区别是什么?各有什么优缺点?
② 如果输出波形出现交越失真,应如何调节?
③ 实训电路中二极管的作用是什么?若有一只二极管接反,会产生什么样的后果?

任务 5　差分放大电路的测试

1) 实训目的

① 加深对差动放大器性能及特点的理解。
② 学习差动放大器主要性能指标的测试方法。

2) 实训原理

图 8-5 所示为差动放大器的实训电路。它由两个元件参数相同的基本共射放大电路组成。当开关 S 拨向左边时,构成典型的差动放大器。调零电位器 R_P 用来调节 VT_1、VT_2 管的静态工作点,使得输入信号 $U_i=0$ 时,双端输出电压 $U_o=0$。R_E 为两管共用的发射极电阻,它对差模信号无负反馈作用,因而不影响差模电压放大倍数,但对共模信号有较强的负反馈作用,故可以有效地抑制零漂,稳定静态工作点。当开关 S 拨向右边时,构成具有恒流源的差动放大器。它用晶体管恒流源代替发射极电阻 R_E,可以进一步提高差动放大器抑制共模信号的能力。

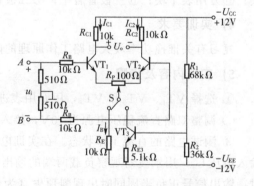

图 8-5　差动放大器实训电路

(1) 静态工作点的估算
① 典型电路：

$$I_E \approx \frac{|U_{EE}| - U_{BE}}{R_E} \quad (\text{认为 } U_{B1} = U_{B2} \approx 0)$$

$$I_{C1} = I_{C2} = \frac{1}{2} I_E$$

② 恒流源电路：

$$I_{C3} \approx I_{E3} \approx \frac{\frac{R_2}{R_1 + R_2}(U_{CC} + |U_{EE}|) - U_{BE}}{R_{E3}}$$

$$I_{C1} = I_{C1} = \frac{1}{2} I_{C3}$$

(2) 差模电压放大倍数和共模电压放大倍数

当差动放大器的射极电阻 R_E 足够大，或采用恒流源电路时，差模电压放大倍数 A_d 由输出方式决定，而与输入方式无关。

双端输出，$R_E = \infty$，R_P 在中心位置时：

$$A_d = \frac{\Delta U_o}{\Delta U_i} = -\frac{\beta R_C}{R_B + r_{be} + \frac{1}{2}(1+\beta)R_P}$$

单端输出时：

$$A_{d1} = \frac{\Delta U_{C1}}{\Delta U_i} = \frac{1}{2} A_d$$

$$A_{d2} = \frac{\Delta U_{C2}}{\Delta U_i} = -\frac{1}{2} A_d$$

当输入共模信号时，若为单端输出，则有：

$$A_{C1} = A_{C2} = \frac{\Delta U_{C1}}{\Delta U_i} = \frac{-\beta R_C}{R_B + r_{be} + (1+\beta)(\frac{1}{2}R_P + 2R_E)} \approx -\frac{R_C}{2R_E}$$

若为双端输出，在理想情况下：

$$A_C = \frac{\Delta U_o}{\Delta U_i} = 0$$

实际上由于元器件不可能完全对称，因此 A_c 也不会绝对等于零。

(3) 共模抑制比 CMRR

为了表征差动放大器对有用信号（差模信号）的放大作用和对共模信号的抑制能力，通常用一个综合指标来衡量，即共模抑制比 CMRR，其值为：

$$CMRR = \left|\frac{A_d}{A_c}\right| \quad \text{或} \quad CMRR = 20\lg\left|\frac{A_d}{A_c}\right| \text{ (dB)}$$

差动放大器的输入信号可采用直流信号，也可采用交流信号。本实训由函数信号发生器提供频率 $f = 1\text{kHz}$ 的正弦信号作为输入信号。

3) 实训设备

①±12V 直流电源 1 个；②函数信号发生器 1 台；③双踪示波器 1 台；④交流毫伏表 1

块；⑤直流电压表 1 块；⑥晶体三极管 3DG6×3（要求 VT_1、VT_2 管特性参数一致）（或 9011×3）若干；⑦电阻器、电容器若干。

4) 实训要求

根据实训电路参数，估算典型差动放大器和具有恒流源的差动放大器的静态工作点，以及差模电压放大倍数（取 $\beta_1=\beta_2=100$）。

5) 实训内容及步骤

(1) 典型差动放大器性能测试

按图 8-5 连接实训电路，开关 S 拨向左边构成典型差动放大器。

① 测量静态工作点。

a. 调节放大器零点。信号源不接入，将放大器输入端 A、B 与地短接，接通 ±12V 直流电源，用直流电压表测量输出电压 u_o，调节调零电位器 R_P，使 $u_o=0$。调节要仔细，力求准确。

b. 测量静态工作点。零点调好以后，用直流电压表测量 VT_1、VT_2 管各电极电位，以及射极电阻 R_E 两端电压 u_{RE}，然后计算 I_C、I_B 和 u_{CE}，并记录于表 8-8 中。

表 8-8 静态工作点测量记录表

测量值	u_{C1}/V	u_{B1}/V	u_{E1}/V	u_{C2}/V	u_{B2}/V	u_{E2}/V	u_{RE}/V
计算值	I_C/mA			I_B/mA			u_{CE}/V

② 测量差模电压放大倍数。断开直流电源，将函数信号发生器的输出端接放大器输入 A 端，地端接放大器输入 B 端，构成单端输入方式，调节输入信号为频率 $f=1kHz$ 的正弦信号，并使输出旋钮旋至零，用示波器监视输出端（集电极 C_1 或 C_2 与地之间）。

接通 ±12V 直流电源，逐渐增大输入电压 u_i（约 100 mV），在输出波形无失真的情况下，用交流毫伏表测 u_i、u_{C1} 和 u_{C2}，记录于表 8-9 中，并观察 u_i、u_{C1} 和 u_{C2} 之间的相位关系及 u_{RE} 随 u_i 变化而变化的情况。

③ 测量共模电压放大倍数。将放大器的 A、B 短接，信号源接 A 端，与地之间构成共模输入方式，调节输入信号 $f=1kHz$，$u_i=1V$，在输出电压无失真的情况下，测量 u_{C1}、u_{C2} 的值，记录于表 8-9 中，并观察 u_i、u_{C1}、u_{C2} 之间的相位关系，以及 u_{RE} 随 u_i 变化的情况。

(2) 具有恒流源的差动放大电路性能测试

将图 8-5 电路中开关 S 拨向右边，构成具有恒流源的差动放大电路。

重复实训内容 (1) ②～③，将相关测量及计算数据记录于表 8-9 中。

6) 思考题

① 测量静态工作点时，放大器输入端 A、B 与地应如何连接？

② 实训中怎样获得双端和单端输入差模信号？怎样获得共模信号？画出 A、B 端与信号源之间的连接图。

③ 怎样进行静态调零点？用什么仪表测 u_o？

④ 怎样用交流毫伏表测双端输出电压 u_o？

表 8-9 具有恒流源的差动放大电路性能测试

测试项目	典型差动放大电路		具有恒流源差动放大电路	
	单端输入	共模输入	单端输入	共模输入
u_i	100mV	1V	100mV	1V
u_{C1}/V				
u_{C2}/V				
$A_{d1} = \dfrac{u_{C1}}{u_i}$		—		—
$A_d = \dfrac{u_o}{u_i}$				
$A_{C1} = \dfrac{u_{C1}}{u_i}$		—		—
$A_C = \dfrac{u_o}{u_i}$		—		—
$CMRR = \left\lvert \dfrac{A_{d1}}{A_{C1}} \right\rvert$				

7）实训报告要求

① 整理实训数据，列表比较实训结果和理论估算值，分析误差原因。

a. 静态工作点和差模电压放大倍数。

b. 典型差动放大电路单端输出时的 CMRR 实测值与理论值比较。

c. 典型差动放大电路单端输出时，CMRR 的实测值与具有恒流源的差动放大器 CMRR 实测值比较。

② 比较 u_i、u_{C1} 和 u_{C2} 之间的相位关系。

③ 根据实训结果，总结电阻 R_E 和恒流源的作用。

任务 6　集成运放的线性应用

1）实训目的

① 了解运算放大器的外形及各引脚作用。

② 学习应用运算放大器组成比例、加法和减法等基本运算电路。

③ 熟悉运算放大器的调零操作。

④ 了解运算放大器在实际应用时应考虑的一些问题。

2）实训原理

集成运算放大器是一种具有高电压放大倍数的直接耦合多级放大电路。当外部接入不同的线性或非线性元器件，组成输入和负反馈电路时，可以灵活地实现各种特定的函数关系。在线性应用方面，可组成比例、加法、减法、积分、微分及对数等模拟运算电路。

（1）反相比例运算电路

运算放大器反相比例运算电路如图 8-6 所示，该电路的输出电压与输入电压之间的关系为：

$$U_o = -\frac{R_F}{R_1}U_i$$

这里 $R_F = R_2$，为了减小输入级偏置电流引起的运算误差，在同相输入端应接入平衡电阻 $R_3 = R_1 /\!/ R_2$。

（2）反相加法运算电路

运算放大器加法运算电路如图 8-7 所示，其输出电压与输入电压之间的关系为：

$$U_o = -\left(\frac{R_F}{R_1}U_{i1} + \frac{R_F}{R_2}U_{i2}\right)$$

$$U_o = \frac{R_F}{R}U_i$$

$$R_3 = R_1 /\!/ R_2 /\!/ R_F$$

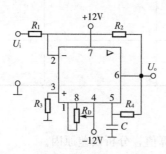

图 8-6 运算放大器反相比例运算电路

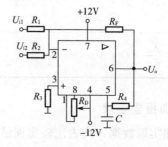

图 8-7 运算放大器加法运算电路

（3）差动放大电路（减法器）

如图 8-8 所示为运算放大器减法运算电路，当 $R_1 = R_2$，$R_3 = R_F$ 时，有如下关系式：

$$U_o = \frac{R_F}{R_1}(U_{i2} - U_{i1})$$

3）实训设备

①±12V 直流稳压电源 1 台；②实训电路板（集成运算放大器 μA741 1 块、数字电路箱内的 12、14、18 号卡片、电阻器、电容器若干）；③直流信号源电路板 1 块；④万用表 1 块。

4）实训要求

复习集成运放线性应用部分内容，并根据实训电路参数计算各电路输出电压的理论值。

5）实训内容及步骤

（1）从直流稳压电源中，分别调出两组 12V 的输出电压，按图 8-9 接好信号源电路。

注意：两组电源应为顺向串联，其中间点接地，余下的两个红、黑接线柱即为正、负电压输出端。

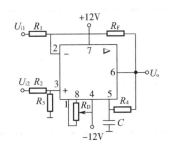

图 8-8　运算放大器减法运算电路

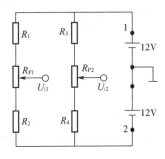

图 8-9　信号源电路的连接

（2）反相比例放大电路

① 按图 8-6 连接电路（用 12 号卡片），接入正、负电源（分别与图 8-9 中的"1"和"2"点相连）。

② 运算放大器调零：将运放的输入端 U_{i1} 和 U_{i2} 接地，用万用表测量输出电压 U_o，若输出电压不为零，则调节电位器 R_{P1} 或 R_{P2}，直到输出电压为零。

③ 将信号源电路中的 U_{i1} 或 U_{i2} 接入运算放大器输入端，调节 R_{P1} 或 R_{P2} 得到表 8-10 给出的各电压值，测量与它们相应的输出电压 U_o 并记入表 8-10 中。

表 8-10　运算放大器反相比例放大电路测量数据

	U_i/V		+0.5	+0.25	−0.1	−0.2	−0.5
U_o/V	测量值	读数					
		放大倍数					
	计算值	计算值					
		计算公式及放大倍数					

注意：

① 要根据电压的正、负，及时调换万用表的红、黑表笔，以防表针反偏。当表针反偏时，表示被测电压为负值，此时应将表笔对调，此时所读出的电压数值为负值。

② 应根据输入电压和输出电压的大小，及时改换万用表的量程。

图 8-6 中各元器件参数如下：

$R_1 = 10\text{k}\Omega$；$R_2 = 100\text{k}\Omega$；$R_3 = 9.1\text{k}\Omega$；$R_4 = 100\text{k}\Omega$；$C = 200\text{pF}$；$R_D = 1\text{M}\Omega$。

（3）反相加法运算电路

① 按图 8-7 连接电路（用 14 号卡片），接入正、负电源。

② 反相加法运算放大器调零操作步骤同反相比例放大电路。

③ 将信号源电路中的 U_{i1} 及 U_{i2} 接入运放的两个输入端，按图 8-9 调节 R_{P1} 或 R_{P2}，得到表 8-11 给出的各组电压值，测量与它们相应的输出电压 U_o 并记录于表 8-11 中。

图 8-7 中各元器件参数如下：

$R_1 = 10\text{k}\Omega$；$R_2 = 20\text{k}\Omega$；$R_3 = 6.2\text{k}\Omega$；$R_4 = 100\text{k}\Omega$；$R_F = 100\text{k}\Omega$；$C = 200\text{pF}$；$R_D = 1\text{M}\Omega$。

表 8-11 反相加法运算电路测量数据

输入输出	U_{i1}/V		+0.2	+0.2	-0.5	-0.3	-0.5
	U_{i2}/V		+0.3	-0.4	+0.1	-0.2	-0.5
U_o/V	测量值读数						
	计算值	计算值					
		计算公式					

（4）减法运算电路

① 按图 8-8 连接电路（用 18 号卡片），接入正、负电源。

② 减法运算放大器调零操作步骤同反相比例放大器。

③ 如图 8-9 所示，将信号源电路中的 U_{i1} 及 U_{i2} 接入运算放大器的两个输入端，调节 R_{P1} 或 R_{P2}，得到表 8-12 给出的各组电压值，测量与它们相应的输出电压 U_o 并记入表 8-12 中。

表 8-12 减法运算电路测量数据

输入输出	U_{i1}/V		+0.2	+0.2	-0.5	-0.3	-0.5
	U_{i2}/V		+0.3	-0.4	+0.1	-0.2	-0.5
U_o/V	测量值读数						
	计算值	计算值					
		计算公式					

图 8-8 中各元器件参数如下：

$R_1=R_2=R_3=10\text{k}\Omega$；$R_4=100\text{k}\Omega$；$R_F=10\text{k}\Omega$；$C=200\text{pF}$；$R_D=1\text{M}\Omega$。

（5）自我检测

将减法运算电路中的电阻改变为 $R_1=5\text{k}\Omega$，其他阻值不变。再选择表 8-12 中的 2～3 组数据，测量相应的输出电压，并验证是否符合理论计算公式（预习时应推导出理论公式）。

6）思考题

① 在反相加法器中，如 U_{i1} 和 U_{i2} 均采用直流信号，并选定 $U_{i2}=-1\text{V}$，当考虑到运算放大器的最大输出幅度（±12V）时，$|U_{i1}|$ 的大小不应超过多少伏？

② 为了不损坏集成块，实训中应注意什么问题？

7）实训报告要求

① 记录、整理实训数据，进行有关计算。

② 根据测量数据，验证有关运算电路的电压输入、输出关系，得出结论。

③ 比较测量值与理论计算值，分析误差原因。

任务 7　集成运放的非线性应用

1）实训目的

① 掌握电压比较器的电路构成及特点。

② 学会测试比较器的方法。

2）实训原理

电压比较器是集成运放非线性应用电路，它将一个模拟量电压信号和一个参考电压相比较，在二者幅度相近的情况下，输出电压将产生跃变，相应输出高电平或低电平。比较器可以组成非正弦波形变换电路及应用于模拟与数字信号转换等领域。

图 8-10 所示为最简单的电压比较器，U_R 为参考电压，加在运放的同相输入端，输入电压 U_i 加在反相输入端。

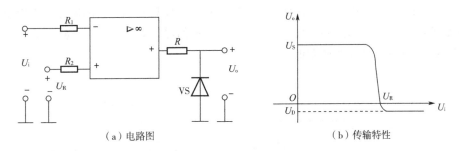

（a）电路图　　　　　　　　　　（b）传输特性

图 8-10　电压比较器

当 $U_i < U_R$ 时，运放输出高电平，稳压管 VS 反向稳压工作。输出端电位被其钳位在稳压管的稳定电压 U_S，即 $U_o = U_S$。

当 $U_i > U_R$ 时，运放输出低电平，VS 正向导通，输出电压等于稳压管的正向压降 U_D，即 $U_o = -U_D$。

因此，以 U_R 为界，当输入电压 U_i 变化时，输出端反映出两种状态，即高电位和低电位。

表示输出电压与输入电压之间关系的特性曲线，称为传输特性，图 8-10（b）所示曲线为图 8-10（a）所示电压比较器的传输特性。

常用的电压比较器有过零比较器、具有滞回特性的过零比较器（简称滞回比较器）和双限比较器（又称窗口比较器）等。

（1）过零比较器

电路如图 8-11（a）所示为加限幅电路的过零比较器，VS 为限幅稳压管。信号从运放的反相输入端输入，参考电压为零，从同相端输入。当 $U_i > 0$ 时，输出 $U_o = -(U_S + U_D)$；当 $U_i < 0$ 时，$U_o = U_S + U_D$。其电压传输特性如图 8-11（b）所示。

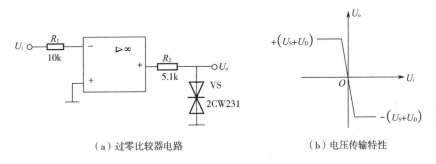

（a）过零比较器电路　　　　　　　（b）电压传输特性

图 8-11　过零比较器

过零比较器结构简单、灵敏度高，但抗干扰能力差。

（2）具有滞回特性的过零比较器

图 8-12 所示为具有滞回特性的过零比较器（滞回比较器）。在实际工作时，如果 U_i 恰好在过零附近，则由于零点漂移的存在，U_o 将不断由一个极限值转换到另一个极限值，这在控制系统中，对执行机构将是很不利的。为此，就需要输出特性具有滞回现象。如图 8-12 (a) 所示，从输出端引一个电阻分压正反馈支路到同相输入端，若 U_o 改变状态，s 点也随着改变电位值，使过零点离开原来位置。当 U_o 为正（记作 U_+），$U_s = \dfrac{R_2}{R_f + R_2} U_+$，则当 $U_i > U_s$ 后，U_o 即由正变负（记作 U_-），此时 U_s 变为 $-U_s$。故只有当 U_i 下降到 $-U_s$ 以下，才能使 U_o 再度回升到 U_+，于是出现图 8-12 (b) 中所示的滞回特性。$-U_s$ 与 U_s 的差别称为回差。改变 R_2 的数值可以改变回差的大小。

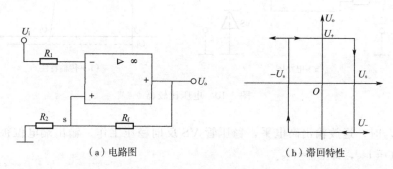

（a）电路图　　　　　（b）滞回特性

图 8-12　滞回比较器

（3）窗口（双限）比较器

简单的比较器仅能鉴别输入电压 U_i 比参考电压 U_R 高或低的情况，窗口比较电路是由两个简单比较器组成，如图 8-13 所示，它能指示出 U_i 值是否处于 U_R^+ 和 U_R^- 之间。如 $U_R^- < U_i < U_R^+$，窗口比较器的输出电压 U_o 等于运放的正饱和输出电压（$+U_{o\max}$），如果 $U_i < U_R^-$ 或 $U_i > U_R^+$，则输出电压 U_o 等于运放的负饱和输出电压（$-U_{o\max}$）。

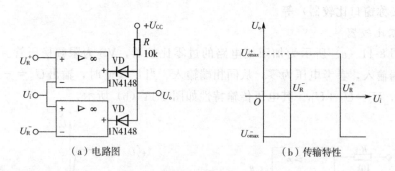

（a）电路图　　　　　（b）传输特性

图 8-13　窗口（双限）比较器

3）实训设备

① ±12V 直流电源 1 个；② 函数信号发生器 1 台；③ 双踪示波器 1 台；④ 直流电压表 1 块；⑤ 交流毫伏表 1 块；⑥ 运算放大器（μA741）2 台；⑦ 稳压管（2CW231）1 个；⑧ 二极管（4148）2 个；⑨ 电阻器若干等。

4) 实训要求

① 复习教材有关比较器的内容。

② 画出各类比较器的传输特性曲线。

5) 实训内容及步骤

(1) 过零比较器

过零比较器电路如图 8-11 所示。

① 接通 ±12V 电源。

② 测量 U_i 悬空时的 U_o 值。

③ U_i 输入 500Hz，幅值为 2V 的正弦信号，观察 $U_i \to U_o$ 波形并记录。

④ 改变 U_i 幅值，测量传输特性曲线。

(2) 反相滞回比较器

实训电路如图 8-14 所示。

① 按图接线，U_i 接 +5V 可调直流电源，测出 U_o 由 $+U_{omax} \to -U_{omax}$ 时 U_i 的临界值。

② 同上，测出 U_o 由 $-U_{omax} \to +U_{omax}$ 时 U_i 的临界值。

③ U_i 接 500Hz，峰值为 2V 的正弦信号，观察并记录 $u_i \to u_o$ 波形。

④ 将分压支路 100kΩ 电阻改为 200kΩ，重复上述步骤，测定传输特性。

(3) 同相滞回比较器

实训电路如图 8-15 所示。

① 参照实训内容与步骤 (2)，自拟实训步骤及方法。

② 将结果与实训内容与步骤 (2) 进行比较。

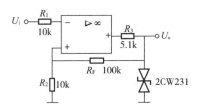
图 8-14 反相滞回比较器实训电路

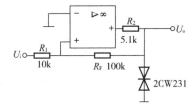
图 8-15 同相滞回比较器实训电路

(4) 窗口比较器

参照图 8-13 自拟实训步骤和方法，测定其传输特性。

6) 思考题

若要将图 8-13 所示窗口比较器的电压传输曲线高，低电平对调，应如何改动比较器电路？

7) 实训报告要求

① 整理实训数据，绘制各类比较器的传输特性曲线。

② 总结几种比较器的特点，阐述它们的应用。

任务 8　集成稳压电源的测试

1) 实训目的

① 掌握集成稳压器的特点和性能。
② 了解集成稳压器扩展性能的方法。

2) 实训原理

随着半导体工艺的发展，稳压电路也制成了集成器件。由于集成稳压器具有体积小、外接线路简单、使用方便、工作可靠和通用性等优点，因此在各种电子设备中应用十分普遍，基本上取代了由分立元件构成的稳压电路。集成稳压器的种类很多，应根据设备对直流电源的要求进行选择。对于大多数电子仪器、设备和电子电路来说，通常是选用串联线性集成稳压器。在这种类型的器件中，又以三端式稳压器应用最为广泛。

W78××、W79××系列三端式集成稳压器的输出电压是固定的，在使用中不能进行调整。W78××系列三端式稳压器输出正极性电压，一般有 5V、6V、9V、12V、15V、18V 和 24V 7 个挡次，输出电流最大可达 1.5 A（加散热片）。同类型 78M 系列稳压器的输出电流为 0.5 A，78L 系列稳压器的输出电流为 0.1 A。若要求负极性输出电压，则可选用 W79××系列稳压器。图 8-16 为 W78××系列稳压器的外形和接线图。

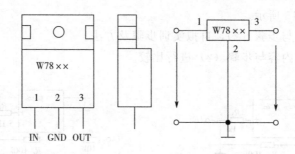

图 8-16　W78××系列稳压器的外形和接线图

该系列稳压器有 3 个引出端，分别为输入端（不稳定电压输入端）标以"1"；输出端（稳定电压输出端）标以"3"；公共端标以"2"。

除固定输出三端稳压器外，尚有可调式三端稳压器，后者可通过外接元件对输出电压进行调整，以适应不同的需要。

本实训所用集成稳压器为三端固定正稳压器 W7812，它的主要参数有：输出直流电压 $U_o = +12V$，输出电流 $I_L = 0.1A$，$I_M = 0.5A$，电压调整率 10mV/V，输出电阻 $R_o = 0.15\Omega$，输入电压 U_i 的范围为 15～17V。因为一般 U_i 要比 U_o 大 3～5V，才能保证集成稳压器工作在线性区。

图 8-17 是用三端式稳压器 W7812 构成的单电源电压输出串联型稳压电源的实训电路图。其中整流部分采用了由 4 个二极管组成的桥式整流器成品（又称桥堆），型号为 2W06（或 KBP306），桥式整流器内部接线和外部引脚引线如图 8-18 所示。滤波电容 C_1、C_2 一般选取几百～几千微法。当稳压器距离整流滤波电路比较远时，在输入端必须接入电容器 C_3（数值为 $0.33\mu F$），以抵消线路的电感效应，防止产生自激振荡。输出端电容 C_1（$0.1\mu F$）

用以滤除输出端的高频信号，改善电路的暂态响应。

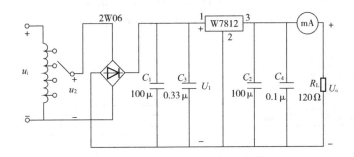

图 8-17　由 W7812 构成的串联型稳压电源实训电路图

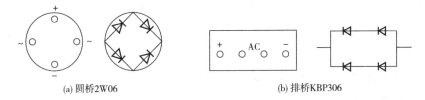

(a) 圆桥2W06　　　　　　　　　(b) 排桥KBP306

图 8-18　桥式整流器

图 8-19 所示为正、负双电压输出电路，例如需要 $U_{o1}=+15V$，$U_{o2}=-15V$，则可选用 W7815 和 W7915 三端稳压器，这时的 U_i 应为单电压输出时的两倍。

当集成稳压器本身的输出电压或输出电流不能满足要求时，可通过外接电路来进行扩展。图 8-20 是一种简单的输出电压扩展电路。如 W7812 稳压器的 3、2 端间输出电压为 12V，因此只要适当选择 R 的值，使稳压管 VS 工作在稳压区，则输出电压 $U_o=12+U_S$，可以高于稳压器本身的输出电压。

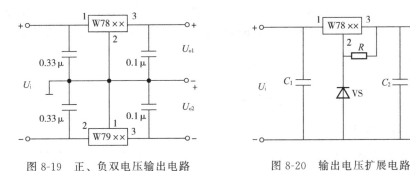

图 8-19　正、负双电压输出电路　　　　　图 8-20　输出电压扩展电路

图 8-21 所示是通过外接晶体管 VT 及电阻 R_1 来进行电流扩展的电路。电阻 R_1 的阻值由外接晶体管的发射结导通电压 U_{BE}、三端式稳压器的输入电流 I_i（近似等于三端稳压器的输出电流 I_{o1}）和 VT 的基极电流 I_B 来决定，即：

$$R_1=\frac{U_{BE}}{I_R}=\frac{U_{BE}}{I_i-I_B}=\frac{U_{BE}}{I_{o1}-\dfrac{I_C}{\beta}}$$

式中,I_C 为晶体管 VT 的集电极电流,它应等于 $I_C=I_o-I_{o1}$;β 为 VT 的电流放大系数;对于锗管 U_{BE} 可按 0.3V 估算,对于硅管 U_{BE} 按 0.7V 估算。

图 8-22 为 W79×× 系列(输出负电压)外形及接线图。

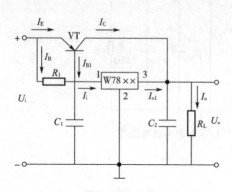

图 8-21 输出电流扩展电路

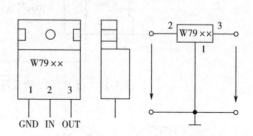

图 8-22 W79×× 系列外形及接线图

图 8-23 为可调输出正三端稳压器 W317 外形及接线图。

输出电压计算公式:

$$U_o \approx 1.25(1+\frac{R_2}{R_1})$$

最大输入电压

$$U_{im}=40V$$

输出电压范围:

$$U_o=1.2\sim 37V$$

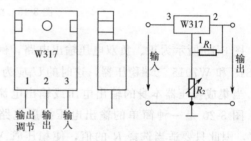

图 8-23 W317 外形及接线图

3) 实训设备

①可调工频电源 1 个;②双踪示波器 1 台;③交流毫伏表 1 块;④直流电压表 1 块;⑤直流毫安表 1 块;⑥三端稳压器 W7812、W7815、W7915 1 组;⑦桥堆 2W06(或 KBP306)1 个;⑧电阻器、电容器若干。

4) 实训要求

① 复习教材中有关集成稳压器部分内容。
② 列出实训内容及步骤中所要求的各种表格。

5) 实训内容及步骤

(1)整流滤波电路测试

按图 8-24 连接实训电路,取可调工频电源 14V 电压作为整流电路输入电压 U_2。接通工频电源,测量输出端直流电压 U_L 及纹波电压 $\widetilde{U}_L$,用示波器观察 u_2、U_L 的波形,把数据及波形记录于自拟表格中。

(2)集成稳压器性能测试

断开工频电源,按图 8-17 改接实训电

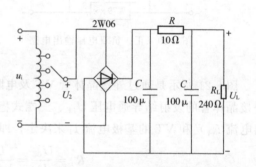

图 8-24 整流滤波实训电路

路，取负载电阻 $R_L=120\Omega$。

① 初测。接通工频 14V 电源，测量 U_2 值；测量滤波电路输出电压 U_L（稳压器输入电压），集成稳压器输出电压 U_o，它们的数值应与理论值大致符合，否则说明电路出了故障。设法查找故障并加以排除。电路经初测进入正常工作状态后，才能进行各项指标的测试。

② 输出电压 U_o 和最大输出电流 I_{omax} 的测量。在输出端接负载电阻 $R_L=120\Omega$，由于 W7812 输出电压 $U_o=12V$，因此流过 R_L 的电流 $I_{omax}=12/120=100$（mA）。这时，U_o 应基本保持不变，若变化较大，则说明集成块性能不良。

③ 集成稳压器性能扩展。根据实训设备，选取图 8-19、图 8-20 或图 8-23 中各元器件，并自拟测试方法与表格，记录实训结果。

6）思考题

在全波整流中，若某个整流二极管发生开路、短路或反接等三种情况，各将出现什么问题？

7）实训报告要求

① 整理实训数据，计算 S 和 R_o，并与手册上的典型值进行比较。

② 分析讨论实训中出现的现象和问题。

任务 9 门电路的测试

1）实训目的

① 了解数字电路实训箱的面板布局和使用方法。

② 了解集成与非门的外引脚分布和各引脚功能。

③ 熟悉与非门的逻辑功能，学会用与非门构成其他门电路的基本方法。

2）实训原理

（1）几种常用与非门芯片简介

① 74LS00——四组合二输入集成与非门［图 8-25（a）］。这是一种集成 TTL 门电路。集成 TTL 系列是当前数字电路中广泛使用的一种中小规模集成芯片，每个 74LS00 芯片上有 4 个与非门，每个门只有两个输入端。

② MC1411——四组合二输入集成与非门［图 8-25（b）］。这是一种 CMOS 集成芯片，每个芯片上有 4 个与非门，每个门有两个输入端。同类型号的芯片还有 CD4011 等。

③ T063——二组合四输入与非门［图 8-25（c）］。它也是一种常用的 TTL 集成芯片，每个芯片上只有两个与非门，每个门有 4 个输入端。

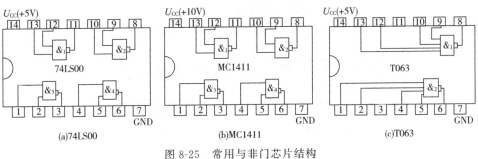

图 8-25 常用与非门芯片结构

(2) 各种集成芯片使用要点

① 电源要求。TTL 芯片的 U_{CC} 为 +5V；CMOS 芯片的 U_{DD} 为 3～18V（本实训中取 +10V）。

② 输入端要求。TTL 芯片的 U_i 为 −0.5～+5V；CMOS 芯片的 U_i 为 0～18V。

③ 输出端要求。TTL 和 CMOS 集成芯片的多个输出端不允许并联（短接）使用；输出端不允许直接接电源或接地。

④ 多余输入端的处理。

a. 多余输入端可与有用输入端并联成为一个输入端。

b. 应根据电路的逻辑要求可靠地接电源（高电平）或接地（低电平）。例如，与门、非门的多余输入端应接高电平，或门、或非门的多余输入端应接低电平。

c. TTL 小规模集成芯片的多余输入端可以作悬空处理，引脚悬空相当于接高电平，但悬空的引脚容易引入干扰信号，使逻辑功能不稳定。

⑤ 集成电路引脚序号。将芯片引脚朝下，芯片表面的缺口朝左。左下方的第一脚为 1 号引脚，逆时针方向引脚序号依次递减，最后的序号是上方最左侧的引脚。

⑥ 使用注意事项。

a. 电源和地的极性绝对不允许接反，U_{CC}、U_{DD} 为正，U_{SS}、GND（接地端）为负。

b. 通电时，不允许插入或拔出集成电路芯片。拔出芯片时应使用专用工具或用螺钉旋具慢慢撬出。

(3) 数字电路实训箱简介

① 面包板。图 8-26（a）为面包板示意图。用线条串联的各小孔在内部已被短接，集成芯片应跨插于面包板中间的宽槽两侧。

② 逻辑电平输出开关。图 8-26（b）为数字电路箱中的逻辑电平输出开关。拨动电平开关，可使相应的输出孔输出高电平或低电平。开关置于"ON"时输出低电平"0"。它为集成芯片提供输入信号——高、低电平。

③ 逻辑电平显示。图 8-26（c）为数字电路实训箱中的逻辑电平显示部分。当各发光二极管 LED 对应的输入孔外接高电平时，它发光；接低电平时，发光二极管熄灭。它可用来检测集成芯片的输出端是高电平还是低电平。

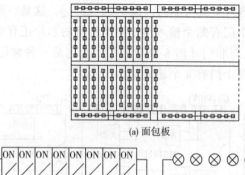

(a) 面包板

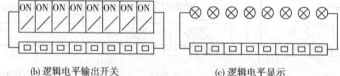

(b) 逻辑电平输出开关　　　　　　(c) 逻辑电平显示

图 8-26　数字电路实训箱

④ 输出直流电源。实训箱内有 5V 直流电压输出，还有可调的直流电源，它们均作为集成芯片的 U_{CC}。

3) 实训设备

①数字电路实训箱 1 台；②示波器 1 台；③万用表 1 块。

4) 实训要求

① 复习与门、或门、与非门和非门电路的工作原理。
② 熟悉实训用集成与非门引脚功能。
③ 画出各实训内容及步骤的测试电路。
④ 画好实训用各门电路的真值表表格。

5) 实训内容及步骤

（1）与非门逻辑功能测试

① 按图 8-27 所示接线，将数字实训箱中电源转换开关"11"置于"+10V"位置，使 0～15V 电源的实际输出电压为 10V，则 $U_{DD}=10V$；或者使用 5V 的电源，则 $U_{DD}=5V$。

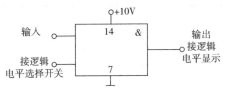

图 8-27 与非门逻辑功能

② 开启实训箱电源，依次测试芯片中 4 个与非门的逻辑功能，将其中任意两个门的测试结果记录于表 8-13 中。

表 8-13 与非门功能测试

门号	（ ）号 门		（ ）号 门	
引脚编号	输入脚	输出脚	输入脚	输出脚
输入输出电平				

（2）用与非门组成基本门电路

① 与门。按图 8-28（a）所示与门电路图接线组成与门电路，验证其逻辑功能，将测试结果记录于表 8-14 中。

② 或门。按图 8-28（b）所示或门电路图接线，组成或门电路，验证其逻辑功能，将测试结果记录于表 8-14 中。

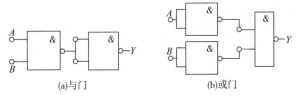

图 8-28 用与非门组成与门及或门的原理接线图

③ 验证。用与非门实现非门,画出逻辑电路,并进行逻辑功能验证。

表 8-14　与门、或门逻辑功能测试

项　目	与　门		或　门	
引脚编号	输入脚	输出脚	输入脚	输出脚
输入输出电平				

（3）与非门的开关控制作用

按图 8-29 所示与非门电路图接线,A 为输入端,B 为控制端。

① 输入 $A=1$ 时,控制端 B 分别置"1"和"0",测量输出端,将结果记录于表 8-15 中。

② 输入 $A=0$ 时,控制端 B 分别置"1"和"0",测量输出端,将结果记录于表 8-15 中。

③ A 端输入连续方波信号时,控制端 B 分别置"1"和"0",用示波器观察输出波形,将结果记录于表 8-15 中。

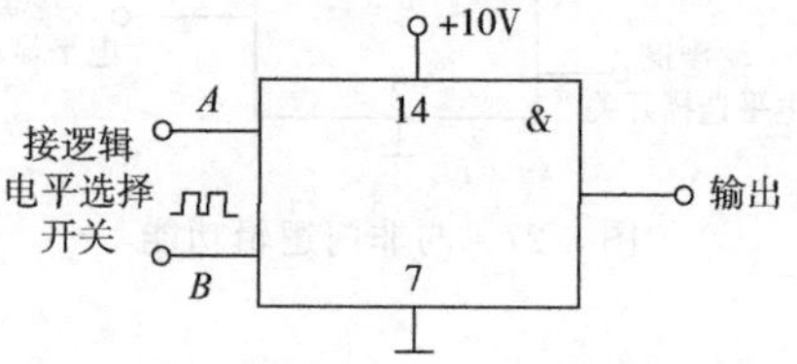

图 8-29　与非门开关作用

表 8-15　与非门的开关作用

输　入 A	控　制 B	输　出 Y
$A=1$	$B=0$	
	$B=1$	
$A=0$	$B=0$	
	$B=1$	
A 为连续方波	$B=0$	
	$B=1$	

6）思考题

集成与非门电路闲置输入端如何处理?

7）实训报告要求

① 整理实训记录,分析实训结果。

② 根据实训结果,写出与门、或门、与非门和非门电路的逻辑表达式,并判断被测电路的功能好坏。

任务 10　触发器的测试

1）实训目的

① 掌握基本 RS、JK、D 和 T 触发器的逻辑功能。
② 掌握集成触发器的逻辑功能及使用方法。
③ 熟悉触发器之间相互转换的方法。

2）实训原理

触发器具有两个稳定状态，用以表示逻辑状态"1"和"0"，在一定的外界信号作用下，可以从一个稳定状态翻转到另一个稳定状态，它是一个具有记忆功能的二进制信息存储器件，是构成各种时序电路的最基本逻辑单元。

（1）基本 RS 触发器

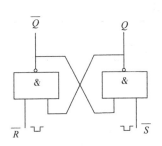

图 8-30　基本 RS 触发器

图 8-30 为由两个与非门交叉耦合构成的基本 RS 触发器，它是无时钟控制低电平直接触发的触发器。基本 RS 触发器具有置"0"、置"1"和"保持"3 种功能。通常称 $\overline{S}$ 为置"1"端，因为 $\overline{S}=0$（$\overline{R}=1$）时触发器被置"1"；$\overline{R}$ 为置"0"端，因为 $\overline{R}=0$（$\overline{S}=1$）时触发器被置"0"，当 $\overline{S}=\overline{R}=1$ 时状态保持；$\overline{S}=\overline{R}=0$ 时，触发器状态不定，应避免此种情况发生。表 8-16 为基本 RS 触发器的功能表。

表 8-16　基本 RS 触发器的功能表

输入		输出	
$\overline{S}$	$\overline{R}$	Q^{n+1}	$\overline{Q}^{n+1}$
0	1	1	0
1	0	0	1
1	1	Q^n	$\overline{Q}^n$
0	0	ϕ	ϕ

基本 RS 触发器，也可以由两个或非门组成，此时为高电平触发有效。

（2）JK 触发器

在输入信号为双端的情况下，JK 触发器是功能完善、使用灵活和通用性较强的一种触发器。本实训采用 74LS112 双 JK 触发器，是下降边沿触发的边沿触发器。引脚功能及逻辑符号如图 8-31 所示。

JK 触发器的状态方程为：

$$Q^{n+1} = J\overline{Q}^n + \overline{K}Q^n$$

J 和 K 是数据输入端，是触发器状态更新的依据，若 J、K 有两个或两个以上输入端时，组成"与"的关系。Q 与 $\overline{Q}$ 为两个互补输出端。通常把 $Q=0$、$\overline{Q}=1$ 的状态定为触发器"0"状态，而把 $Q=1$，$\overline{Q}=0$ 定为"1"状态。

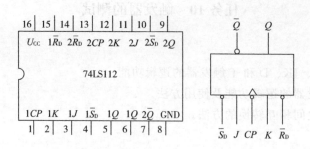

图 8-31 74LS112 双 JK 触发器引脚排列及逻辑符号

下降沿触发 JK 触发器的功能见表 8-17。

表 8-17 下降沿触发 JK 触发器的功能表

输 入					输 出	
$\bar{S}_D$	$\bar{R}_D$	CP	J	K	Q^{n+1}	$\bar{Q}^{n+1}$
0	1	×	×	×	1	0
1	0	×	×	×	0	1
0	0	×	×	×	ϕ	ϕ
1	1	↓	0	0	Q^n	$\bar{Q}^n$
1	1	↓	0	1	0	1
1	1	↓	1	0	1	0
1	1	↓	1	1	$\bar{Q}^n$	Q^n
1	1	↑	×	×	Q^n	$\bar{Q}^n$

（3）D 触发器

在输入信号为单端的情况下，D 触发器用起来最方便，其状态方程为 $Q^{n+1}=D^n$，其输出状态的更新发生在 CP 脉冲的上升沿，故又称为上升沿触发的边沿触发器，触发器的状态只取决于时钟到来前 D 端的状态。D 触发器的应用很广，可用作数字信号的寄存、移位寄存、分频和波形发生等。有很多种型号可供各种用途的需要而选用，例如双 74LS74、四 74LS175 和六 74LS174 等。图 8-32 所示为双 74LS74 的引脚排列及逻辑符号，其功能见表 8-18。

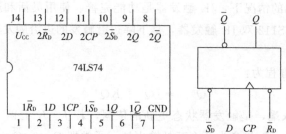

图 8-32 双 74LS74 引脚排列及逻辑符号

表 8-18　双 74LS74 的引脚功能

输　　入				输　　出	
$\overline{S}_D$	$\overline{R}_D$	CP	D	Q^{n+1}	$\overline{Q}^{n+1}$
0	1	×	×	1	0
1	0	×	×	0	1
0	0	×	×	φ	φ
1	1	↑	1	1	0
1	1	↑	0	0	1
1	1	↓	×	Q^n	$\overline{Q}^n$

（4）触发器之间的相互转换

在集成触发器的产品中，每一种触发器都有自己固定的逻辑功能，但可以利用转换的方法获得具有其他功能的触发器。例如，将 JK 触发器的 J、K 两端连在一起，并认为它为 T 端，就得到所需的 T 触发器。如图 8-33（a）所示，其状态方程为：$Q^{n+1}=T\overline{Q}^n+\overline{T}Q^n$。T 触发器的功能见表 8-19。

表 8-19　T 触发器的功能表

输　　入				输　出
$\overline{S}_D$	$\overline{R}_D$	CP	T	Q^{n+1}
0	1	×	×	1
1	0	×	×	0
1	1	↓	0	Q^n
1	1	↓	1	$\overline{Q}^n$

由功能表可见，当 $T=0$ 时，时钟脉冲作用后，其状态保持不变；当 $T=1$ 时，时钟脉冲作用后，触发器状态翻转。所以，若将 T 触发器的 T 端置"1"，如图 8-33（b）所示，即得 T′触发器。在 T′触发器的 CP 端每来一个 CP 脉冲信号，触发器的状态就翻转一次，故称之为翻转触发器，广泛用于计数电路中。

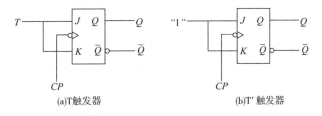

图 8-33　JK 触发器转换为 T、T′触发器

同样，若将 D 触发器 $\overline{Q}$ 端与 D 端相连，便转换成 T′触发器，如图 8-34 所示。
JK 触发器也可转换为 D 触发器，如图 8-35 所示。

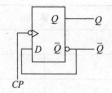
图 8-34　D 触发器转换为 T′触发器

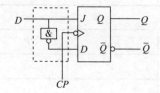
图 8-35　JK 触发器转换为 D 触发器

3）实训设备

①＋5V 直流电源 1 个；②双踪示波器 1 台；③连续脉冲源 1 个；④单次脉冲源 1 个；⑤逻辑电平开关 1 组；⑥逻辑电平显示器 1 组；⑦74LS112（或 CC4027）、74LS00（或 CC4011）、74LS74（或 CC4013）各 1 个。

4）实训要求

① 复习有关触发器的内容。
② 列出各触发器功能测试表格。
③ 按实训内容及步骤的要求设计线路，拟定实训方案。

5）实训内容及步骤

（1）测试基本 RS 触发器的逻辑功能

按图 8-30 所示，用两个与非门组成基本 RS 触发器，输入端 $\overline{R}$、$\overline{S}$ 接逻辑开关的输出插口，输出端 Q、$\overline{Q}$ 接逻辑电平显示输入插口，按表 8-20 要求的内容进行测试，并记录于表中。

表 8-20　基本 RS 触发器的逻辑功能

$\overline{R}$	$\overline{S}$	Q^n	Q^{n+1}
0	0	0	
		1	
0	1	0	
		1	
1	0	0	
		1	
1	1	0	
		1	

（2）测试双 JK 触发器 74LS112 的逻辑功能

① 测试 $\overline{R}_D$、$\overline{S}_D$ 的复位、置位功能。任取一只 JK 触发器，$\overline{R}_D$、$\overline{S}_D$、J、K 端接逻辑开关输出插口，CP 端接单次脉冲源，Q、$\overline{Q}$ 端接逻辑电平显示输入插口。要求改变 $\overline{R}_D$、$\overline{S}_D$（J、K 和 CP 处于任意状态），并在 $\overline{R}_D=0$（$\overline{S}_D=1$）或 $\overline{S}_D=0$（$\overline{R}_D=1$）时，任意改变 J、K 及 CP 的状态，观察 Q、$\overline{Q}$ 状态。自拟表格并将测试结果记录于表格中。

② 测试 JK 触发器的逻辑功能。按表 8-21 的要求改变 J、K 及 CP 端状态,观察 Q、$\bar{Q}$ 状态变化,并将测试结果记录于表格中。

③ 将 JK 触发器的 J、K 端连在一起,构成 T 触发器。

④ 在 CP 端输入 1Hz 连续脉冲,观察 Q 端的变化。

在 CP 端输入 1kHz 连续脉冲,用双踪示波器观察 CP、Q 端波形,并绘出波形。

表 8-21 JK 触发器的逻辑功能

J	K	Q^{n+1}	
		$Q^n=0$	$Q^n=1$
0	0		
0	1		
1	0		
1	1		

(3) 测试双 D 触发器 74LS74 的逻辑功能

① 测试 $\overline{R}_D$、$\overline{S}_D$ 的复位、置位功能。测试方法同实训内容及步骤(2)的①,自拟表格并记录结果。

② 测试 D 触发器的逻辑功能。按表 8-22 要求进行测试,并记录测试结果。

表 8-22 触发器的逻辑功能

D	Q^{n+1}	
	$Q^n=0$	$Q^n=1$
0		
1		

③ 将 D 触发器的 $\bar{Q}$ 端与 D 端相连接,构成 T′触发器。测试方法同实训内容及步骤(2)的③,记录测试结果。

④ 双相时钟脉冲电路。JK 触发器及与非门构成的双相时钟脉冲电路如图 8-36 所示,此电路用于时钟脉冲 CP 转换成两相时钟脉冲 CP_A 及 CP_B,其频率相同、相位不同。

分析电路工作原理,并按图 8-36 所示的双相时钟脉冲电路图接线,用双踪示波器同时观察并绘制 CP、CP_A,CP、CP_B 及 CP_A、

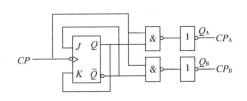

图 8-36 双相时钟脉冲电路

CP_B 的波形。

6) 思考题

① 对于基本 RS 触发器，当 $\overline{S}=\overline{R}=0$ 时，Q 和 $\overline{Q}$ 处于什么状态？当 $\overline{S}$ 和 $\overline{R}$ 端的低电平消失后，触发器的状态如何？

② 集成触发器在通常情况下，$\overline{S}_D$ 和 $\overline{R}_D$ 应处于什么状态？

7) 实训报告要求

① 列表整理各类触发器的逻辑功能。

② 回答思考题。

任务 11 计数器的测试

1) 实训目的

① 了解中规模集成计数器的计数分频功能。

② 掌握集成计数器构成 N 进制的计数器的连接方法。

2) 实训原理

（1）集成计数器 74LS161

本实训所用集成芯片为异步清零同步预置四位二进制递增计数器 74LS161，集成芯片的各功能端如图 8-37 所示，其功能见表 8-23。

74LS161 为异步清零计数器，即 $\overline{RD}$ 端输入低电平，不受 CP 控制，输出端全部为 "0"，在功能表的第一行。74LS161 具有同步预置功能，在 $\overline{RD}$ 端无效时，$\overline{LD}$ 端输入低电平，在时钟共同作用下，CP 上跳后计数器状态等于预置输入 D、

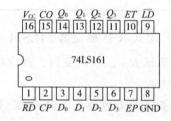

图 8-37 集成计数器 74LS161 引脚排列

C、B、A，即所谓"同步"预置功能（第二行）。$\overline{RD}$ 和 $\overline{LD}$ 都无效，ET 或 EP 任意一个为低电平，计数器处于保持功能，即输出状态不变。只有 4 个控制输入都为高电平，该计数器实现模 16 加法计数，$Q_3Q_2Q_1Q_0=1111$ 时，$CO=1$。

表 8-23 74LS161 的引脚功能

$\overline{RD}$	$\overline{LD}$	ET	EP	CP	D_3	D_2	D_1	D_0	Q_3	Q_2	Q_1	Q_0
0	×	×	×	×	×	×	×	×	0	0	0	0
1	0	×	×	↑	D	C	B	A	D	C	B	A
1	1	0	×	×	×	×	×	×	保持			
1	1	×	0	×	×	×	×	×	保持			
1	1	1	1	↑	×	×	×	×	计数			

（2）任意进制计数器（模长 $M \leqslant 16$）

用集成计数器实现 M 进制计数有两种方法：反馈清零法和反馈预置法。图 8-38（a）为反馈清零法连接，图 8-38（b）为反馈预置零法连接。

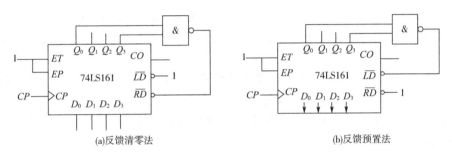

图 8-38 反馈清零法和反馈预置法

(3) 集成计数器扩展应用（模长 $M>16$）

当计数模长 M 大于 16 时，可用两片以上集成计数器级联触发器来实现。集成计数器可同步连接，也可以异步连接成多位计数器，然后采用反馈清零法或反馈预置法实现给定模长 M 计数。图 8-39 所示为同步连接反馈清零法实现模长大于 16 计数电路原理图。

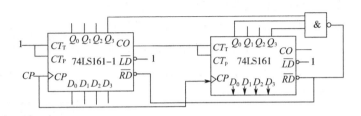

图 8-39 同步连接反馈清零法实现模长大于 16 计数电路原理图

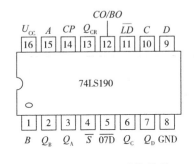

图 8-40 74LS190 引脚排列

(4) 其他集成计数器

① 74LS160（同步预置异步复位一位 BCD 加法计数器）。74LS160 有与 74LS161 一样的引脚排列和功能，区别在于前者是 BCD 计数器，$Q_3Q_2Q_1Q_0=1001$ 时，$CO=1$。

② 74LS190（可预置同步可逆 BCD 计数器）。74LS190 引脚排列及功能如图 8-40 和表 8-24 所示。74LS190 是 BCD 同步加/减计数器，并行输出。计数时，时钟 CP 的上升沿有效。CP 端、加/减端（$\overline{U/D}$）和置数端（$\overline{LD}$）都首先经过缓冲，从而降低了这些输入端对驱动信号的要求。表 8-24 列出了 74LS190 的主要功能，下面作简要说明。

表 8-24 74LS190 功能表

$\overline{LD}$	$\overline{S}$	$\overline{07D}$	CP	Q_D	Q_C	Q_B	Q_A
1	0	0	↑	加计数			
1	0	1	↑	减计数			
1	×	×	↑	预置数			
1	1	×	×	保持			

a. 预置数:当置数端($\overline{LD}$)为低电平时,数据输入端信号 A、B、C、D 将对内部触发器直接置位或复位,结果使 $Q_A=A$、$Q_B=B$、$Q_C=C$、$Q_D=D$,而与其他控制端的电平无关。

b. 计数:在允许端 $\overline{S}$ 为低电平,置数端无效($\overline{LD}=1$)的条件下,若加/减输入端 $\overline{U}/D$ 为低电平,则可进行加计数,反之可进行减计数。

c. 禁止计数:当允许端 $\overline{S}$ 为高电平时,计数被禁止。值得注意的是:允许端的电平应在 CP 为高电平时发生变化。

d. 级联:当计数器溢出时,进位/借位输出端(CO/BO)产生一个宽度为一个 CP 周期的正脉冲,串行时钟端(Q_{CR})也形成一个宽度等于时钟低电平部分的负脉冲,上述正脉冲或负脉冲的后沿比产生溢出的时钟脉冲上升沿稍微滞后,它们可作为级联信号来用。例如,把两级74LS190连接为同步计数器,只要将低位计数器的 Q_{CR} 端连接至高位计数器的允许端 $\overline{S}$,而要把两级计数器连接为异步计数器,则低位计数器的 Q_{CR} 端应和高位计数器的 CP 端相连。CO/BO 端可用来完成高速计数的先行进位。

③ 74LS90(二-五-十进制计数器)。74LS90引脚如图8-41所示,其功能见表8-25。74LS90内部有一个二进制计数器,时钟 $\overline{CP}_A$,输出 Q_0;一个五进制计数器,时钟 $\overline{CP}_B$,输出 Q_3、Q_2、Q_1;可异步构成十进制计数器。它有两高电平有效的清零端 R_{OA}、R_{OB} 和两高电平有效的置9端 S_{9A}、S_{9B}。

当计数脉冲由 $\overline{CP}_A$ 输入、Q_0 与 $\overline{CP}_B$ 相连时,就构成8421BCD计数器;当计数脉冲由 $\overline{CP}_B$ 输入、Q_3 与 $\overline{CP}_A$ 相连时,则可构成5421BCD计数器。

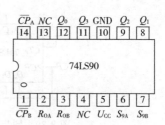

图8-41 74LS90引脚图

表8-25 74LS90功能表

R_{OA}	R_{OB}	S_{9A}	S_{9B}	CP	Q_3	Q_2	Q_1	Q_0
1	1	0	×	×	0	0	0	0
1	1	×	0	×	0	0	0	0
×	×	1	1	×	1	0	0	1
×	0	×	0	↓	计		数	
0	×	0	×	↓	计		数	
0	×	×	0	↓	计		数	
×	0	0	×	↓	计		数	

3)实训设备

①双踪示波器1台;②数字逻辑实训箱1台;③74LS161、74LS20各1个。

4)实训要求

① 熟悉芯片各引脚排列。

② 弄清构成模长 M 进制计数器的原理。

③ 实训前设计好实训所用电路，画出实训用的接线图。

5）实训内容及步骤

① 计数器功能测试。测试前按图 8-42 所示电路图连接电路。

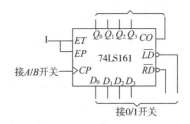

图 8-42　计数器功能测试电路

a. 使 0/1 开关全部为"1"，按下 A/B 开关，观察 LED 显示状态，并做记录。

b. 在输出状态非全"1"情况下，$\overline{LD}$ 端所接 0/1 开关变为"0"，观察 LED 显示状态，按下 A/B 开关后，再观察 LED 显示状态。改变预置数再观察按 A/B 开关前后 LED 显示状态。

c. 将 $\overline{RD}$ 端所接 0/1 开关变为"0"，观察 LED 显示状态。

d. 使 0/1 开关全部为"1"，使能端（ET、EP）接低电平，按 A/B 开关观察能否实现计数。

② 分别按图 8-38（a）和（b）所示电路图连接电路，CP 接 A/B 开关，观察计数状态的变化过程，并记录该状态循环。

③ 将图 8-38 所示电路中的 CP 改接频率为 2kHz 左右的方波脉冲，用示波器观察并画出 Q_0、Q_1、Q_2、Q_3 及计数脉冲波形，要求对准时间关系。

④ 设计一模长 $M=7$ 的计数电路。

6）思考题

设计一个用同步连接反馈预置法实现给定模长（$16<M<256$）的计数电路。

7）实训报告要求

① 74LS161 测试结论。

② 画出图 8-38 的状态循环图并确定模长。

③ 画出七进制计数器的电路设计图、连线图，并说明计数器的测试结果。

④ 说一说测试过程中出现的问题及解决办法。

任务 12　集成定时器的应用

1）实训目的

① 了解 555 定时器的工作原理、外引线分布及使用方法。

② 学习用 555 定时器组成多谐振荡器、施密特触发器的方法。

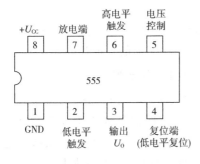

图 8-43　555 集成电路引脚及功能

2）实训原理

（1）555 定时器外引线介绍

555 定时器是模拟和数字两种功能结合的一种中规模集成电路。各种型号产品中的最后三位数字都是 555，国产的型号为 5G555、F555 等。各种型号的 555 集成电路引脚及功能均如图 8-43 所示。

6 脚和 2 脚为输入端，3 脚为输出端。电源 U_{CC}

的范围为 4.5~15V。在引脚 5 外加控制电压，可以改变 555 内部两个比较器的比较基准电压，从而控制电路状态在不同的基准电压时翻转，以改变所产生的脉冲的频率或宽度。若不需用 5 脚时，它应外接一只 $0.01\mu F$ 的电容到地。引脚 4 所加的电压低于 0.4V（"0"电平）时，将强制中断正在进行的定时过程，使电路立即复位，输出变为"0"。为避免任何误触发，当不需用 4 脚时应将它与电源 U_{CC} 连接。引脚 2、4、6 端允许外加电压范围为 $0\sim U_{CC}$。555 芯片的输出端可直接驱动低阻负载，如继电器、小电动机及扬声器等。

（2）多谐振荡器

多谐振荡器实际上是一种利用正反馈自激的矩形波发生器，如图 8-44 所示。接通电源 U_{CC} 时，电源通过 R_A、VD_2 对电容 C_1 充电，充电时间常数 $\tau_充 = R_A \times C_1$。

当 $U_{C1} < U_{CC}/3$ 时，555 定时器输出高电平，$U_o = 1$；

当 $U_{CC}/3 < U_{C1} < 2U_{CC}/3$ 时，输出保持不变；

当 $U_{C1} > 2U_{CC}/3$ 时，555 定时器输出低电平，$U_o = 0$，并使 555 内部放电回路接通，C_1 通过 R_B 和引线 7 所接的内部电路放电。

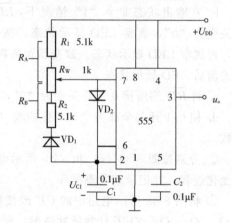

图 8-44 多谐振荡器

放电的结果又使 U_{C1} 减小，直到再次出现 $U_{C1} < U_{CC}/3$，使输出重新变为"1"。这样周而复始地循环，就可输出一系列矩形波。

调节 R_w 就可改变充放电回路中的电阻 R_A 和 R_B，从而调整矩形波的占空比及频率。

（3）施密特触发器

施密特触发器的输出有两种稳定的状态，分别为"0"和"1"，它是一种双稳态电路。但该电路状态的翻转必须由外加输入信号 U_i（触发信号）来控制。由于 2、6 脚接在一起，输入只有两种情况，触发信号 $U_i < U_{CC}/3$ 时，555 定时器的输出为"1"；$U_i > 2U_{CC}/3$ 时，555 输出为"0"。这样，它就可将输入信号（正弦波）整形为矩形波。在电压控制端 5 脚加不同的电压值，就可控制输出电压方波的宽度（占空比）。

3）实训设备

①数字实训箱 1 台；②示波器 1 台；③交流毫伏表 1 块；④附加电路板 2 块。

4）实训要求

① 复习有关 555 定时器的工作原理及其应用。

② 拟定实训中所需的数据、表格等。

③ 拟定各次实训的步骤和方法。

5）实训内容及步骤

（1）555 定时器功能检查

① 将 555 定时器芯片正确插入数字实训箱面包板中，按图 8-45 所示电路接线。电源和地不能接错，否则将会烧坏芯片。

② 按表 8-26 的要求对 555 定时器功能进

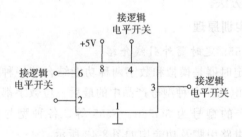

图 8-45 555 定时器电路接线

行测试,并观察输出端 Q_n 的状态。

表 8-26 555 定时器功能测试

引脚名称	复位端	高低电平触发器		输出端(Q_n)	状态说明
引脚号	4	6	2	3	
各引脚状态(电平)	1	×	×		
		0	0		
		0	1		
		1	1		

(2) 用 555 定时器组成多谐振荡器

① 实训线路按图 8-44 所示电路图接线就构成了多谐振荡器。

② 接通电源 U_{CC},将多谐振荡器的输出分别接示波器和逻辑电平显示器,按表 8-27 的要求调节电阻 R_A(实际上是调节 R_w),观察输出波形及电平指示灯的亮度,并将测试结果记录于表 8-27 中。

表 8-27 多谐振荡器的测试

观察调节	u_{C1} 波形	u_o 波形	指示灯亮度
R_A 最小			
R_A 居中			
R_A 最大			

(3) 用 555 组成施密特触发器

① 按图 8-46 所示电路接线,构成施密特触发器。

② 从数字实训箱内调出 $u_i = 3V$、1kHz 的正弦波信号(用毫伏表监测,使其有效值为 3V)加于施密特触发器的输入端,按表 8-28 的要求测试,并将所测波形记录于表中。

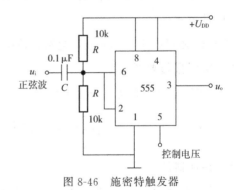

图 8-46 施密特触发器

表 8-28 施密特触发器的输入输出波形

u_i 输入波形	
5 脚不加控制电压时的输出波形	
5 脚加 4V 控制电压时的输出波形	

6) 思考题

多谐振荡器的输出波形上下不对称的原因是什么?

7) 实训报告要求

① 整理表格和实训记录。

② 在多谐振荡器实训中，为什么电阻 R_A 越大，占空比就越大？逻辑电平指示灯的亮度与占空比有什么关系？

任务 13　用 555 定时器组成水位控制器

1) 实训目的

学习用 555 定时器组成控制电路。

2) 实训原理

图 8-47 为 555 液面高度控制器，当液面低于 B 处时，电路将会自动报警。

3) 实训设备

①数字实训箱 1 台；②555 定时器芯片 1 个；③附加电路板 1 块。

4) 实训要求

拟定实训步骤和方法。

5) 实训内容及步骤

① 实训时，用元器件来代替图 8-47 中虚线框 A 所示的部分，画出电路图。

② 将以上电路改装成防盗报警电路，画出电路图。

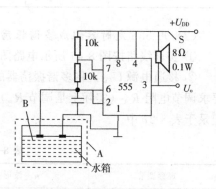

图 8-47　555 液面高度控制器

6) 思考题

图 8-47 还可以改成其他报警电路，请画出电路图。

7) 实训报告要求

画出实训电路图和防盗报警电路图。

任务 14　智力竞赛抢答器的制作

1) 实训目的

① 学习数字电路中 D 触发器、分频电路、多谐振荡器和 CP 时钟脉冲源等单元电路的综合应用。

② 熟悉智力竞赛抢答器的工作原理。

③ 了解简单数字系统实训、调试及故障排除方法。

2) 实训原理

图 8-48 为供 4 人用的智力竞赛抢答装置原理图，用以判断抢答优先权。

F_1 为四 D 触发器 74LS175，它具有公共置 "0" 端和公共 CP 端，引脚排列如图 8-48 所示；F_2 为双四输入与非门 74LS20；F_3 是由 74LS00 组成的多谐振荡器；F_4 是由 74LS74 组成的四分频电路。F_3、F_4 组成抢答电路中的 CP 时钟脉冲源，抢答开始时，由主持人清除信号，按下复位开关 S_0，74LS175 的输出 $Q_1 \sim Q_4$ 全为 0，所有 LED 发光二极管均熄灭。当主持人宣布"抢答开始"后，首先做出判断的参赛者立即按下开关，对应的发光二极管点亮，同时，通过与非门 F_2 送出信号锁住其余 3 个抢答者的电路，不再接收其他信号，直到主持人再次清除信号为止。

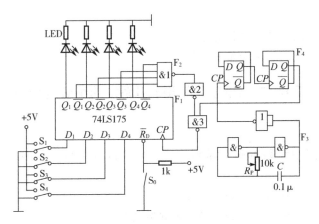

图 8-48 智力竞赛抢答装置原理图

3）实训设备

①+5V 直流电源 1 个；②逻辑电平开关 4 个；③逻辑电平显示器 1 台；④双踪示波器 1 台；⑤数字频率计 1 台；⑥直流数字电压表 1 块；⑦74LS175、74LS20、74LS74、74LS00 各 1 个。

4）实训要求

若在图 8-48 电路中加一个计时功能，要求计时电路显示时间精确到秒，最多限制为 2min，一旦超出限时，则取消抢答权，则电路如何改进？

5）实训内容及步骤

① 测试各触发器及各逻辑门的逻辑功能。测试方法参照任务 9 及任务 10 有关内容，判断器件的好坏。

② 按图 8-48 所示电路接线，抢答器 5 个开关接实训装置上的逻辑开关，发光二极管接逻辑电平显示器。

③ 断开抢答器电路中 CP 脉冲源电路，单独对多谐振荡器 F_3 及分频器 F_4 进行调试，调整多谐振荡器 $10k\Omega$ 电位器，使其输出脉冲频率约 4kHz，观察 F_3 及 F_4 输出波形并测试其频率。

④ 测试抢答器电路功能。接通+5V 电源，CP 端接实训装置上连续脉冲源，取重复频率约 1kHz。

a. 抢答开始前，开关 S_1、S_2、S_3 和 S_4 均置"0"，准备抢答，将开关 S_0 置"0"，发光二极管全熄灭，再将开关 S_0 置"1"。抢答开始，S_1、S_2、S_3 和 S_4 某一开关置"1"，观察发光二极管的亮、灭情况，然后再将其他 3 个开关中任一个置"1"，观察发光二极管的亮、灭是否改变。

b. 重复步骤 a 的内容，改变 S_1、S_2、S_3 和 S_4 任一个开关状态，观察抢答器的工作情况。

c. 整体测试。断开实训装置上的连续脉冲源,接入 F_3 及 F_4,再进行实训。

6）思考题

分析智力竞赛抢答装置各部分功能及工作原理。

7）实训报告要求

① 回答思考题。

② 总结数字系统的设计、调试方法。

③ 分析实训中出现的故障及解决办法。

任务 15 住院部病房呼叫系统的组装与调试

1）实训目的

① 学习数字电路中编码电路、译码驱动电路,以及数码显示电路等单元电路的综合应用。

② 熟悉住院部病房呼叫系统的工作原理。

③ 了解简单数字系统实训、调试及故障排除方法。

2）实训原理

（1）电路的组成

如图 8-49 所示,住院部病房呼叫系统由开关输入电路、编码电路、译码驱动电路及数码显示电路、蜂鸣电路五部分组成。其中编码电路由 8 线-3 线优先编码器 74LS148 构成,译码显示电路由译码驱动器 74LS48 和数码管显示器构成,报警电路由 CMOS 门电路 G_1 和

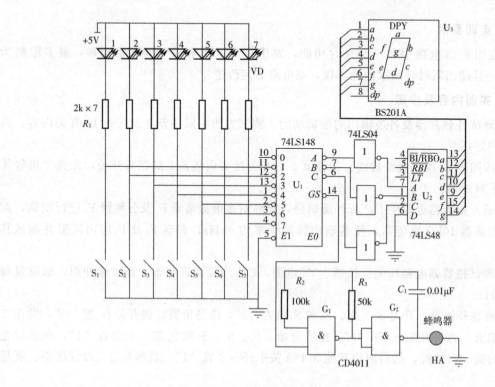

图 8-49 住院部病房呼叫系统电路图

G_2 与 R、C 构成音频振荡电路,驱动蜂鸣器报警工作。

(2) 工作原理

74LS148 的输入端接 7 个病房的呼叫开关 $S_1 \sim S_7$,当呼叫开关都没有按下时,优先编码器 74LS148 的八个输入均为高电平,74LS148 不工作,此时,74LS148 的四个输出均为高电平,经过非门后,使得译码驱动芯片 74LS48 的 $DCBA=0000$,译码输出 0 的字型码送到数码管,数码管显示 0;同时,74LS148 的优先编码工作标志 GS 输出 1,经过非门后使得振荡电路中第一个与非门的其中一个输入引脚为 0,封锁了 G_1 门,振荡电路不工作,蜂鸣器不响。因为没有按键开关按下,所以对应的 7 个发光二极管 VD 中都没有电流流过,发光二极管不亮。

当某病房的按键开关按下时,如第 4 个病房的按键按下时,使优先编码器 74LS148 的 4 脚输入低电平,74LS148 开始编码,输出引脚 $A2A1A0=011$,经过非门后使得译码驱动芯片 74LS48 的 $DCBA=0100$,译码输出 4 的字型码送到数码管,数码管显示病房号 4。同时,因为 74LS148 已经开始编码,所以优先编码工作标志 GS 输出 0,经过非门后使得振荡电路中第一个与非门的其中一个输入引脚为 1,G_1 门导通,振荡电路开始工作,输出矩形脉冲到蜂鸣器,蜂鸣器响。因为第 4 个病房按键开关按下,所以对应的第 4 个发光二极管因为通路有电流流过,发光二极管亮。

3) 实训设备

住院部病房呼叫系统的元器件清单见表 8-29,工具设备清单见表 8-30,其中六反向器及与非门芯片的引脚、引线如图 8-50 所示。

表 8-29 住院部病房呼叫系统的元器件清单表

名称	代号	型号	数量	检测情况
电阻器	R_1	2kΩ	7	
电阻器	R_2	100kΩ	1	
电阻器	R_3	50kΩ	1	
发光二极管	VD	BTS11405	7	
按钮	$S_1 \sim S_7$	四脚	7	
与非门	G_1, G_2	CD4011	1	
编码器	U_1	74LS148	1	
六反向器		74LS04	1	
数码驱动器	U_2	74LS48	1	
数码管	U_3	BS201A	1	
电容器	C_1	0.01μF	1	
蜂鸣器	HA		1	
芯片座子		14 脚、16 脚	各 2	
万能板		12cm×10cm	1	
绝缘导线		$\phi=0.6$mm		

表 8-30 住院部病房呼叫系统的工具设备清单表

序号	名称	型号/规格	数量	备注
1	直流稳压电源	XJ17232/2A，0～30V（双电源）	1	
2	万用表	VC890D	1	
3	电烙铁	25～30W	1	
4	烙铁架		1	
5	镊子		1	
6	斜口钳	130mm	1	
7	测试导线		若干	

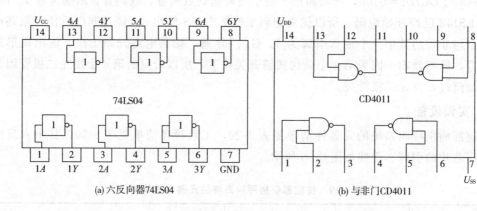

图 8-50 芯片引脚、引线

4）实训要求

① 装接前先要检查器件的好坏，核对元件数量和规格。

② 根据提供的万能板安装电路，安装工艺符合相关行业标准，不损坏电气元件，安装前应对元器件进行检测。

③ 装配完成后，通电测试，利用提供的仪表测试本电路。

5）实训内容及步骤

（1）设计布局图

根据图 8-49 所示的电路图设计布局图，如图 8-51 所示。

（2）装调准备

① 按照元器件清单清点元器件并检测元器件。

② 选择装调工具、仪器设备并列写清单。

（3）电路安装与调试

① 电路装配。在提供的万能板上装配电路，且装配工艺应符合 IPC-A-610D 标准的二级产品等级要求。电路板实物图如图 8-52 所示。

② 电路调试。装配完成后，通电调试。

③ 调试结束后，请将标签写上自己的组员名，贴在电路板正面空白处。

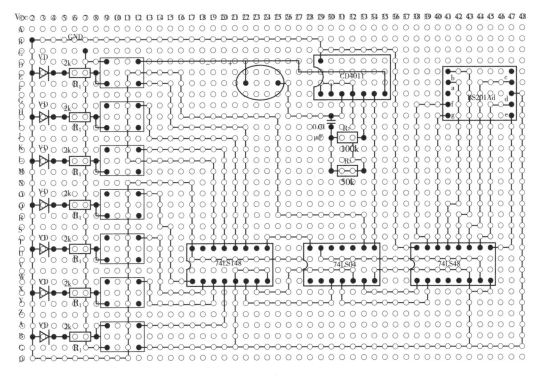

图 8-51 住院部病房呼叫系统电路的布局图

(a) 电路板正面图

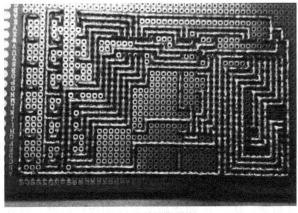

(b) 电路板背面图

图 8-52 住院部病房呼叫系统电路板实物图

6）思考题

请分析住院部病房呼叫系统各部分功能及工作原理。

7）实训报告要求

① 回答思考题。

② 总结住院部病房呼叫系统的安装、调试方法。

③ 分析实训中出现的故障及解决办法。

任务16　串联型稳压电源电路的组装与调试

1）实训目的

① 熟悉串联型稳压电源电路的工作原理。

② 了解串联型稳压电源电路故障排除方法。

③ 完成串联型稳压电源电路的组装与调试任务。

2）实训原理

串联型稳压电源电路原理图如图8-53所示。

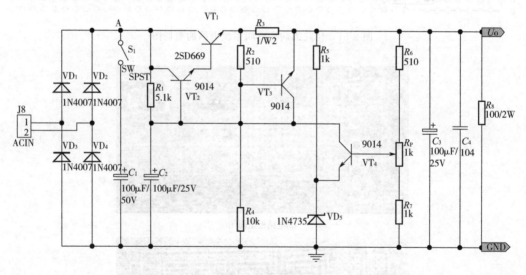

图8-53　串联型稳压电源电路原理图

SY-001串联型稳压电源是针对电子装配与调试技能抽查开发出来的产品，电路设计采用了模拟电路中最基本的也是最常用的稳压电源电路结构。

VT_1、VT_2组成复合调整管，VT_1是大功率管与负载串联，用于调整输出电压，R_1为复合管的偏置电阻，C_2用于减小纹波电压；R_4为复合管反向穿透电流提供通路，防止温度升高时失控；VT_4为比较放大管，它是将稳压电路输出电压的变化量放大送至复合调整管，控制其基极电流，从而控制VT_1的导通程度；VD_5为VT_4的发射极提供稳定的基准电压，R_5保证VD_5有合适的工作电流；R_P、R_7组成输出电压的取样电路，将其变化量的一部分送入VT_4基极，调节R_P可调节输出电压的大小。

电路参数：输入电压：AC 12～17V；输出电压：DC 8～14V（可调）；输出电

流：500mA。

3) 实训设备

本实训需要的元器件清单见表8-31，工具设备清单见表8-32。

表 8-31 串联型稳压电源电路的元器件清单表

序号	名称	型号与规格	数量	检测情况
1	电容器	50V/100μF	1	
2	电容器	25V/100μF	2	
3	电容器	104（0.1μF）	1	
4	电阻器	510Ω	2	
5	电阻器	1kΩ	2	
6	电阻器	5.1kΩ	1	
7	电阻器	1Ω/2W	1	
8	电阻器	100Ω/2W	1	
9	电位器	蓝白1k	1	
10	二极管	1N4007	4	
11	二极管	1N4735	1	
12	三极管	9014	3	
13	三极管	2SD669	1	
14	排针		10	
15	短路帽		1	
16	PCB板		1	

表 8-32 串联型稳压电源电路的工具设备清单表

序号	名称	型号/规格	数量	备注
1	直流稳压电源	XJ17232/2A，0~30V（双电源）	1	
2	变压器	220V/15V，100V·A	1	
3	数字示波器	DS5022M/2通道 25MHz带宽	1	
4	万用表	VC890D	1	
5	电烙铁	25~30W	1	
6	烙铁架		1	
7	镊子		1	
8	斜口钳	130mm	1	
9	小一字螺钉旋具	3.0mm×75mm	1	
10	大一字螺钉旋具		1	

4）实训要求

① 装接前先要检查元器件的好坏，核对元器件数量和规格。

② 根据提供的 PCB 板安装电路，安装工艺符合相关行业标准，不损坏电气元件，安装前应对元器件进行检测。

③ 装配完成后，通电测试，利用提供的仪表测试本电路。

5）实训内容及步骤

（1）装调准备

① 按照元器件清单（表 8-31）清点元器件并检测元器件。

② 选择装调工具、仪器设备并列写清单（表 8-32）。

（2）电路安装与调试

① 电路装配。在提供的 PCB 板上装配电路，且装配工艺应符合 IPC-A-610D 标准的二级产品等级要求。PCB 板实物图如图 8-54 所示。

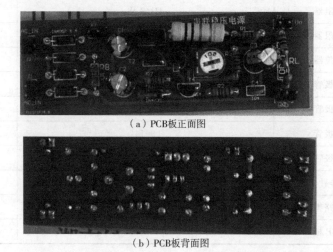

（a）PCB 板正面图

（b）PCB 板背面图

图 8-54　串联型稳压电源 PCB 板实物图

② 电路调试。装配完成后，通电调试。

a. 接入 220V/10V 的变压器，请绘制电路空载情况下，串联型稳压电源电路的测试连线示意图，如图 8-55 所示。

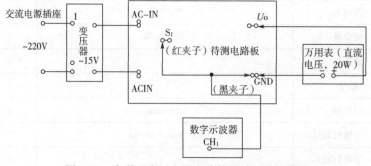

图 8-55　串联型稳压电源电路的测试连线示意图

b. 参数测试。通过变压器，在输入端（ACIN）接入 15V 左右的交流电压，调节电位器，利用提供的仪表测试本稳压电源参数。

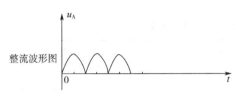

图 8-56　串联型稳压电源电路的 A 点波形图

（a）断开开关 S_1（即取下短路帽），利用示波器测量 A 点波形，并绘出其波形填入表中，如图 8-56 所示；

（b）加上短路帽，测量输出电压的范围 $U_{MAX}=\underline{16}V$，$U_{MIN}=\underline{8}V$。

③ 调试结束后，请将标签写上自己的组员名，贴在电路板正面空白处。

6) 思考题

请分析串联型稳压电源电路工作原理。

7) 实训报告要求

① 回答思考题。

② 总结串联型稳压电源电路的安装、调试方法。

③ 分析实训中出现的故障及解决办法。

任务 17　简易广告跑马灯电路的组装与调试

1) 实训目的

① 熟悉简易广告跑马灯电路的工作原理。

② 了解简易广告跑马灯电路故障排除方法。

③ 完成简易广告跑马灯电路的装配与调试，实现该产品的基本功能，满足相应的技术指标。

2) 实训原理

简易广告跑马灯电路原理图如图 8-57 所示。

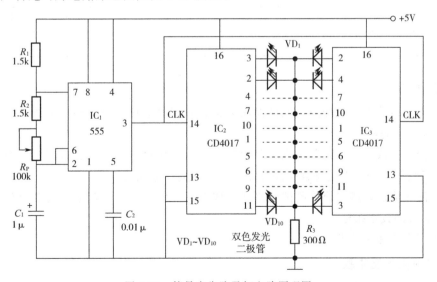

图 8-57　简易广告跑马灯电路原理图

3) 实训设备

本实训需要的元器件清单见表 8-33，将工具设备清单填写在表 8-34。

表 8-33 简易广告跑马灯电路的元器件清单表

序号	元件编号	元件名称	型号/规格	数量	检测情况
1	R_3	电阻器	300Ω	1	
2	R_1，R_2	电阻器	1.5kΩ	2	
3	R_P	可调电位器	100kΩ	1	
4	C_2	电容器	0.01μF	1	
5	C_1	电容器	1μF	1	
6	$VD_1 \sim VD_{10}$	双色发光二极管		20	
7	IC_2，IC_3	集成电路	CD4017	2	
8	IC_1	集成电路	NE555	1	
9		排针		2	
10		PCB 板		1	
11		焊锡		1	

表 8-34 简易广告跑马灯电路的工具设备清单表

序号	名称	型号/规格	数量	备注

4) 实训要求

① 在电子线路手工装配前，能借助放大镜、万用表等仪表设备检查元器件的好坏，核对元器件数量和规格。

② 选择设备或工具使元器件成型和组装，选用焊接材料和电烙铁等焊接工具在万能板上进行手工装配，安装工艺符合相关行业标准，不损坏电气元件。

③ 装配完成后，搭接简单测试电路并完成调试，使电路实现简易广告跑马灯的基本功能，满足相应的技术指标。

④ 编写完成相关技术文件。

5) 实训内容及步骤

① 根据电路原理图设计布局图。

② 装调准备。

a. 根据原理图列出元器件清单（表8-33），清点元器件并检测元器件。

b. 选择装调工具、仪器设备，并列写工具设备清单（表8-34）。

③ 电路安装与调试。

a. 电路装配。在提供的万能板上装配电路，且装配工艺应符合IPC-A-610D标准的二级产品等级要求。

b. 电路调试。装配完成后，通电调试。

（a）画出电路调试的仪器仪表接线图。

（b）简述电路装调的步骤。

（c）通电调试，使电路实现简易广告跑马灯的基本功能，满足相应的技术指标。

c. 调试结束后，请将标签写上自己的组员名，贴在电路板正面空白处。

6）思考题

请分析简易广告跑马灯电路工作原理。

7）实训报告要求

① 回答思考题。

② 总结简易广告跑马灯电路的安装、调试方法。

③ 分析实训中出现的故障及解决办法。

任务18　电源欠压过压报警器的组装与调试

1）实训目的

（1）某企业承接了一批电源欠压过压报警器的组装与调试任务，请按照相应的企业生产标准完成该产品的组装与调试，实现该产品的基本功能、满足相应的技术指标，并正确填写相关技术文件或测试报告。

（2）熟悉欠压过压报警器电路的工作原理。

（3）了解欠压过压报警器电路故障排除方法。

2）实训原理

欠压过压报警器电路原理如图8-58所示。74HC00引脚如图8-59所示。

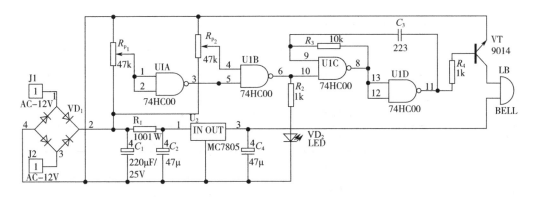

图8-58　欠压过压报警器电路原理图

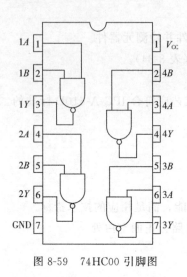

图 8-59　74HC00 引脚图

220V 交流电经变压、整流、滤波后的直流，经电位器 R_{P1}、R_{P2} 加到 74HC00 的 1、2 和 4 脚，作为欠压和过压检测信号，再经三端稳压器 CW7805 稳压成 5V 作为电路的工作电源。

当 220V 交流电压过低时，变压、整流、滤波后的直流电压变低，经电位器 R_{P2} 加到 74HC00 的 4 脚使电压变低，通过与非门 U1B 后从 6 脚输出高电平，发光二极管发光进行光报警，同时，由与非门 U1C、U1D 和电阻 R_3、电容 C_3 构成的振荡电路产生振荡，使无源蜂鸣器发声进行声报警。

当 220V 交流电压过高时，变压、整流、滤波后的直流电压变高，经电位器 R_{P1} 加到 74HC00 的 1、2 脚使电压变高，通过与非门 U1A 后从 3 脚输出低电平，再经与非门 U1B 从 6 脚高电平，发光二极管发光进行光报警，同时，由与非门 U1C、U1D 和电阻 R_3、电容 C_3 构成的振荡电路产生振荡，使无源蜂鸣器发声进行声报警。

3）实训设备

表 8-35 和表 8-36 所列分别是欠压过压报警器电路的元器件清单与工具设备清单。

表 8-35　欠压过压报警器电路的元器件清单

序号	元件编号	元件名称	型号/规格	数量	检测情况
1		电阻	1k/0.25W	1	
2		电阻	10k/0.25W	1	
3		电阻	4.7k/0.25W	1	
4		蓝白电位器	47k/50k	2	
5		电容	220μ/25V	1	
6		电容	47μ/25V	2	
7		三极管	9014	1	
8		电容	223	1	
9		桥堆	2W10	1	
10		发光二极管	红	1	
11		三端稳压	CW7805	1	
12		集成电路	74HC00	1	
13		无源蜂鸣器	5V	1	
14		单排针		8	
15		PCB 板		1	

表 8-36 欠压过压报警器电路的工具设备清单

序号	名称	型号/规格	数量	备注
1	万用表	MF47	1	
2	万用表	VC890D	1	
3	变压器	220V/12V，100V·A	1	
4	电烙铁	25~30W	1	
5	烙铁架		1	
6	镊子		1	
7	斜口钳	130mm	1	
8	小一字起子	3.0mm×75mm	1	
9	调压变压器	0~250V	1	

4) 实训要求

① 装接前先要检查器件的好坏，核对元件数量和规格。

② 根据提供的 PCB 板安装电路，安装工艺符合相关行业标准。不损坏电器元件，安装前应对元器件进行检测。

③ 装配完成后，通电测试，利用提供的仪表测试本电路。

5) 实训内容及步骤

（1）装调准备

① 按照元器件清单清点元器件并检测元器件。

② 选择装调工具、仪器设备并列写清单。

（2）电路安装与调试

① 电路装配。在提供的 PCB 板上装配电路，且装配工艺应符合 IPC-A-610D 标准的二级产品等级要求。如图 8-60 所示。

图 8-60 欠压过压报警器 PCB 板正面图

② 电路调试。装配完成后，通电调试。

a. 图 8-61 所示是欠压过压报警器电路与仪表的连线框图。调试前，请绘制电路与仪表的连线示意图。

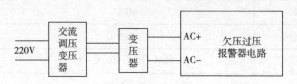

图 8-61　欠压过压报警器电路与仪表连线框图

b. 电路调试。通过调压器，在输入端（AC-12V）接入 12V 左右的交流电压，分别调节电位器 R_{P1}、R_{P2} 和调压器，使输入电压低于 9.6V 或高于 14.4V 时，蜂鸣器报警。

③ 调试结束后，请将标签写上自己的组员名，贴在电路板正面空白处。

6）思考题

怎样才能快速又正确地对电路进行调试？

7）实训报告要求

① 分析电路原理。

② 写出元器件的检测方法和步骤。

③ 写出电路调试的过程。

④ 分析实训中出现的故障及解决办法。

部分习题答案

1-1 二极管具有单向导电性。主要用于整流、限幅等电路中。

1-2 稳压二极管是利用它在反向击穿状态下的恒压特性来构成稳压电路的；光电二极管的功能是将光能转换为电能；发光二极管的功能是将电能转换为光能；激光二极管用于产生相干的单色光信号。

1-3 三极管有三个工作区域。当发射结正偏、集电结反偏时，处于放大区域。当发射结、集电结均为正偏时，处于饱和区域。当发射结、集电结均反偏时，处于截止区域。

1-4 在所示电路中，首先二极管 VD_1 起整流作用，将题图 1（a）所示输入电压 u_i 变成 u_{R1} 单方向脉动电压，如题图 1（b）所示。二极管 VD_2 起单向限幅作用，当 $u_{R1}<E$ 时，$u_{D2}<0$，二极管 VD_2 截止，$u_o=u_{R1}$；当 $u_{R1}>E$ 时，$u_{D2}>0$，二极管 VD_2 导通，$u_o=E+u_{D2}\approx E$。由此可画出 u_o 的波形如题图 1（c）所示。

1-5 双向稳压管的结构原理是，正反两个方向均可击穿稳压。当 $|u_i|>|U_z|$，稳压管击穿，输出 u_o 恒定；当 $|u_i|<|U_z|$ 时，稳压管截止，输出 $u_o=u_i$。由此可画出 u_o 的波形如题图 2 所示。

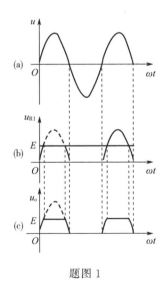

题图 1

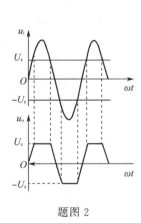

题图 2

2-1 稳压电路的目的是使直流输出电压在电网电压波动、负载大小变化时不受影响，保持稳定。

2-2 滤波电路的目的是将交直流混合量中的交流成分去掉。

2-3 硅稳压二极管的稳压电路中，硅稳压二极管与负载电阻必须以并联方式连接；限流电阻起限流和调压两个作用。

2-4 CW7805 和 CW7905 的输出电压分别是 +5V、-5V。

2-5 整流的目的是将交流变为直流。

2-6 整流管将因电流过大而烧坏。

2-7 反向击穿状态时的特性。

2-8 ①接④，②接⑥，⑤接⑦、⑨，③接⑧、⑪、⑬，⑩接⑫。如题图 3 所示。

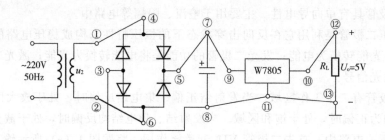

题图 3

2-9 （1）输出电压平均值 $U_{o(AV)} \approx 1.2U_2$，因此变压器副边电压有效值为：

$$U_2 \approx \frac{U_{o(AV)}}{1.2} \approx 12.5\text{V}$$

（2）考虑到电网电压波动范围为±10%，整流二极管的参数为：

$$I_F > 1.1 \times \frac{I_{L(AV)}}{2} = 55\text{mA} , U_R > 1.1\sqrt{2}U_2 \approx 19.4\text{V}$$

3-2 $I_B = 40\mu\text{A}$，$I_C = 2\text{mA}$，$U_{CE} = 6\text{V}$。

3-3 $I_C = 3\text{mA}$，$R_B = 250\text{k}\Omega$。

3-6 （1）$I_B = 50\mu\text{A}$，$I_C = 2.5\text{mA}$，$u_{CE} = 5\text{V}$；（2）$A_u = -129$，$r_i = 0.963\text{k}\Omega$，$r_o = 5\text{k}\Omega$。

3-7 （1）$I_B = 40\mu\text{A}$，$I_C = 2\text{mA}$，$U_{CE} = 4\text{V}$；（2）$A_u = -52$，$r_i = 0.84\text{k}\Omega$，$r_o = 2\text{k}\Omega$。

4-2 $A_u = 1875$，$r_i = 1.2\text{k}\Omega$，$r_o = 2\text{k}\Omega$。

4-3 直接、优越、零漂。

4-4 差动放大、互补功率对称。

4-5 同相、反相、相同、相反。

4-6 $A_d \to \infty$，$R_{id} \to \infty$，$R_o \to 0$。

4-7 （1）c （2）b （3）c （4）b （5）b。

4-8 负反馈对增益的影响包括两方面，即负反馈对增益大小的影响和负反馈对增益稳定性的影响。在深度负反馈条件下，闭环放大倍数近似等于反馈系数的倒数，与三极管等有源器件的参数基本无关。有反馈时，增益的稳定性比无反馈时提高了（1+AF）倍。

4-9 当是串联负反馈时，输入电阻增加。理论推导可以证明：串联负反馈可以使输入电阻增加（1+AF）倍。当是并联负反馈时，输入电阻减小。理论推导可以证明：并联负反馈可以使输出电阻减少（1+AF）倍。电压负反馈使输出电阻减小。电压负反馈可以稳定输出电压，使放大电路接近电压源，理论推导可以证明：电压负反馈可以使输出电阻减少（1+AF）倍。电流负反馈使输出电阻增加。输出电流稳定，使放大电路接近电流源，因此放大电路的输出电阻，即内阻增加，电流负反馈使输出电流稳定与输出电阻增大是一致的因果关系。理论推导可以证明：电流负反馈可以使输出电阻增加（1+AF）倍。

4-10 $U_o = (\dfrac{R_2}{R_1+R_2}U_{s1} + \dfrac{R_1}{R_1+R_2}U_{S2}) \cdot \dfrac{R_3+R_f}{R_3}$；$U_o = U_{s1} + U_{s2}$。

4-11 $U_o = \dfrac{5}{11}U_{s3} + \dfrac{2}{11}U_{s4} - \dfrac{5}{4}U_{s1} - 2U_{s2}$。

4-12 $U_o = 5V$。

4-13 $U_{o1} = -\dfrac{R_4}{R_1}U_{s1} + \dfrac{R_3(R_1+R_4)}{R_1(R_2+R_3)}U_{s2}$，$U_o = -(\dfrac{1}{R_5C}\int U_{o1}dt + \dfrac{1}{R_6C}\int U_{s3}dt)$。

5-1 (1) $(100100)_2$；(2) $(1101111)_2$。

5-2 (1) 26；(2) 11。

5-3 (1) 865；(2) 591。

5-4 (1) $(0111.0011)_{8421BCD} = (1101.0011)_{2421BCD}$；
     (2) $(1001.0001)_{5421BCD} = (1100.0100)_{余3码}$。

5-5 (1) $Y = AC + BC$；(2) $Y = \overline{B}\,\overline{C} + AB + \overline{A}C$；(3) $Y = A\overline{B}$；(4) $Y = A\overline{B} + D$。

5-7 (a) 为三人表决电路；(b) 为同或门。

5-8 $X = AB + BC + AC$； $Y = A \oplus B \oplus C$； $Z = \overline{A} \cdot \overline{B} \cdot \overline{C}$。

5-9 $Y = A \oplus B \oplus C$。

5-12 有 5 位。

6-1 时序逻辑电路具备对过去时刻的状态进行存储或记忆的功能；同步时序逻辑电路中，所有触发器的时钟输入端 CP 都连在一起，在同一时钟脉冲 CP 作用下，凡具备翻转条件的触发器在同一时刻状态翻转，而在异步时序逻辑电路中，时钟脉冲 CP 只触发部分触发器，其余触发器则是由电路内部信号触发的。

6-2 加法计数器电路中高位进位的信号是低位由"1"向"0"跳变，即将低位的输出作为高位的时钟信号时，以下降沿作为高位的时钟信号；而减法计数器电路，应该以由"0"向"1"跳变作为高位的进位信号，即上升沿作为时钟信号。

6-3 如题图 4 和题图 5 所示。

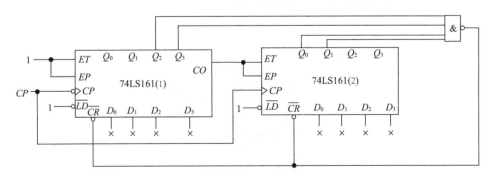

题图 4 8421 码 60 进制计数器

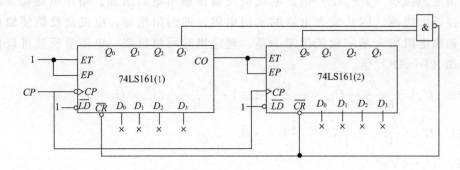

题图 5 8421 码 24 进制计数器

6-4 74LS290 在 $R_0=R_{0(1)} \cdot R_{0(2)}=1$ 和 $R_{9(1)} \cdot R_{9(2)}=0$ 时，计数器置 0；74LS161 在 $\overline{R_D}=0$ 时，计数器置 0。$N=6$ 时两者的接线图如题图 6 所示。

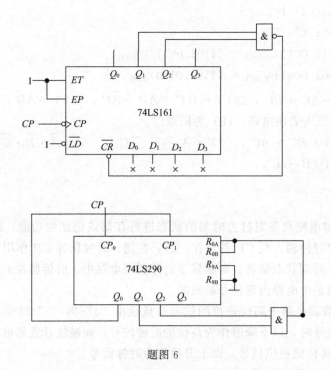

题图 6

6-6 该计数器是七进制计数器。状态转换图如题图 7 所示：

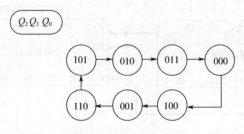

题图 7 状态转换图

248

6-7 状态转换表如题表 1 所示。

题表 1 状态转换表

现 态				次 态			
Q_3^n	Q_2^n	Q_1^n	Q_0^n	Q_3^{n+1}	Q_2^{n+1}	Q_1^{n+1}	Q_0^{n+1}
0	0	0	0	0	0	0	1
0	0	0	1	0	0	1	0
0	0	1	0	0	0	1	1
0	0	1	1	0	1	0	0
0	1	0	0	0	1	0	1
0	1	0	1	0	1	1	0
0	1	1	0	0	1	1	1
0	1	1	1	1	0	0	0
1	0	0	0	1	0	0	1
1	0	0	1	0	0	0	0

采用异步清零方式，构成十进制计数器。

6-8 如题图 8 所示。

6-9 如题图 9 所示。

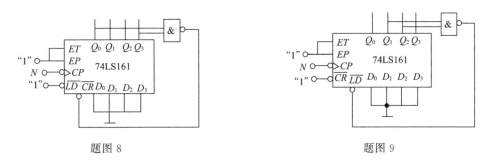

题图 8   题图 9

6-10 如题图 10 所示。

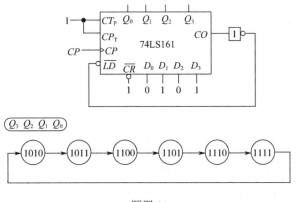

题图 10

6-11 如题图 11 所示。

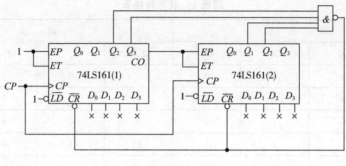

题图 11

6-12 如题图 12（a）、（b）所示。

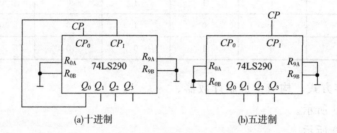

(a)十进制   (b)五进制

题图 12

6-13 如题图 13 所示。

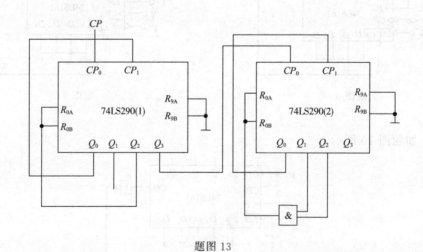

题图 13

6-14 4 进制。

7-1 （1）$C = 82.6\mu\text{F}$；（2）$R = 22\text{k}\Omega$。

7-2 $t_w = 2.576 \times 10^{-3}\text{s}$，$T = 4.872 \times 10^{-3}\text{s}$，$f = 205\text{Hz}$，$D = 0.529$。

参考文献

[1] 陈斗. 电子技术. 北京：化学工业出版社，2011.
[2] 陈斗. 电工与电子技术. 北京：化学工业出版社，2010.
[3] 付植桐. 电子技术. 北京：高等教育出版社，2016.
[4] 李耐根. 电工与电子技术基础. 北京：冶金工业出版社，2008.
[5] 汤光华，黄新民. 模拟电子技术. 长沙：中南大学出版社，2007.
[6] 刘耀元,胡明山. 电工电子技术. 北京：北京理工大学出版社，2007.
[7] 李加升. 电子技术. 北京：北京理工大学出版社，2007.
[8] 周元兴. 电工与电子技术基础. 北京：机械工业出版社，2012.
[9] 张龙兴. 电子技术基础. 北京：高等教育出版社，2010.
[10] 于淑萍. 电子技术实践. 北京：机械工业出版社，2014.
[11] 童诗白，华成英. 模拟电子技术. 北京：高等教育出版社，2011.
[12] 杨利军. 模拟电子技术. 长沙：中南大学出版社，2017.
[13] 杨志忠. 数字电子技术. 北京：高等教育出版社，2006.
[14] 江晓安，董秀峰，杨颂华. 数字电子技术. 西安：电子科技大学出版社,2002.
[15] 王少华，陶炎焱. 电工电子技术基础. 长沙：中南大学出版社，2007.
[16] 刘悦音. 数字电子技术. 长沙：中南大学出版社，2007.
[17] 杨欣，王玉凤，刘湘黔. 电子设计从零开始. 北京：清华大学出版社，2007.
[18] 谢克明. 电工电子技术简明教程. 北京：高等教育出版社，2013.